サイエンス社のホームページのご案内
http://www.saiensu.co.jp
ご意見・ご要望は　rikei@saiensu.co.jp　まで.

はしがき

　本書は，常微分方程式の入門書です．一般に方程式とは，未知の量が満たす関係式のことを言い，方程式を解くとは，その未知量を明らかにすることを言います．皆さんが最初に習う方程式は，1次方程式から始まった，いわゆる代数方程式で，未知量は数でしたが，ここでは未知の量は関数です．こういうのを一般に関数方程式と呼びます．微分方程式とは，未知関数とその導関数を含む関数方程式のことです．最初に常微分方程式と言ったのは，未知の関数が1変数で，その微分が常微分，すなわち1独立変数に関する微分しか現れないもののことです．これは未知の関数が多変数で，その偏微分が現れる，偏微分方程式と区別して用いられる言葉ですが，特に混乱の恐れが無い場合，普通は単にこちらを微分方程式と呼びます．これが本書のタイトルの意味です．

　微分方程式は，微分積分学と同時に誕生しました．微分積分学の創始者の一人ニュートンは，惑星の運動に関するケプラーの3法則を数学的に説明するために，運動の基本法則と万有引力の法則を作り出し，それを数式で表現するために微分積分学を創始し，これを用いて惑星の運動を微分方程式で表現し，最後にこの方程式を解いてケプラーの法則を証明しました．これがすべての始まりです．

　微分方程式は，その後もいろんな現象の記述言語として，自然科学になくてはならないものとして発展してきました．特に発祥の天体力学では，星が三つになった場合の運動を記述する3体問題を解く努力から，具体的に解けない方程式を研究するための手段として，位相数学や関数解析などの抽象数学を発展させてきました．本書でも，解説の中心は，具体的には解けない方程式をどう解くかにあります．

　姉妹編の『基礎演習微分方程式』は本書に対する演習書です．本書で展開されている理論の演習も含まれていますが，本書ではあまりていねいにやれなかった計算練習を主に取り上げています．具体的な解き方をもっと練習したい，という人は，そちらも併せてご利用ください．

　本書の主要部分である2章から7章は，著者が東京大学の教養学部で長く行ってきた2年生向けの『解析II』という講義のノートに基づき，それを拡充した

i

はしがき

ものです．お茶の水女子大学に移った後は，このレベルに対応する微分方程式の講義は担当する機会が無かったのですが，本書の 8, 9 章は，こちらで 3, 4 年生向けに行った『力学系』などの講義の内容の一部です．微分方程式の講義としては特論の扱いなので，小活字にしていますが，最初に述べたように，天体力学は微分方程式の発祥の地でもあり，その発展に深く関わってきたので，微分方程式の物語としてその概略の紹介を最後に置きました．

第 1 章は本書全体への序として別途書き下ろしたものなので，本書を自習用参考書として読まれる場合は是非最初に一読してください．講義の教科書としては第 2 章から始めればよいでしょうが，最初の 1 回程度で第 1 章の内容のような入門をするのは，学生の興味を惹くのに有効と思います．著者自身もそのように講義していました．

微分方程式の題材としては，複素領域における理論の初歩など，本書のレベルをそれほど超えない範囲でも，この他にまだいろいろ有るのですが，それらは後続の『関数論講義』などの巻やサポートページで補ってゆく予定です．

本書の草稿は，お茶の水女子大学以来の知己であり，現在は一橋大学大学院経済学研究科 1 年の石井千晶さんに閲読していただき，多くのミスを発見してもらいました．ここに感謝を記して記念とします．最後に，本書の出版についてもサイエンス社編集部の田島伸彦さんと鈴木綾子さんに大変お世話になりましたことを謝意とともに記しておきます．

2013 年 11 月 28 日

著者識

本書のサポートページは

http://www.saiensu.co.jp/

から辿れるサポートページ一覧の本書の欄にリンクされています．
本書の問の解答や補足説明などを置く予定です．本文中のアイコンはサポートページに置かれた記事への参照指示を表します．

目　　次

第1章　微分方程式とは？　　1
- 1.1　微分方程式の意味とその導出　…………………………　1
- 1.2　実用的な微分方程式の導出例　…………………………　10

第2章　求　積　法　　30
- 2.1　変 数 分 離 形　………………………………………………　30
- 2.2　同　次　形　…………………………………………………　32
- 2.3　1階線形微分方程式　………………………………………　35
- 2.4　完 全 微 分 形　………………………………………………　38
- 2.5　微 分 求 積 法　………………………………………………　43
- 2.6　Riccati の方程式　…………………………………………　45
- 2.7　2階線形微分方程式　………………………………………　49
- 2.8　高階微分方程式　……………………………………………　58

第3章　解の存在定理　　62
- 3.1　逐 次 近 似 法　………………………………………………　62
- 3.2　一様収束の復習　……………………………………………　65
- 3.3　Lipschitz 条件と解の一意存在　…………………………　68
- 3.4　縮小写像の原理　……………………………………………　73
- 3.5　連立方程式の場合　…………………………………………　82
- 3.6　解のパラメータ依存性　……………………………………　91

第4章　線形微分方程式系　　99
- 4.1　2階線形微分方程式の解　…………………………………　99
- 4.2　1階線形微分方程式系の解　………………………………　104
- 4.3　行列の指数関数　……………………………………………　107
- 4.4　定数係数1階線形系の実用解法　…………………………　114
- 4.5　境 界 値 問 題　………………………………………………　125

第 5 章 級 数 解 法　　134

- 5.1 整級数解の求め方 134
- 5.2 Frobenius の方法 140
- 5.3 摂 動 展 開 146
- 5.4 特異摂動と WKB 法 149

第 6 章 Peano の存在定理と一意性　　152

- 6.1 Ascoli-Arzelà の定理 152
- 6.2 Peano の存在定理 158
- 6.3 比 較 定 理 165
- 6.4 一意性定理再論 167

第 7 章 解の追跡と漸近挙動　　172

- 7.1 1 階微分方程式の解の追跡 172
- 7.2 2 次元自励系の軌道と特異点 179
- 7.3 安定性と漸近安定性 185
- 7.4 周期係数の方程式の解の挙動 196
- 7.5 2 次元自励系の極限閉軌道 199
- 7.6 高次元の力学系とアトラクタ 212

第 8 章 Hamilton 系の理論　　219

- 8.1 Hamilton 系の基本的性質 219
- 8.2 Lagrange 関数と変分法 227
- 8.3 正 準 変 換 229

第 9 章 天体力学入門　　239

- 9.1 3 体問題の古典解 239
- 9.2 制 限 3 体 問 題 246
- 9.3 3 体問題の新しい解 250

参 考 文 献　　254

索　　引　　255

第1章

微分方程式とは？

この章では常微分方程式というものについて駆け足で概観します．この章を読むだけでも一通り微分方程式とは何かが分かるでしょう．なので細かいことは気にせず，大まかな概念を掴んでください．次章以降を読むための読書案内として適宜本文への参照を記しました．

■ 1.1 微分方程式の意味とその導出

【a】最も基本的な微分方程式とその例 　一般に関数[1])が未知数である方程式を関数方程式と呼びますが，その中でもとりわけ重要なのが，微分方程式と呼ばれる，未知関数が導関数として含まれる方程式です．含まれる導関数の最高階数[2])を微分方程式の階数と言います．微分方程式としては多変数の未知関数の偏微分を含む偏微分方程式が最も一般ですが，本書では特に基本的な場合である，未知関数が1変数のものを考察します．区別のためにこれを常微分方程式と呼びますが，以下では誤解の恐れが無い限り単に微分方程式と呼ぶことにします．

例えば
$$\frac{dy}{dx} = f(x, y) \tag{1.1}$$
は，独立変数 x の1変数関数 $y = y(x)$ を未知数とする1階の微分方程式のかなり一般の形ですが，未知数の導関数について解かれた形になっているので1階正規形と呼ばれます．特に
$$\frac{dy}{dx} = ay \tag{1.2}$$

---

[1]) 講義ではもちろん "函数" という表記を使いました．このいきさつについては[1], p.34 の脚注参照．

[2]) 微分の回数は最近では "次数" を使うのが普通ですが，微分方程式だけは伝統的な "階数" を使いたいですね．ただし英語は order で区別はありません．

は，$a>0$ のとき，未知量 y の増加率がその現在量に比例するという法則を式に表したもので，アメーバなどの単純な自己増殖モデルなど，いろいろな場面で現れる重要なものです．(この離散版がいわゆるねずみ算です．なお，$a<0$ のときは放射性元素の崩壊速度のモデルとなります．) 次に

$$\frac{d^2x}{dt^2} = f\left(t,x,\frac{dx}{dt}\right) \tag{1.3}$$

は t を独立変数とする未知数 x の 2 階**正規形**の微分方程式ですが，この原型は**Newton の運動方程式**

$$質量 \times 加速度 = 力 \tag{1.4}$$

として力学的問題に登場し，微分方程式全体の中でも最も重要なものです．ここでは独立変数 t は時刻を表し，未知関数 x は直線上を運動する質点の時刻 t における位置座標を表します．従って，1 階微分 $\frac{dx}{dt}$ は質点の速度を表し，2 階微分 $\frac{d^2x}{dt^2}$ は速度の変化率で加速度を表しています．質点の質量は 1 に正規化されていると思ってください．

今ここで**運動量**(= 質量 × 速度) に相当する未知数 $p = \frac{dx}{dt}$ を補助的に導入すれば，(1.3) は

$$\begin{cases} \dfrac{dx}{dt} = p, \\ \dfrac{dp}{dt} = f(t,x,p) \end{cases} \tag{1.5}$$

と，1 階の連立微分方程式になります．(1.3) と (1.5) は数学的には全く同値ですが，その表現するところの意味は微妙に異なります．最も簡単な例として

$$\frac{d^2x}{dt^2} = -kx \tag{1.6}$$

をとってみましょう．これは直線上を単位質点が原点からの距離に比例した復元力を受けて運動する状態を記述するもので，**単振動の方程式**と呼ばれます．これを 1 階連立化したものは

$$\begin{cases} \dfrac{dx}{dt} = p, \\ \dfrac{dp}{dt} = -kx \end{cases} \tag{1.7}$$

です．

1.1 微分方程式の意味とその導出

問 1.1 長さ l の振り子を振動させたときの振り子の振れの角 θ が満たす微分方程式は

$$\frac{d^2\theta}{dt^2} = -\frac{g}{l}\sin\theta$$

となることを示せ．ただし g は重力の加速度とする．（方程式 (1.6) はここで $\sin\theta$ を θ で近似したものである．）

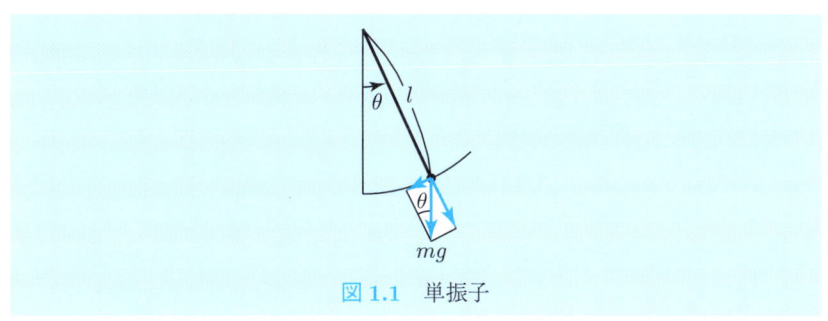

図 1.1 単振子

【b) 微分方程式の解の意味】 与えられた微分方程式を"満足する"関数，すなわち微分方程式の未知関数のところに代入すると方程式が成立するような関数を，この**微分方程式の解**といいます．微分方程式とその解の意味は，具体的な問題から導かれたものについては当然元の問題の意味に他なりません．だが，数学の抽象性から得られる一般的特質として，一度微分方程式という抽象的な式で表現したものは，同じ式に帰着する他の如何様(いかよう)なものにも解釈できるということがあり，このような読み換えが科学の歴史において時には思いがけない発見をもたらしてきたことを考えると，代表的な意味付けについて一通り知っておくことは大切なことでしょう．

1 階の方程式 (1.1) については，解 $y = u(x)$ はそのグラフがその上の各点 (x, y) において与えられた量に等しい傾き $u'(x) = f(x, y)$ を持つようなものである，という解釈が基本的です．そこで平面の各点 (x, y) において，そこを通って傾き $f(x, y)$ の微小線分を引き，いわゆる**勾配場**（傾きの場）を描いてみます．この場合線分の長さは意味が無いので，描画の細かさに応じた一定の長さを採用しておけばよろしい．この平面に各点でこの線分に接するような曲線が引ければ，それが方程式 (1.1) の解のグラフ，すなわち**解曲線**です．（近似的には，この傾きの線分を次々と繋いで行けばよい．このようにして近似解を得るのを **Euler-Cauchy**(オイラー-コーシー) **の折れ線法**と呼びます．）ところでこのような曲線はい

くらでも引けることが容易に想像されるでしょう．解を一つに決めるには，どの点を通すかを指定する必要があります．普通はこれで1本の解曲線が確定します．次図は，方程式 $y' = x - y^2$ について勾配場と，折れ線近似解の族を示したものです．この方程式の解は，初等関数にはなりません（第2章2.6節参照）．

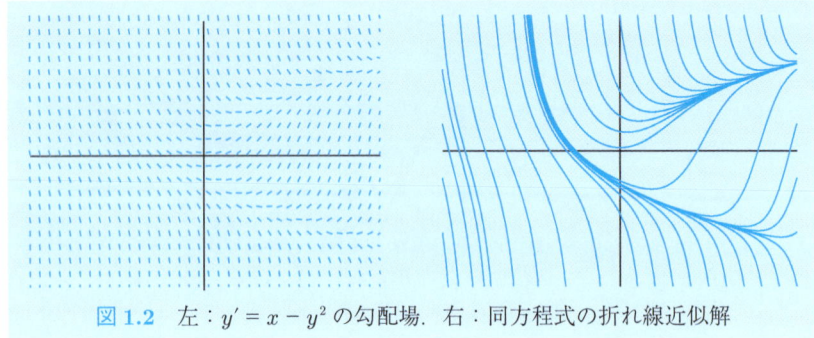

図 1.2　左：$y' = x - y^2$ の勾配場．右：同方程式の折れ線近似解

　2階の方程式 (1.3) の場合は上述のように Newton の運動方程式としての解釈が基本的です．これを積分して，すなわち微分方程式を解いて，位置 x を時刻 t の関数として具体的に表すのが力学の目標です．運動を決定するには初期時刻において，質点の初期位置と初期速度とを与えなければなりません．このとき，その後の運動が完全に決定されるという決定論（古典的因果律）は，物理的信念であるとともに，微分方程式の数学的性質（第3章3.3節）の帰結です．

　1階化された方程式 (1.5) は質点の位置 x と運動量 p を独立な未知量と考えた運動方程式の解釈であり，x と p の関係としてより一般なものを許すことにより力学は本質的な発展を遂げました．座標 x, p を持つ平面は力学で**相平面**と呼ばれますが，数学的には x, y を座標とする通常の平面と同じものです．方程式 (1.5) の解 $x = x(t), p = p(t)$ は相平面の点の幾何学的な動きを表現しています．(1.5) の右辺に t が含まれていると，二つのグラフは相平面で交わることがありますが，これは決定論とは矛盾しません．このような場合は解のグラフを t 軸まで含めた3次元空間で表示するのが本当で，そこでは2本の解曲線は交わりません（図 1.3 参照）．

　応用上重要な多くの場合，(1.5) の右辺は t を陽に含みません．このようなものを**自励系**と呼びますが，このときは解曲線は時刻 t の平行移動で形を変えないため，t を単なるパラメータとみなして得られる相平面の曲線 $x = x(t)$,

$p = p(t)$ は不変な意味を持ちます．これを自励系の**解軌道**と呼びます．もっとも，独立変数 t の存在の意義は変わらないので，曲線としてはつまらない $x = \text{const.}, p = \text{const.}$ のようなものも立派に解の仲間です．解軌道としてはこれは不動点あるいは特異点と呼ばれます．

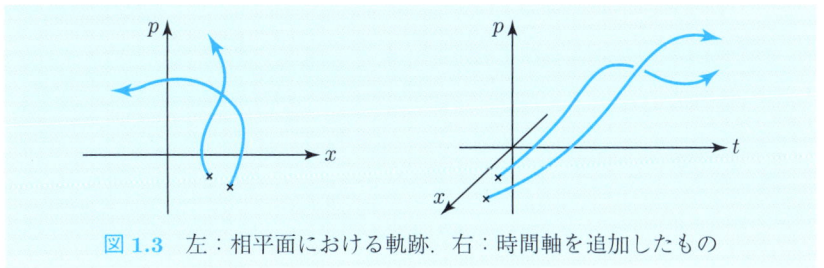

図 **1.3** 左：相平面における軌跡．右：時間軸を追加したもの

例として (1.7) を見ましょう．(1.6) の解がよく知られている単振動の式

$$x = c \sin \sqrt{k}(t + \alpha)$$

であることから，(1.7) の方の解は

$$x = c \sin \sqrt{k}(t + \alpha), \quad p = c\sqrt{k} \cos \sqrt{k}(t + \alpha)$$

であることが分かります．これから t を消去すると

$$x^2 + \frac{p^2}{k} = c^2$$

という楕円の解軌道が得られ，原点が不動点となります．最後の式は，(1.7) を辺々割り算して得られる変数分離形（第 2 章 2.1 節参照）の方程式 $\dfrac{dp}{dx} = -\dfrac{k}{p}x$ を積分して直接導くこともできます．

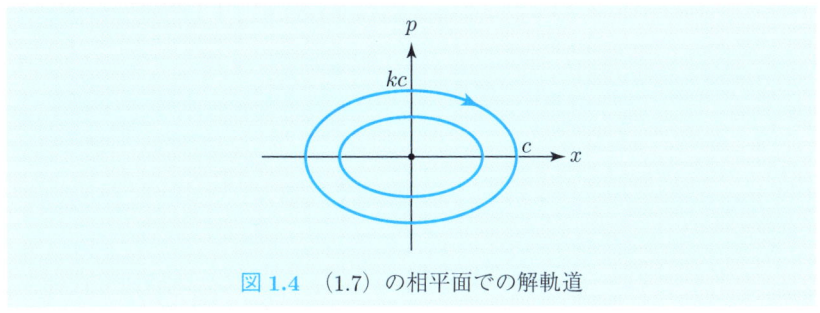

図 **1.4** (1.7) の相平面での解軌道

運動方程式と離れて 1 階の自励系を最初から考察するときは

$$\frac{dx}{dt} = f(x,y), \quad \frac{dy}{dt} = g(x,y) \tag{1.8}$$

と書く方が自然でしょう．このとき，右辺の関数の対は平面にベクトル場を定めます．すなわち，平面の各点 (x,y) にベクトル ${}^t(f(x,y),g(x,y))$ が与えられます．この連立方程式の解 $x=x(t), y=y(t)$ は，各点での接ベクトルがこのベクトル場のその点でのベクトルと一致するような曲線です．先に示した傾きの場と異なり，ベクトル場の各ベクトルの長さは意味のある量で，パラメータ（独立変数）t に関する曲線の描画速度を表しています．t が時刻なら，これは速度ベクトルに他なりません．xy 平面に描かれた解の軌跡としては，(1.8)から割り算によりパラメータ t を消去して得られる 1 階単独の方程式

$$\frac{dy}{dx} = \frac{g(x,y)}{f(x,y)} \tag{1.8$'$}$$

の解曲線と同等ですが，もとの方程式の解の方はこの曲線のパラメータ表示を与えているだけでなく，そのパラメータの取り方も（積分定数である平行移動の分を除き）指定していることになります．それにこの表現法では，平衡解 $x = \mathrm{const.}$, $y = \mathrm{const.}$ は表現できず，$f(x,y) = g(x,y) = 0$ を満たす点は特異点となってしまいます．このような点はもとの自励系 (1.8) でも**特異点**と呼ばれます．これはベクトル場 ${}^t(f(x,y),g(x,y))$ の特異点という幾何学の用語から来ています．f や g が微分できない点という意味ではありません．道路標識の矢印が無くなってしまい，どっちに行けばよいのか分からない点だと思えばよいでしょう．なお，$f(x,y)$ だけが 0 になるような点は，(1.8$'$) の分母と分子をひっくり返して y の方を独立変数とすればよいので，特異扱いする必要はありません．

1 階の自励系の解は平面の流れ，あるいは同相写像の 1 パラメータ族を与えます．このことを利用して幾何学などで必要な同相写像を定義するのに 1 階連立微分方程式がしばしば用いられます．このような考察は 3 次元以上の空間でも通用します．

【c】微分方程式を解くことの意味】 微分方程式を立てるのは，それを満たす解を具体的に知りたいからでしょう．そこで当然ながら微分方程式を解くことの第一義的な意味は，この解を具体的に求めるということになるでしょう．こ

1.1 微分方程式の意味とその導出

こで具体的に求めることの定義を最も狭く解釈すれば，既知の関数と四則演算および微積分演算の有限回の組合せにより解を表すということです．このような解法を**求積法**といいます．これはこの解法手続きのうちで積分操作が最も重要だからで，こうやって微分方程式を解くことを積分するとも言います．本書においても，このような解法のいくつかを第 2 章で学びます．

しかし求積法の解法というのは常にある種の幸便を仮定していて後ろめたいところがあり，理論的なことが好きな人には由緒正しい数学のように思えないかもしれず，また数学を応用しようとして勉強している人にも，せっかく学習しても滅多なことでは役に立たないと思われるでしょう．考えてみれば，上の求積法の定義で述べたような形で表現できる関数は，関数全体の中では非常な少数派でしょう．微分方程式の解が必ずしもそのように表現できないということは，むしろ微分方程式の解として新しい有用な関数がたくさん定義できるということ，すなわち微分方程式の表現力の豊かさを表しているという，積極的な解釈も成り立つのです．

ではそのような微分方程式を解くとはどのような意味でしょうか．解の関数としての性質が十分に分かればよいのです．微分方程式

$$\frac{dy}{dx} = y \tag{1.2'}$$

は求積法で解くことのできるもののうちでも最も簡単な方であり，解は $x=0$ での値（**初期値**）を 1 に指定すれば，指数関数 $y=y(x)=e^x$ となることはどこかで聞いたことがあると思いますが，数 e も指数関数も知らない人にこの関数の性質を説明するとしたらどうすればよいでしょうか？指数関数を知っていても，e^2 や $e^{2/3}$ 程度ならともかく $e^{\sqrt{2}}$ を説明するのは結構面倒でしょう．指数関数の性質の内で最も基本的なものは，指数法則

$$e^{a+b} = e^a e^b \tag{1.9}$$

ですが，これは二つの関数 $y(a+x)$ と $y(a)y(x)$ が同じ方程式 (1.2′) を満たし，かつ $x=b$ での値が一致することから結論できます．このことは容易に確かめられるので計算してみてください．実際，(1.9) は $x=0$ における値 1 から出発し直接 $a+b$ まで進んだ解と，一旦 $x=a$ まで解きそこでの値 $y(a)$ を初期値として更に b だけ進んだときの解が一致することを主張したもので，こ

れは**初期値問題**の解の**一意性**,すなわち指定された初期値を持つ解がただ一つであることを,この方程式について表現したものに他なりません.

それでは e の値はどうでしょうか？これは上の解の $x=1$ での値です.区間 $[0,1]$ を n 等分し,$h=1/n$ ととって各部分区間で方程式を差分方程式

$$\frac{y(x+h)-y(x)}{h} \fallingdotseq y(x)$$

で近似し,これより得られる

$$y\left(x+\frac{1}{n}\right) \fallingdotseq \left(1+\frac{1}{n}\right)y(x)$$

という近似式を用いれば,これを $x=0$ から出発し n 回反復することにより

$$e = y(1) \fallingdotseq \left(1+\frac{1}{n}\right)^n y(0) = \left(1+\frac{1}{n}\right)^n$$

という e の普通の定義による近似値が得られます.要するに数値解法で微分方程式の解を計算すれば,e の値さえ求まるのです.

この方程式は簡単すぎると思われるかもしれないので,もう一つ,2階の方程式 (1.6),あるいはその1階化である (1.7) を $k=1$ として調べてみましょう.**初期条件**,すなわち初期値が指定された値

$$x(0)=0, \quad p(0)=1 \tag{1.10}$$

をとるという条件下での解を $x=S(t), p=C(t)$ という記号で表しましょう.これらはよく知られているように,それぞれ関数 $\sin t, \cos t$ になるはずですが[3],3角関数を知らない(あるいはこの解を知らない)ものとしてその主な性質を方程式から導いてみましょう.

まず,$x=C, p=-S$ は方程式

$$x'=p, \quad p'=-x$$

すなわち元と同じ方程式を満たし,また初期条件

$$x(0)=1, \quad p(0)=0$$

---

[3] 点 $(x(t), p(t))$ は通常の3角関数の定義と異なり,相平面の軌道上を負の向きに回転することに注意せよ.それが嫌な人は,物理の本で使われるように p の方を第1座標に取るとよい.

を満たすので,第 4 章で一般的に論ずる**方程式の線形性**の帰結として,一般の初期値 $x(0) = A, p(0) = B$ に対する解は,これら二つの 1 次結合

$$x = AC(t) + BS(t), \quad p = -AS(t) + BC(t)$$

すなわち

$$\begin{pmatrix} x \\ p \end{pmatrix} = \begin{pmatrix} B & A \\ -A & B \end{pmatrix} \begin{pmatrix} S(t) \\ C(t) \end{pmatrix}$$

で与えられます.さて,(1.10) を初期値とするもとの解は $t = a$ において値 $x = S(a), p = C(a)$ をとります.今考えている方程式は時間の平行移動で不変なので,これを初期値として,この時点から更に時刻 b だけ進んだものは,上の解の公式において $A = S(a), B = C(a)$ ととったものの $t = b$ における値に等しいでしょう.他方,これはもちろん始めの解の $t = a + b$ における値と一致するはずですから,これらを等しいとおけば,

$$\begin{pmatrix} S(a+b) \\ C(a+b) \end{pmatrix} = \begin{pmatrix} C(a) & S(a) \\ -S(a) & C(a) \end{pmatrix} \begin{pmatrix} S(b) \\ C(b) \end{pmatrix}$$

すなわち,

$$S(a+b) = S(a)C(b) + C(a)S(b), \quad C(a+b) = C(a)C(b) - S(a)S(b)$$

を得ます.これは正弦関数・余弦関数の加法定理に他なりません.更に

$$E(t) = S(t)^2 + C(t)^2 \tag{1.11}$$

を微分すれば 0 になることから,この値が定数 $E(0) = 1$ に等しいことが分かります.のみならず

$$\{dS(t)\}^2 + \{dC(t)\}^2 = \{C(t)^2 + S(t)^2\}dt^2 = dt^2.$$

よって平面上の点 $(S(t), C(t))$ は一定の速さ 1 で単位円周上を(負の向きに)動くので,2π 時間後には同じ点に戻ります.すなわち,$S(t), C(t)$ は周期 2π の周期関数であることが分かります.$S'(t) = C(t), C'(t) = -S(t)$ は方程式により最初から保証されています.その他の性質も同様にして皆方程式から導くことができます.関数の値は数値解法で計算できますから,3 角関数を予め知らなかったとしてもこれで何の不足も無いでしょう.

以上では微分方程式に解が存在することや，初期値を適当に定めれば解がただ一つに決まることは当然なこととして用いてきましたが，これはそう自明なことではありません．最も簡単な微分方程式

$$\frac{dy}{dx} = f(x)$$

の解，すなわち $f(x)$ の原始関数の存在を f が連続関数のときに証明することもそう自明なことでは無かったでしょう．幸い，原始関数は加法的な任意関数の不定性しかありませんでしたが，初期値問題の解の一意性に至っては，右辺の関数 $f(x,y)$ が単に x, y につき連続なだけでは必ずしも成り立たないことが知られています（第 3 章 3.3 節に挙げた例を参照）．ここに微分方程式の一般論を構築する意義があるのです．第 3 章と第 6 章では，そのような理論を紹介します．

■ 1.2　実用的な微分方程式の導出例

【a) 運動方程式の例】　前節で言及したように，理工学において重要な微分方程式のほとんどは Newton の運動の第 2 法則

$$質量 \times 加速度 = 力$$

から導かれます．加速度は位置座標の時間に関する 2 階微分なので，この結果多くの重要な微分方程式が 2 階となります．質点の運動の場合は，運動する空間の次元に等しい成分を持った 2 階の連立常微分方程式となります．1 次元の場合には既に単振動の例を上で述べました．2 次元の場合，最も重要なものは 2 体問題と呼ばれる，宇宙空間の 2 個の天体の相互運動です．Kepler は師の Tycho Brahe が残した膨大な観測結果から，"データマイニング" により太陽のまわりを巡る惑星の運動に関する三つの法則

(1)　惑星は太陽を一つの焦点とする楕円軌道を描く．
(2)　面積速度（すなわち，単位時間に太陽と惑星を結ぶ動径が通過する面積）は惑星がどこに居ても一定である．
(3)　周期の 2 乗は長径の 3 乗に比例する．

を導き出しましたが，Newton はこれを説明するため，微分積分学と運動の 3 法則を作り上げ，更に，2 体間の相互作用として**万有引力の法則**，すなわち 2

体間の距離の 2 乗に反比例する引力が働くことを仮定して惑星の運動方程式を立て，これを解いて，Kepler の 3 法則を解析的に導きました．これは，微分方程式の歴史だけでなく，近代科学全体にとっても画期的なことでした．(惑星はたくさんありますが，惑星相互の引力は惑星と太陽の引力に比べて弱いので無視し，惑星毎に太陽との相互運動のみを考えるため近似的に 2 体問題となるのです．) この例はあまりにも有名ですが，歴史的重要さの割に大学で力学を本格的に学ぶ人以外は習わずにしまう人が多いので，方程式の立て方と解き方を簡単に見ておきましょう．

今，2 質点の質量を M, m，それらの位置ベクトルを $\vec{R}, \vec{r}$ とし，比例定数 (万有引力定数) を γ とすれば，万有引力の法則と運動方程式の解析的表現は

$$M\frac{d^2\vec{R}}{dt^2} = -\gamma Mm\frac{\vec{R}-\vec{r}}{|\vec{R}-\vec{r}|^3}, \quad m\frac{d^2\vec{r}}{dt^2} = -\gamma Mm\frac{\vec{r}-\vec{R}}{|\vec{R}-\vec{r}|^3} \tag{1.12}$$

という連立方程式となります．惑星の運動の場合は前者が太陽，後者が惑星とすれば $M \gg m$ です．この方程式は見掛け上 6 個の未知変数を含んでいますが，これから物理的考察を用いて次元を減らしてゆき，平面上のただ一つの方程式に帰着させます．まず，上の二つの方程式を加えると

$$\frac{d^2}{dt^2}(M\vec{R}+m\vec{r}) = 0 \quad \therefore \quad \frac{d}{dt}(M\vec{R}+m\vec{r}) = 一定$$

が得られますが，これは重心

$$\frac{M\vec{R}+m\vec{r}}{M+m} \tag{1.13}$$

が等速度運動をしていることを表しています．そこでこの重心からの相対運動，いわゆる重心座標を考察することにします：

$$\vec{r}_G = \vec{r} - \frac{M\vec{R}+m\vec{r}}{M+m} = \frac{M}{M+m}(\vec{r}-\vec{R})$$

と置けば

$$\begin{aligned}m\frac{d^2\vec{r}_G}{dt^2} &= m\frac{d^2\vec{r}}{dt^2} = -\gamma Mm\frac{\vec{r}-\vec{R}}{|\vec{R}-\vec{r}|^3} \\ &= -\gamma\frac{M^3m}{(M+m)^2}\frac{\vec{r}_G}{|\vec{r}_G|^3}\end{aligned} \tag{1.14}$$

という方程式が得られます．すなわち，質量を若干修正するだけで原点からの

引力を受けて運動する 3 次元空間内の 1 体の問題に帰着します．もう一方の質点についても同様ですが，重心が原点に固定されているので，改めて解くには及びません．なおかつ，惑星の運動の場合には先に述べたことから $\vec{R}$ は重心 (1.13) に非常に近く，従って近似的に太陽の位置を原点と同一視しても構わないのです．

そこで以下方程式

$$\frac{d^2\vec{r}}{dt^2} = -\mu \frac{\vec{r}}{|\vec{r}|^3} \tag{1.15}$$

を考察します．$\vec{r}$ はもともと 3 次元ベクトルですが，角運動量の保存則

$$\frac{d}{dt}\left(\vec{r} \times \frac{d\vec{r}}{dt}\right) = \frac{d\vec{r}}{dt} \times \frac{d\vec{r}}{dt} + \vec{r} \times \frac{d^2\vec{r}}{dt^2} = \frac{d\vec{r}}{dt} \times \frac{d\vec{r}}{dt} - \frac{\mu}{|\vec{r}|^3}\vec{r} \times \vec{r} = 0$$

$$\therefore \quad \vec{r} \times \frac{d\vec{r}}{dt} = \text{一定}$$

により，運動は定ベクトルに垂直な平面内で行われます．ここに $\vec{a} \times \vec{b}$ は一般にベクトルの**外積**あるいはベクトル積と呼ばれるもので，その大きさは $\vec{a}$ と $\vec{b}$ で張られる平行四辺形の面積に等しく，方向は両ベクトルに垂直で，向きは $\vec{a}$ から $\vec{b}$ に右ネジを回したときに進む向きを持ちます．$\vec{a}, \vec{b}$ の成分をそれぞれ ${}^t(a_1, a_2, a_3), {}^t(b_1, b_2, b_3)$ とすれば

$$\vec{a} \times \vec{b} = {}^t\left(\begin{vmatrix} a_2 & b_2 \\ a_3 & b_3 \end{vmatrix}, -\begin{vmatrix} a_1 & b_1 \\ a_3 & b_3 \end{vmatrix}, \begin{vmatrix} a_1 & b_1 \\ a_2 & b_2 \end{vmatrix}\right)$$

であることが簡単な計算から分かります ([2], p.184)．この具体的表現から，外積の微分について上で用いたような積の微分公式が成り立つことも初等的計算で確かめられます．

以下，この定ベクトルを z 軸方向に，従って運動する平面を xy 平面に選びましょう：

$$\vec{r} \times \frac{d\vec{r}}{dt} = (0, 0, \Omega). \tag{1.16}$$

Kepler の頃にはまだ角運動量の概念はありませんでしたが，彼はこれを前述のように "面積速度が一定"，すなわち惑星と太陽を結ぶ動径が単位時間に掃過する扇形の面積が一定という形で表現し，いわゆる Kepler の第 2 法則として与えました．さて，運動方程式の積分の常套手段として (1.15) の両辺と $\dfrac{d\vec{r}}{dt}$ との内積をとれば，$|\vec{r}|$ を r と略記して，

1.2 実用的な微分方程式の導出例

$$\frac{d^2\vec{r}}{dt^2} \cdot \frac{d\vec{r}}{dt} = -\mu \frac{\vec{r}}{r^3} \cdot \frac{d\vec{r}}{dt} = -\mu \frac{1}{2r^3} \frac{d(\vec{r} \cdot \vec{r})}{dt} = -\mu \frac{1}{2r^3} \frac{d(r^2)}{dt}$$

$$= -\mu \frac{1}{r^2} \frac{dr}{dt} = \mu \frac{d}{dt}\left(\frac{1}{r}\right).$$

ここで，内積の微分についても積の微分公式が成り立つことに注意しましょう．よって両辺を積分して，左辺についても上と同じ内積の微分公式を用いると

$$\frac{1}{2}\left|\frac{d\vec{r}}{dt}\right|^2 = \frac{\mu}{r} + E$$

が得られます．ここに E は積分定数ですが，これを

$$\frac{1}{2}\left|\frac{d\vec{r}}{dt}\right|^2 - \frac{\mu}{r} = E \tag{1.17}$$

と書き直して，左辺の第 1 項を運動エネルギー，第 2 項を位置エネルギーと名付け，この式を（力学的）エネルギー保存則と呼びます．

以下，運動方程式を具体的に解くため，極座標を導入し

$$\vec{r} = r \begin{pmatrix} \cos\theta \\ \sin\theta \end{pmatrix}$$

と置くと

$$\frac{d\vec{r}}{dt} = \frac{dr}{dt} \begin{pmatrix} \cos\theta \\ \sin\theta \end{pmatrix} + r\frac{d\theta}{dt} \begin{pmatrix} -\sin\theta \\ \cos\theta \end{pmatrix}.$$

この右辺の二つの単位ベクトルは互いに垂直だから，

$$\left|\frac{d\vec{r}}{dt}\right|^2 = \left(\frac{dr}{dt}\right)^2 + r^2\left(\frac{d\theta}{dt}\right)^2.$$

よって (1.17) より

$$\left(\frac{dr}{dt}\right)^2 + r^2\left(\frac{d\theta}{dt}\right)^2 - \frac{2\mu}{r} = 2E.$$

また (1.16) を計算して

$$r^2 \frac{d\theta}{dt} = \Omega.$$

この 2 式から

$$\left(\frac{dr}{dt}\right)^2 = -\frac{\Omega^2}{r^2} + \frac{2\mu}{r} + 2E \tag{1.18}$$

が得られます．これらを直接積分することも可能ですが，我々はむしろ軌道の形の方に興味があるので，最後の 2 式から t を消去して得られる

$$\frac{dr}{d\theta} = \frac{r}{\Omega}\sqrt{-\Omega^2 + 2\mu r + 2Er^2}$$

という方程式を解きましょう．これは変数分離法で求積できて

$$\int \frac{\Omega}{r\sqrt{-\Omega^2 + 2\mu r + 2Er^2}} dr = \theta + C$$

となります．最後の積分定数は任意定数の数を確認するために付けておきましたが，角度のずらし，すなわち軌道の座標回転だけの意味しかありません．この左辺の積分は根号内が2次式の不定積分であり，標準的な有理化計算により遂行できますが，ここでは，むしろ (1.18) から自然に導出される形を見ると想像できる座標変換 $1/r = s$ を用いて

$$\int \frac{\Omega}{r\sqrt{-\Omega^2 + 2\mu r + 2Er^2}} dr = \int \frac{1}{\sqrt{-\frac{1}{r^2} + 2\frac{\mu}{\Omega^2 r} + \frac{2E}{\Omega^2}}} \frac{dr}{r^2}$$

$$= -\int \frac{1}{\sqrt{-s^2 + 2\frac{\mu}{\Omega^2}s + \frac{2E}{\Omega^2}}} ds = -\int \frac{d(s - \frac{\mu}{\Omega^2})}{\sqrt{-\left(s - \frac{\mu}{\Omega^2}\right)^2 + \frac{\mu^2 + 2E\Omega^2}{\Omega^4}}}$$

$$= -\operatorname{Arcsin} \frac{s - \frac{\mu}{\Omega^2}}{\sqrt{\frac{\mu^2 + 2E\Omega^2}{\Omega^2}}} = \operatorname{Arcsin} \frac{\mu r - \Omega^2}{\sqrt{\mu^2 + 2E\Omega^2}\, r}$$

と計算しましょう．ここで，軌道の向きを見やすくする（後で分かるように，楕円の長軸を x 軸方向にする）ため，$C = \pi/2$ にとると，

$$\theta + \frac{\pi}{2} = \operatorname{Arcsin} \frac{\mu r - \Omega^2}{\sqrt{\mu^2 + 2E\Omega^2}\, r} \quad \text{すなわち} \quad \sin\left(\theta + \frac{\pi}{2}\right) = \frac{\mu r - \Omega^2}{\sqrt{\mu^2 + 2E\Omega^2}\, r}$$

$$\therefore \quad \sqrt{\mu^2 + 2E\Omega^2}\, r \cos\theta + \Omega^2 = \mu r$$

あるいは

$$r\left(\frac{\mu}{\Omega^2} - \frac{1}{\Omega^2}\sqrt{\mu^2 + 2E\Omega^2}\cos\theta\right) = 1 \tag{1.19}$$

という軌道の方程式が得られました．これは原点を焦点にとった極座標による2次曲線の方程式表示です．直角座標による方程式の方が馴染（なじみ）でしょうから，一つ手前の式から変数変換してみれば

$$(\sqrt{\mu^2 + 2E\Omega^2}\, x + \Omega^2)^2 = \mu^2(x^2 + y^2),$$

$$\therefore \quad -2E\Omega^2 x^2 - 2\Omega^2\sqrt{\mu^2 + 2E\Omega^2}\, x + \mu^2 y^2 = \Omega^4.$$

1.2 実用的な微分方程式の導出例

平方完成して（スペース節約のため初等的計算は省くと）

$$\frac{4E^2}{\mu^2}\left(x + \frac{1}{2E}\sqrt{\mu^2 + 2E\Omega^2}\right)^2 + \frac{-2E}{\Omega^2}y^2 = 1$$

と，簡単に確かめることができます．

惑星の運動に関係するのは $E < 0$ のときで，このとき上は楕円となります．長径が $\mu/(-2E)$，短径が $\Omega/\sqrt{-2E}$ であり，従って中心と焦点との距離は，一般公式により

$$\sqrt{\frac{\mu^2}{4E^2} - \frac{\Omega^2}{-2E}} = \frac{\sqrt{\mu^2 + 2E\Omega^2}}{-2E}. \tag{1.20}$$

これより，原点がこの楕円の焦点になっていることが分かります．

ちなみに $E > 0$ のときの軌道は双曲線となりますが，これは非周期性の彗星など，太陽に一度しか近づかない天体の軌道として実現されることがあります．$E = 0$ のときは放物線となりますが，これは確率 0 で，相当の偶然でないと実現されません．現実に放物線軌道が観測されることがあるかどうか著者は知りません．ハレー彗星が発見される以前には，彗星の軌道はみな放物線と考えられていた時代もあったようです．

最後に Kepler の第 3 法則を導いておきましょう．今度は時間の一周期 $0 \leq t \leq T$ に関する積分が必要となりますが，軌道は楕円であることが分かっており，楕円上の点から焦点までの距離は，長径が周と交わる，いわゆる近日点と遠日点でそれぞれ最小および最大となるので，(1.20) と (1.18) から

$$\frac{T}{2} = \int_0^{T/2} dt = \int_{\frac{\mu}{-2E} - \frac{\sqrt{\mu^2+2E\Omega^2}}{-2E}}^{\frac{\mu}{-2E} + \frac{\sqrt{\mu^2+2E\Omega^2}}{-2E}} \frac{r}{\sqrt{-\Omega^2 + 2\mu r + 2Er^2}} dr$$

$$= \int_{\frac{\mu}{-2E} - \frac{\sqrt{\mu^2+2E\Omega^2}}{-2E}}^{\frac{\mu}{-2E} + \frac{\sqrt{\mu^2+2E\Omega^2}}{-2E}} \frac{\sqrt{-2E}\, r}{\sqrt{\mu^2 + 2E\Omega^2 - (-2Er - \mu)^2}} dr$$

ここで $(-2Er - \mu)/\sqrt{\mu^2 + 2E\Omega^2} = s$ と置けば，

$$= \frac{1}{\sqrt{-2E}} \int_{-1}^{1} \frac{s + \frac{\mu}{\sqrt{\mu^2+2E\Omega^2}}}{\sqrt{1-s^2}} \frac{\sqrt{\mu^2 + 2E\Omega^2}}{-2E} ds = \frac{\pi\mu}{(-2E)^{3/2}}$$

となります．ここで s の奇関数の $[-1, 1]$ 上の積分は対称性により 0 となるこ

とを用いました．これから

$$\frac{周期^2}{楕円の長径^3} = \frac{(2\pi)^2 \mu^2}{(-2E)^3} \frac{(-2E)^3}{\mu^3} = \frac{4\pi^2}{\mu}. \qquad (1.21)$$

(1.14) より，定数 $\mu = \gamma \dfrac{M^3}{(M+m)^2}$ は地球と太陽の質量，および万有引力定数に依存しますが，軌道には依存しません．更に，$M \gg m$ という仮定の下では，惑星の質量 m はほとんど無視でき，$\mu \fallingdotseq \gamma M$ となります．これにより Kepler は，この比の値が惑星に依存しない量であることを発見できたのです．

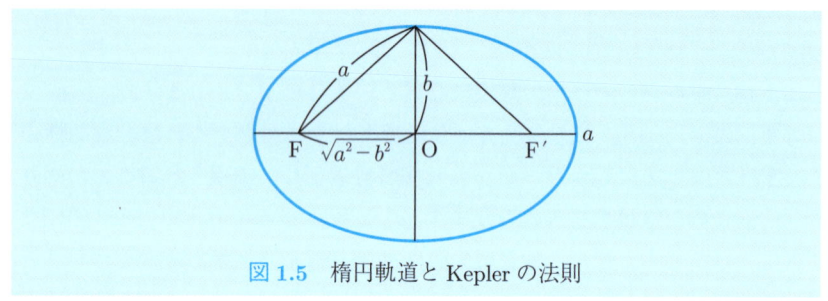

図 1.5　楕円軌道と Kepler の法則

問 1.2 万有引力定数 γ は 18 世紀後半に発明された捩れ秤等を用いて地上で測定可能であり，その値は $\gamma = 6.6720 \times 10^{-11}\,\mathrm{m^3\,kg^{-1}\,sec^{-2}}$ である．また，地球の公転周期は 365.256 日（恒星年），地球の軌道の長径は $1.496 \times 10^{11}\,\mathrm{m}$ であり，ギリシャ時代に既に月との 3 角測量により（誤差 1 桁で）求められていた．Kepler の第 3 法則を導いた式 (1.21) とこれらのデータから太陽の質量を概算せよ．

地球等の公転運動を精密に論ずるときは木星などの巨大惑星の影響を無視できなくなります．三つの天体を同時に考えると，もはや一般にはその軌道を時間無限遠まで，すなわち未来永劫にわたって初期値を含んだ一価な解析関数で表示することすらできないことが知られています．すなわち，解軌道は初期条件により確定するという決定論は正しいものの，その軌道は複雑にからみ，しかもそのパターンは初期条件とともに劇的に変化し得，天体が衝突する恐れが無いかどうかさえ一般には分かりません．このような問題を論ずるのを **3 体問題** と言います．本書は第 9 章で少しこれを紹介しています．

3 体問題は $3 \times 3 \times 2 = 18$ 次元の相空間の自励系による流れです．重心の固定と角運動量，エネルギーの保存則の分 $6+3+1$ を引き去ってもまだ 8 次元あり，平面内の運動に限っても 5 次元の自由度があります．(実はもう一つ次元

を落とせます．）それほど高次元で無くとも，既に3次元でこのように複雑な現象を見ることができます．連立方程式

$$\frac{dx}{dt} = a(y-x), \quad \frac{dy}{dt} = x(b-z) - y, \quad \frac{dz}{dt} = xy - cz \tag{1.22}$$

は1960年に気象学者 Lorenz（ローレンツ）が対流のモデルとして提出したものですが，上で述べたような初期値に敏感な軌道の変化が見られます．このような現象を決定論的カオスと呼びます．そもそも決定論とは，観測される初期データから未来が予測できることを言うのですから，初期データの観測に含まれるわずかな誤差が未来の状態をすっかり別のものにしてしまうような状況では，いかに数学的には決定論的であるといっても，現実には"定め無き未来"ということになってしまうでしょう．そこで決定論的と言うためには解がその初期値に対してただ一つに定まるだけでなく，連続に依存するといういわゆる"問題の適切性"が要求されます．常微分方程式の場合には幸い，時間を有限区間に限って論ずればこの適切性は保証されるのですが，時間を無限の未来まで考えたときの連続性，すなわち安定性は，必ずしも保証されないのです（第7章7.6節参照）．

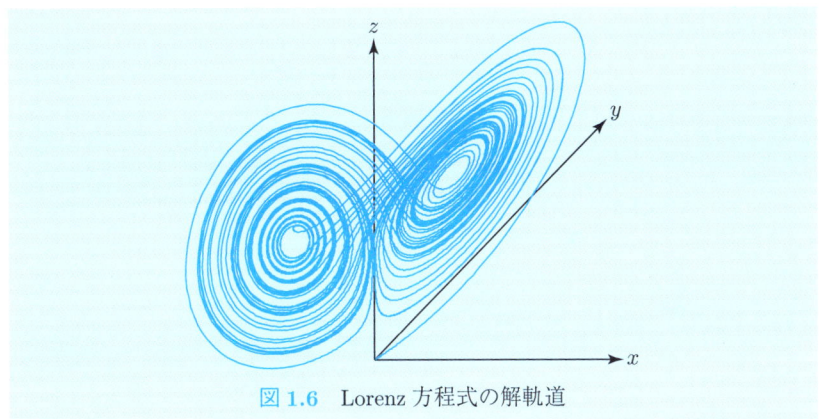

図1.6　Lorenz方程式の解軌道

【b）偏微分方程式を還元して得られるものの例】　質点の運動は常微分方程式で記述できましたが，空間的な広がりのある物体の各部分が一様でない運動をしている場合は，運動を記述するのに空間変数と時間変数がともに必要となり，方程式は偏微分方程式となります．ここでは代表例として弦の振動の方程式を立ててみましょう．両端を固定された弦が変形を受け，張力だけを復元力とし

て運動を始める状況を考えます．簡単のため，弦の運動は水平面内に限られるとし，弦の各部分はその静止時の位置から垂直な方向にのみ変位する，いわゆる横波を生じるものとします．静止時の弦に沿う座標を $0 \leq x \leq 1$ で表し，弦上の点 x の時刻 t での垂直方向の変位を未知関数 $u(t,x)$ と置き，弦の微小片 $[x, x+\Delta x]$ の運動方程式を立てましょう．弦の線密度（単位長当りの質量）を ρ とすれば，この微小片の質量は $\rho \Delta x$ であり，垂直方向の加速度はおおよそどこでも $\frac{\partial^2 u}{\partial t^2}(t,x)$ に等しいと考えられます．またこの部分に働く外力は，左右両端において弦の接線方向に働く大きさ T の張力だけです．今この部分が垂直方向に変位 $u(t,x)$ を受け，図 1.7 のような位置関係にあるとすれば，その左右両端において弦の接線方向が x 軸となす角をそれぞれ $\theta(t,x)$, $\theta(t, x+\Delta x)$ として，右端における張力の垂直成分は $T \sin \theta(t, x+\Delta x)$，左端におけるそれは $-T \sin \theta(t,x)$ と考えられます．従って，変形が微小で θ は十分小さいと仮定し

$$\sin \theta \fallingdotseq \theta \fallingdotseq \tan \theta = \frac{\partial u}{\partial x}$$

という近似式が使えるものとすれば，この微小片にかかる外力の垂直方向の成分の合計は，ほぼ

$$T \frac{\partial u}{\partial x}(t, x+\Delta x) - T \frac{\partial u}{\partial x}(t,x)$$

に等しくなります．以上により，この微小片に対する Newton の運動方程式として

$$\rho \Delta x \frac{\partial^2 u}{\partial t^2}(t,x) = T \frac{\partial u}{\partial x}(t, x+\Delta x) - T \frac{\partial u}{\partial x}(t,x)$$

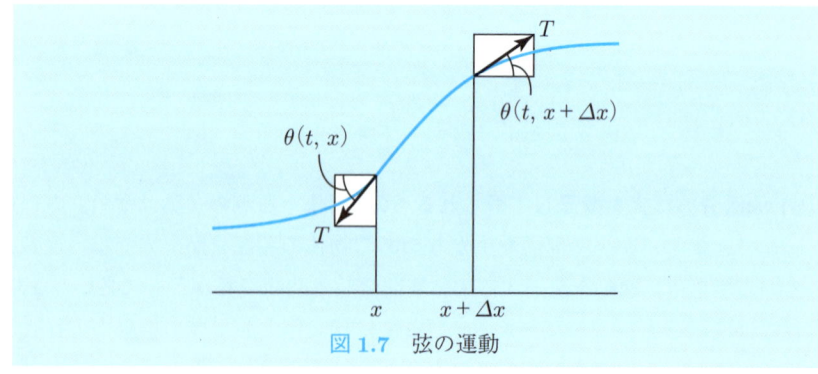

図 1.7 弦の運動

1.2 実用的な微分方程式の導出例

が得られました．この両辺を Δx で割り，$\Delta x \to 0$ とすれば，最終的に

$$\rho \frac{\partial^2 u}{\partial t^2}(t,x) = T \frac{\partial^2 u}{\partial x^2}(t,x)$$

あるいは

$$c = \sqrt{T/\rho}$$

という定数を導入すれば

$$\frac{1}{c^2}\frac{\partial^2 u}{\partial t^2} - \frac{\partial^2 u}{\partial x^2} = 0 \tag{1.23}$$

という方程式になります．これを空間 1 次元の波動方程式と呼びます．

波動方程式の解はたくさんあり，それらは何らかの波動現象を記述していますが，その中で

$$u(t,x) = \cos(kt+\alpha)v(x)$$

の形のものを考えましょう．これは波形が時間とともに進行することなく同じところで周期運動を繰り返す，いわゆる定常波を表しています．これを方程式 (1.23) に代入すると

$$\frac{d^2 v}{dx^2} = \lambda v, \quad \left(\lambda = -\frac{k^2}{c^2}\right) \tag{1.24}$$

という v の常微分方程式が得られます．更に弦の両端固定の条件から

$$v(0) = v(1) = 0. \tag{1.25}$$

この二つの条件を満たすような $v \neq 0$ が存在するためには，右辺の λ は勝手ではだめで，ちょうど有限次の正方行列の固有値のようになっている必要があります．こうして，偏微分方程式から，常微分方程式の**固有値問題**が生じました．簡単な計算により，このような λ すなわち固有値は $-n^2\pi^2, n = 1, 2, ...$ で，かつこのときの固有ベクトルに相当するもの（固有関数）は $\sin n\pi x, n = 1, 2, ...$ であることが分かります．これらはそれぞれ弦の振動が発する原音，倍音等々に相当します．この固有値問題は有限次の実対称行列に相当する性質を持ち，固有値はすべて実，かつ対応する固有関数が空間全体の直交基底を成します．ただし 1 次結合は無限和の意味でとらねばなりません．この意味で一般の関数を表したものが Fourier（正弦）級数です．常微分方程式の境界値問題と固有値・固有関数は，常微分方程式固有の重要な問題の一つですが，その背後にはこの

ように偏微分方程式の問題が有るのです．

問 1.3 微分方程式 (1.24) の一般解
$$v(x) = c_1 e^{\sqrt{\lambda}x} + c_2 e^{-\sqrt{\lambda}x}$$
に境界条件 (1.25) を当てはめて，上に示した固有値と固有関数を導き出せ．ただし $\lambda < 0$ のときは指数関数 $e^{\sqrt{\lambda}x}$ 等は Euler の等式 $e^{i\theta} = \cos\theta + i\sin\theta$ により適宜 3 角関数として翻訳するものとする．

この例に限らず，偏微分方程式の研究の手段として常微分方程式の研究も必要になることが多いのです．

【c) 変分問題より導かれる微分方程式】 変分問題とは
$$J[u] = \int_a^b f(t, u(t), u'(t))dt \tag{1.26}$$
のように，関数 u に応じて定まる量があるとき，これを最大あるいは最小にするような関数 u を求める問題のことを言います．この J のように関数を変数とする関数のことを**汎関数**と呼びます．関数の集合は一般に無限次元の空間を成すので，汎関数は無限個の独立変数を有する関数であるとも言えます．このような最大・最小問題に対する解法を一般に**変分法**と呼びます．いわば無限次元の微分学です．

有限個の独立変数に対する最大・最小問題の解法を思い出してこの問題の解き方のヒントを得ましょう．有限個の独立変数の場合でも最大・最小問題をきちんと解くのは結構やっかいです．しかしまず簡単な場合として，最大・最小が関数の定義域の内点における極値として実現される場合を考え，そのための必要条件を求めるのが普通でしょう．この場合にその考えを当てはめると，関数 φ を勝手に選ぶとき，極小の条件は十分小さい任意の定数 ε に対して
$$J[u + \varepsilon\varphi] \geq J[u] \tag{1.27}$$
となることです．この左辺を ε につき展開しましょう．$f(t, x, p)$ の後の 2 変数に関する Taylor 近似

$$f(t, u(t) + \varepsilon\varphi(t), u'(t) + \varepsilon\varphi'(t))$$
$$= f(t, u(t), u'(t)) + \varepsilon\frac{\partial f}{\partial x}(t, u(t), u'(t))\varphi(t) + \varepsilon\frac{\partial f}{\partial p}(t, u(t), u'(t))\varphi'(t) + o(\varepsilon)$$

1.2 実用的な微分方程式の導出例

を用いると

$$J[u+\varepsilon\varphi]$$
$$= J[u] + \varepsilon\Big\{\int_a^b \frac{\partial f}{\partial x}(t,u(t),u'(t))\varphi(t)dt + \int_a^b \frac{\partial f}{\partial p}(t,u(t),u'(t))\varphi'(t)dt\Big\}$$
$$+ o(\varepsilon) \tag{1.28}$$

となります．ε は任意の符号を取れることから，有限次元のときと同様，(1.27) の成立のためには ε の係数が消えていることが必要です．よって

$$\int_a^b \frac{\partial f}{\partial x}(t,u(t),u'(t))\varphi(t)dt + \int_a^b \frac{\partial f}{\partial p}(t,u(t),u'(t))\varphi'(t)dt = 0.$$

今 φ として積分区間の両端で 0 となるようなものだけを用いることとし，第 2 項を部分積分すれば，

$$\int_a^b \Big\{\frac{\partial f}{\partial x}(t,u(t),u'(t)) - \frac{d}{dt}\Big(\frac{\partial f}{\partial p}(t,u(t),u'(t))\Big)\Big\}\varphi(t)dt = 0 \tag{1.29}$$

となります．ここで積分記号内の t に関する微分は，今まで出てきた偏微分とは異なり，全てを代入した後に残る t の 1 変数関数を常微分する意味であることに注意しましょう．普通は $\frac{\partial f}{\partial p}$ のところを単に $\frac{\partial f}{\partial u'}$ 等と記してしまうのですが，意味が分かってしまえばその方がかえって紛らわしくないので，以下本書でもそのように記しましょう．

さて (1.29) が任意の φ について成り立つことから

$$\frac{\partial f}{\partial u}(t,u,u') - \frac{d}{dt}\Big(\frac{\partial f}{\partial u'}(t,u,u')\Big) = 0 \tag{1.30}$$

が得られます．これを**変分法の基本補題**と言います．実際，もし (1.30) の左辺の量が積分区間 $[a,b]$ のある内点で 0 と異なる値を持ったとすると，簡単のためこの量を t の連続関数とすれば，それはこの点のある近傍で符号一定の値を取るので，φ をその近傍だけで零と異なる値を持つ非負値の C^1 級（すなわち，連続的微分可能な）関数に取れば，(1.29) の積分値は明らかに 0 でなくなってしまうからです．こうして最初の変分問題から一つの微分方程式 (1.30) が得られました．これを変分問題 (1.26) に対する**Euler の方程式**と言います．

例として変分法の発端となったBrachistochroneの問題を紹介しましょう．

これは図 1.8 のように鉛直面内の 2 点 P, Q を摩擦の無い曲線（話を分かり易くするため滑り台としましょう）で結び，質点をこの上で高い方の点 P から自然落下させたとき，それが点 Q に到達する時間が最も短くなるように滑り台の曲線を設計せよというのです．始めを急な斜面にした方が速度が付いて早く落ちますが，あまり極端にすると低くなってから水平方向の距離を稼ぐのに不利となりますから，最適な解が途中にあるはずです．この解を最速降下線と呼びます．滑り台の曲線を $y = u(x), 0 \leq x \leq 1$ とし，

$$u(0) = H, \quad u(1) = 0 \tag{1.31}$$

で $H > 0$ は定数として固定されているものとしましょう．摩擦が存在しないので，質点の落下は位置エネルギーの運動エネルギーへの完全な変換によって起こり，従って質点が滑り台の上の点 $(x, u(x))$ にあるときは

$$\frac{1}{2}mv^2 = mg(H - u(x)) \quad \therefore \quad v = \sqrt{2g(H - u(x))}.$$

質点はこの速度 $v = ds/dt$ を接線方向の速度としてこの曲線に沿って動きます．この曲線の接線要素は

$$ds = \sqrt{1 + u'(x)^2}dx$$

なので，滑り落ちるのに要する全時間 T は

$$T = \int_0^T dt = \int_0^L \frac{ds}{v} = \frac{1}{\sqrt{2g}} \int_0^1 \frac{\sqrt{1 + u'(x)^2}}{\sqrt{H - u(x)}}dx. \tag{1.32}$$

この汎関数を (1.31) の条件の下で最小にせよというのが与えられた問題の数学的定式化です．

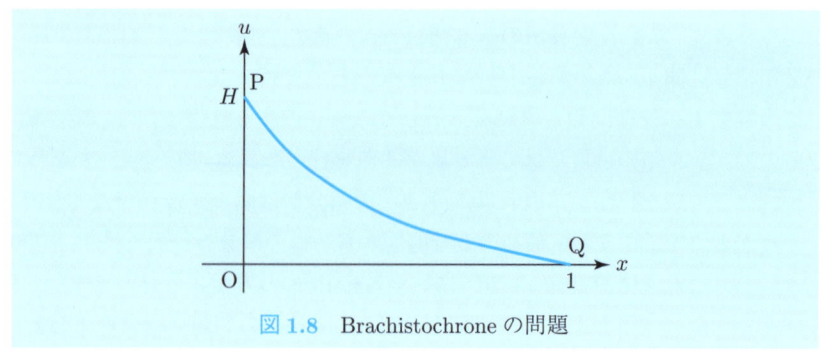

図 1.8　Brachistochrone の問題

1.2 実用的な微分方程式の導出例

この変分問題の Euler 方程式は，本質的でない定数因子を省略すれば

$$\frac{\partial}{\partial u}\left(\frac{\sqrt{1+u'(x)^2}}{\sqrt{H-u(x)}}\right) - \frac{d}{dx}\left\{\frac{\partial}{\partial u'}\left(\frac{\sqrt{1+u'(x)^2}}{\sqrt{H-u(x)}}\right)\right\}$$
$$= \frac{\sqrt{1+u'^2}}{2\sqrt{H-u}^3}$$
$$- \frac{u''}{\sqrt{1+u'^2}\sqrt{H-u}} + \frac{u'^2 u''}{\sqrt{1+u'^2}^3\sqrt{H-u}} - \frac{u'^2}{2\sqrt{1+u'^2}\sqrt{H-u}^3}$$
$$= 0.$$

分母を払って整理すると，少々の計算の後

$$1 + u'^2 - 2(H-u)u'' = 0$$

となります．これは

$$\frac{u'}{H-u} = \frac{2u'u''}{1+u'^2}$$

と変形すると積分できて

$$-\log(H-u) = \log(1+u'^2) + C \quad \therefore \quad (H-u)(1+u'^2) = c.$$

これを u' につき解けば

$$u' = -\sqrt{\frac{c-H+u}{H-u}}$$

となります．根号に負の方を選んだのは落下するという現象に合わせたからです．この 1 階微分方程式も

$$-\int \sqrt{\frac{H-u}{c-H+u}} du = \int dx + c_2$$

と積分できます．$x=0$ のとき $u=H$ という初期条件を考慮すると

$$-\int_H^u \sqrt{\frac{H-u}{c-H+u}} du = x$$

で二つ目の積分定数が確定します．この左辺の積分は 2 次無理関数の不定積分の典型例に含まれており，被積分関数を v と置けば有理化できますが，積分した結果の曲線を見やすくするため，置換積分法を用い $H-u = c\sin^2\theta$ と置いてみましょう．すると上は

$$x = \int_0^\theta \frac{\sqrt{c}\sin\theta}{\sqrt{c}\cos\theta} 2c\sin\theta\cos\theta d\theta$$
$$= 2c\int_0^\theta \sin^2\theta d\theta = c\int_0^\theta (1-\cos 2\theta)d\theta = c\left(\theta - \frac{1}{2}\sin 2\theta\right)$$

となります．すなわち，運動の軌跡の曲線は

$$x = \frac{c}{2}(2\theta - \sin 2\theta), \quad y = u(x) = H - c\sin^2\theta = H - \frac{c}{2} + \frac{c}{2}\cos 2\theta$$

とパラメータ表示されることが分かりました．これは（お椀を上に向けた）サイクロイドの方程式です．$c/2, 2\theta$ をそれぞれ c, θ と書き直せば，結果の表示は

$$x = c(\theta - \sin\theta), \quad y = H - c + c\cos\theta \tag{1.33}$$

ときれいになります．定数 c の値は使われていないもう一つの境界条件 "$x=1$ で $y=0$" から定まります（具体的に求まる訳ではありません）．いずれにしても解曲線はサイクロイドの初期位置から，すなわち接線が真下に向かう位置から始まることには変わりありません．

問 1.4 (1.32) を用いて x, y を時刻 t の関数で表せ．

　上例の計算では極小の必要条件を計算しただけです．極小の十分条件を述べるには 2 次の変分を考える必要があります．（1 次元の部分空間への制限が必ず極小となっているだけでは不十分なので，(1.28) の展開項を増やしたくらいではだめです．φ と独立にもう一つの"方向" ψ をとって議論しなければなりません．）更に，最小値であることを言うには一般にある種の大域的な考察も必要となります．これらについては変分法の適当な専門書を見てください　．

　さて，変分法の実用的場面としては力学の諸問題の定式化が最も重要です．それらの中には極値でなく，鞍点に相当する停留値にかかわるものもあります．今ポテンシャル $V(x)$ を持った 1 次元の保存力場における質量 m の質点の運動を考えましょう．これは質点に働く力が $-V'(x)$ となることを意味し，単振動の場合の $V = \frac{k}{2}x^2$ を一般化したものです．このとき

$$L(x, x') = \frac{mx'^2}{2} - V(x) \tag{1.34}$$

で Lagrange 関数を導入し

1.2 実用的な微分方程式の導出例

$$S[x] = \int_0^t L\left(x, \frac{dx}{dt}\right) dt \tag{1.35}$$

という汎関数を考えましょう．これを考察中の力学系の仮想された道に沿う**作用積分**と呼びます．（1次元だと軌道は常に線分なので，かえって分かりにくいのですが，**作用** S は道 $x(t)$ の汎関数です．）解析力学の基本的な変分原理は，実現される運動 $x = x(t)$ がこの汎関数の停留点として与えられることを主張します．それはこの変分問題の Euler 方程式がちょうど Newton の運動方程式と一致するからです：

$$\frac{\partial}{\partial x} L(x, x') - \frac{d}{dt}\left\{\frac{\partial}{\partial x'} L(x, x')\right\} = -mV'(x) - m\frac{d^2x}{dt^2} = 0.$$

この変分原理の物理的な意味付けはそう初等的ではありません．それにこの変分問題の解は常に鞍点であって，極値ではありません．これについては後の第8章で再論されるでしょう．

3次元空間の運動の場合は $x, \frac{dx}{dt}$ をそれぞれベクトル $\vec{x}, \frac{d\vec{x}}{dt}$ で置き換え，また V' を多変数関数の勾配ベクトルを与えるナブラ演算子

$$\nabla V = \begin{pmatrix} \frac{\partial V}{\partial x} \\ \frac{\partial V}{\partial y} \\ \frac{\partial V}{\partial z} \end{pmatrix}$$

で置き換えれば同様の議論が成り立ち，Euler 方程式も2階の連立方程式となって Newton の運動方程式が得られます．例えば，2体問題においては $V(\vec{x}) = -\gamma/|\vec{x}|$ であり，力の項が $\nabla(\gamma/|\vec{x}|)$ の形をしていることは，運動方程式を積分する過程で有効に利用されていたのです．

次の例は弾性体が外力により変形を受けているときの釣り合いの位置を求める問題です．ここでは棒 $0 \leq x \leq L$ が外力で変形している様子を1次元で表現したものを考えます．1次元とは言っても，弦ではなく棒なので，たわみとかねじれなどの3次元的な弾性力も無視できず，従ってそれを1次元に帰着させたものは結構複雑になります．今，簡単のため棒の変形は平面内で棒に垂直な方向にのみ起こるとし，棒の変形後の位置を関数 $y = u(x)$ のグラフで表すとき，汎関数

$$S[u] = \int_0^L \left\{\frac{k}{2}\left(\frac{d^2u}{dx^2}\right)^2 - fu\right\} dx \tag{1.36}$$

が上で議論した Lagrange 関数の**作用積分**に相当するものです．これの変分問題の解が釣り合いの位置を与えます．これは**仮想仕事の原理**と呼ばれるもので，仮想的な釣り合いの位置を任意に考え，そこから少し変位させたとき，その変位に伴う内部エネルギー（ここでは弾性の歪みエネルギー）の変化とこの微小変位に際して外力のなす仕事とが釣り合っているような位置を探すものです．

$$S[u + \varepsilon\varphi] = S[u] + \varepsilon \int_0^L \left(k\frac{d^2u}{dx^2}\frac{d^2\varphi}{dx^2} - f\varphi \right) dx + o(\varepsilon)$$

より，停留条件として ε の係数 $= 0$ が先と同様に結論されます．特に φ は区間の両端で 1 階微分も込めて消えているものとして，2 回部分積分すれば，

$$\int_0^L \left(k\frac{d^4u}{dx^4} - f \right)\varphi dx = 0$$

を得，変分法の基本補題から Euler 方程式として

$$k\frac{d^4u}{dx^4} = f \tag{1.37}$$

という 4 階の微分方程式が得られます．これを普通

$$u(0) = 0, \quad u'(0) = a, \quad u(1) = 0, \quad u'(1) = b$$

のような境界条件の下で解きます．実際にこれを解くのは容易でしょう．この問題の場合も弦の振動の場合のように定常振動や固有値問題を考えることができます．変分法でそれを取り扱うには，上で微小片 dx に働く外力 fdx の代わりに加速度から生ずる慣性力 $-\rho\dfrac{\partial^2 u}{\partial t^2}dx$ を取ればよいのです．

上に計算した諸例では，Euler 方程式が偶然の幸運で解けてしまいましたが，一般には Euler 方程式として得られる微分方程式は求積できない方が普通です．微分方程式を導いてもどうせその近似解を計算することになるのなら，始めからという訳で，関数空間の適当な基底を用いて汎関数 $J[u]$ を十分多くはあるが有限個の変数の関数で近似し，その極値問題を解く方法が導入されました．これを変分法の直接解法と呼びます．基底として 3 角関数を用いれば，これは Fourier 級数を用いた近似計算法となります．近年は特に，領域を単体分割等で有限個の要素に分け，ある一つの頂点に接する要素だけで零と異なるような区分 1 次関数や区分多項式を基底として用いる方法が計算機による計算に

適合して，応用分野で広く用いられています．これを有限要素法と呼びます．

【d) 生物科学における例】 微分方程式の応用といえば一昔前は物理や工学の専売特許でしたが，近頃は生物学や社会科学等に応用されるのも珍しくなくなりました．離散的な個体の集まりも，十分多くの標本となれば統計的に連続体として取り扱うことができ，その挙動が微分方程式で近似的に記述できるというのがその考えの根底にあります．このような考えは物理では Boltzmann（ボルツマン）による統計力学の定式化や，Einstein（アインシュタイン）による拡散方程式の導出など，結構古典的です．考えてみれば先に連続体として取り扱った弦も，細かく刻んで行けば離散的な分子の集合となります．分子が見えるところまで Δx を小さくしてしまっては微分方程式にならないので，適当な大きさで均(なら)したものを見ている訳です．希薄な気体の密度の定義においては，微分を計算するときの微小増分 Δx のスケールに対する注意は結構現実的となります．逆にこのように考えれば，恒星の集まりである銀河の運動も希薄気体の運動と同じ偏微分方程式が適用可能となるのです（[4]，第 1 章 1.2 節のジョーク参照）．

ここでは 2 種の生物 A, B の生息数の変化を考えてみましょう．生物 A は無尽蔵の資源（餌）に依存して自然増加し，生物 B は A を餌として増加するものとします．一般に生物の増加にはいろいろのパターンがありますが，最も基本的なパターンは，既に方程式 (1.2) で示した，いわゆるねずみ算方式で，増加率が現在量に比例するというものです．ここでは A の場合その比例定数が B の量に依存した $\alpha - \beta v$ であるとしましょう．これは天敵 B がいなければ基本的にねずみ算式の増加なのですが，B の増加とともに比例定数が 1 次関数で減少し遂には負となるという意味です．また B の方もその増加率は自分自身の現在量に比例しますが，その比例定数は $\gamma u - \delta$ であるとします．これは比例定数が餌 A の増加とともにその 1 次関数として増加すること，しかし餌の無い状態では増加率は負であることを意味しています．式で表すと

$$\frac{du}{dt} = u(\alpha - \beta v), \quad \frac{dv}{dt} = v(\gamma u - \delta). \tag{1.38}$$

これを**捕食系**の方程式と言います．この連立方程式は，実際には割り算して t を消去し

$$\frac{dv}{du} = \frac{v(\gamma u - \delta)}{u(\alpha - \beta v)}$$

と1階の単独常微分方程式に帰着させて求積できます：

$$\frac{\alpha - \beta v}{v} dv = \frac{\gamma u - \delta}{u} du,$$

$$\alpha \log v - \beta v = \gamma u - \delta \log u + C.$$

従って

$$v^\alpha e^{-\beta v} u^\delta e^{-\gamma u} = c \tag{1.39}$$

という解軌道が得られます．この解は平衡点である定数解 $u = \delta/\gamma, v = \alpha/\beta$ の周りに周期軌道を描きます．餌が増加すると天敵が増えてこれを減らし，餌が減りすぎると天敵が減り始め，それが適当に減ったところでまた餌の方が増え始めるという変化を無限に繰り返し，同じ相での両者の量は定まっています．アイスランドの無人島では，かつて人間が持ち込んだ羊（= B）が島の草（= A）を餌として，もう何百年にもわたってこの方程式で記述された通りの量の変化を繰り返しているということです．また2種の化学物質の相互反応の中にも同様の方程式で表される周期運動をするものがあり，適当な試薬を用いることにより試験管の中で周期的な色の変化が起こることを観察することができ，大学公開日の化学科のアトラクションなどでときどき利用されてきました．

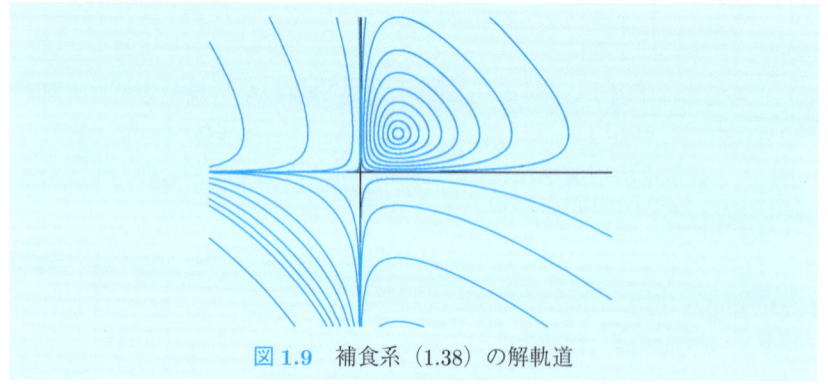

図 1.9　補食系 (1.38) の解軌道

個体数の増加はあまり進むと環境の悪化をもたらし，種が自分自身で増加にブレーキをかけるようになります．このことを考慮したねずみ算の修正版は

$$\frac{dx}{dt} = kx - \gamma x^2 \tag{1.40}$$

という方程式になり，解の関数は始めのうちの指数関数的な増加が途中から次

第に鈍ってきて，平衡点である $x = k/\gamma$ に限りなく近づいて行きます．この解のグラフが S 字に似ていることから，これを S 字曲線（シグモイド）と呼びます．方程式 (1.40) は**ロジスティック方程式**と呼ばれています．

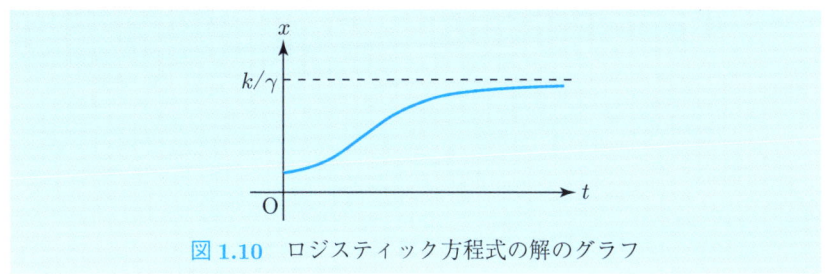

図 1.10　ロジスティック方程式の解のグラフ

2 種の生物の捕食系について各構成員にこの頭打ちの要素を取り込むと，(1.38) は

$$\frac{du}{dt} = u(\alpha - \beta_1 u - \beta_2 v), \quad \frac{dv}{dt} = v(\gamma_1 u - \gamma_2 v - \delta) \tag{1.41}$$

となり，第 1 象限のすべての軌道は平衡点に向かって収斂してゆくようになります．(1.41) の第 2 式の定数の符号を少し変えて

$$\frac{du}{dt} = u(\alpha - \beta_1 u - \beta_2 v), \quad \frac{dv}{dt} = v(\delta - \gamma_1 u - \gamma_2 v) \tag{1.42}$$

とすると，今度は競合する 2 種の生物の生存競争のモデルとなり，現象はずっと複雑になって，平衡点が複数個現れ，一方が死滅してしまうような状況も生じます．これらについては第 7 章を見てください（問 7.10 のウェッブ解答参照）．

小さな無人島では餌が無くなっても行き場がありませんが，広い大陸だと餌を求めて移動できるので，現象はより複雑で面白いものとなります．方程式としては位置の座標が加わり，それに関する Laplace（ラプラス）作用素が空間的な拡散を表す項として現れます．血管や製造工場の管の中などを流れる化学物質の反応変化，あるいは自然の水系における公害物質の生成拡散などでは，これに更に流体の運動に関する項が加わります．これらを記述するには偏微分方程式が必要になります．

以上，駆け足でしたが，もっといろいろな微分方程式の適用例に興味の有る読者は [7], [8], [13] などを見てください．

第2章

求 積 法

　　求積法とは，与えられた微分方程式に微積分や四則演算，あるいは代数演算を駆使して，その解を既知の量で表現する計算法のことを言います．すなわち，みなさんがイメージしている『解法』そのものです．微分方程式を解くことを積分するとも言いますが，どちらの言葉も，微分方程式を解く過程で一番大切な演算が積分であることから付けられたものでしょう．第1章にも書いたように，実はこのようにして解ける方程式は例外的少数派なのですが，誰でも知っている簡単な解法を知らないのは不便だし，人生で他人に遅れをとるかもしれないので，基本的な解法だけは覚えておきましょう．講義で普通に取り上げられる方法は網羅していますが，更に本格的に練習したい人や，ここで取り上げなかった解法については，『基礎演習微分方程式』([6]) の方を参照してください．

■ 2.1 変 数 分 離 形

　x を独立変数，y をその（未知の）関数とするとき，$\dfrac{dy}{dx} = f(x)g(y)$ の形の微分方程式を**変数分離形**と呼びます．割り算により，左辺と右辺に x だけの関数と y だけの関数を分離できることからこの呼び名がつきました．解法は変数を分離しておいて（不定）積分すればよろしい：

$$\int f(x)dx = \int \frac{dy}{g(y)} + C. \tag{2.1}$$

この形式的計算を高校生流に詳しく説明すれば，

$$\frac{1}{g(y)}\frac{dy}{dx} = f(x)$$

の両辺を x で積分すると

$$\int \frac{1}{g(y)}\frac{dy}{dx}dx = \int f(x)dx$$

となるので，左辺に積分の変数変換則を適用して y に関する積分に変えたものです．昔高校の教科書で微分方程式を扱っていたときは，このように丁寧に書かれていましたが，大学生はいきなり (2.1) と書いていいでしょう．C は**任意定数**と呼ばれるもので，これから解の全体が広大な関数の空間の中で1次元の集合を成していることが想像されます．この解法はあきれるほど簡単で，教えてもらっても有り難味も感じないようなものですが，実は次章で微分方程式の定性的研究をする際に，変数分離形の補助方程式が結構活躍します．

例題 2.1 次の微分方程式を解け．
$$\frac{dy}{dx} = 2xy^2.$$

解答
$$\frac{dy}{y^2} = 2xdx$$
と変数を分離し，両辺を積分すると
$$-\frac{1}{y} = x^2 + C, \quad \text{あるいは} \quad y = -\frac{1}{x^2 + C}.$$
ここで C はもともと任意の定数なので，$-C$ を別の任意定数の記号 c に書き直せば，
$$y = \frac{1}{c - x^2}$$
と，もう少しきれいな表現になる．　□

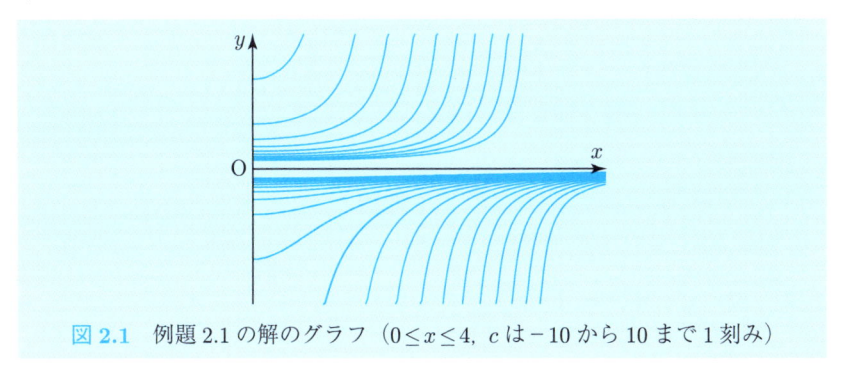

図 2.1 例題 2.1 の解のグラフ（$0 \leq x \leq 4$，c は -10 から 10 まで 1 刻み）

実は上の一般解は，普通の意味で一つの重要な解を取りこぼしています．$y = 0$

という定数関数は明らかに解の一つですが、上の一般解で任意定数をどうとっても出てきません。これは $c \to \infty$ という極限状態に対応する解です。高校生流に説明すると、この解は変数分離するときに両辺を y で割ってしまったときに落ちたものですが、任意定数の入れ方を変え、$y = \dfrac{c}{1-cx^2}$ のように一般解を表現すれば $c = 0$ のときに普通に現れます。しかし今度は $y = -\dfrac{1}{x^2}$ という解が表現できなくなっています。実は任意定数は円周と同相な、実数直線を無限遠点で一つに繋いだ1次元多様体の上に棲んでいるのです。(関数論を習った人には、c として複素数を動かして、Riemann 球面と言う方がもっと適切ですが、ここでは話を実数に限定しておきましょう。) このように、求積法は初等的なようで、理論的に追求すると結構高級な数学的理論とつながるのです。こういう背景があるので、大学の数学では、任意定数が ∞ のときの解は例外扱いせず、わざわざ書き添えないのが普通です。

問 2.1 次の微分方程式を解け。
(1) $\dfrac{dy}{dx} = xy$ (2) $\dfrac{dy}{dx} = \dfrac{y^2}{\log x}$ (3) $\dfrac{dy}{dx} = \dfrac{x}{\log y}$ (4) $\dfrac{dy}{dx} = xe^y$ (5) $\dfrac{dy}{dx} = \sin y$.

2.2 同次形

以下、変数の簡単な置換で変数分離形に帰着できる方程式のクラスをいくつか示しましょう。
$$\frac{dy}{dx} = f\left(\frac{y}{x}\right)$$
の形の方程式を**同次形**と呼びます。これは、
$$z = \frac{y}{x}, \quad \text{すなわち} \quad y = xz$$
で新しい未知関数を導入すれば
$$\frac{dy}{dx} = z + x\frac{dz}{dx}$$
となるので、もとの方程式は
$$z + x\frac{dz}{dx} = f(z), \quad \text{すなわち} \quad \frac{dz}{f(z) - z} = \frac{dx}{x}$$
と変数分離されます。これから z を求めれば、もとの未知関数も $y = xz$ から求まります。

2.2 同次形

$$\frac{dy}{dx} = f\left(\frac{a_1 x + b_1 y}{a_2 x + b_2 y}\right)$$

の形のものは, f の括弧内の分母・分子を x で割り算し

$$\frac{dy}{dx} = f\left(\frac{a_1 + b_1 \frac{y}{x}}{a_2 + b_2 \frac{y}{x}}\right)$$

と変形すれば, 同次形になります. f の引数の分母・分子が x, y の2次以上の同じ次数の同次多項式の場合も同様の変形で同次形に帰着できます. ここまでは当たり前ですが, 更に,

$$\frac{dy}{dx} = f\left(\frac{a_1 x + b_1 y + c_1}{a_2 x + b_2 y + c_2}\right) \tag{2.2}$$

の形のものは, 連立1次方程式

$$a_1 x + b_1 y + c_1 = 0, \qquad a_2 x + b_2 y + c_2 = 0 \tag{2.3}$$

の解を x_0, y_0 とするとき,

$$\frac{dy}{dx} = f\left(\frac{a_1(x - x_0) + b_1(y - y_0)}{a_2(x - x_0) + b_2(y - y_0)}\right)$$

と変形できて, $X = x - x_0, Y = y - y_0$ を x, y の代わりに使えば

$$\frac{dY}{dX} = f\left(\frac{a_1 X + b_1 Y}{a_2 X + b_2 Y}\right)$$

となり, 同次形に帰着します. これは少しは教えられ甲斐が有るでしょう. なお, 連立1次方程式 (2.3) が解を持たないときは, $a_1 x + b_1 y$ と $a_2 x + b_2 y$ が比例しているということなので, 比例定数を k とすれば, $z = a_1 x + b_1 y$ (あるいは $z = a_1 x + b_1 y + c_1$) という置換で (2.2) の右辺は z のみの関数となり, また, $\frac{dz}{dx} = a_1 + b_1 \frac{dy}{dx}$ となるので, (2.2) は変数分離形

$$\frac{dz}{dx} = a_1 + b_1 f\left(\frac{z + c_1}{kz + c_2}\right) \quad \left(\text{あるいは} \quad \frac{dz}{dx} = a_1 + b_1 f\left(\frac{z}{k(z - c_1) + c_2}\right)\right)$$

に帰着します. これは $\frac{dy}{dx} = f(ax + by + c)$ の形の方程式の解法でもあります.

同次形の微分方程式の解曲線すなわち解のグラフは, 原点を通る直線 $y = kx$ 上で, 一斉に同じ傾き $f(k)$ を持つという特徴があります.

例題 2.2 次の微分方程式を求積せよ.

$$\frac{dy}{dx} = \frac{xy}{x^2+y^2}.$$

解答 右辺の分母・分子を x^2 で割り,$\frac{y}{x} = z$ と置けば,

$$z + x\frac{dz}{dx} = \frac{z}{z^2+1}, \qquad よって \qquad \frac{(z^2+1)dz}{z^3} = -\frac{dx}{x}$$

となるから,積分して

$$\log z - \frac{1}{2z^2} = -\log x + C.$$

変数を元に戻して,

$$\log y - \log x - \frac{x^2}{2y^2} = -\log x + C, \qquad よって \qquad \log y - \frac{x^2}{2y^2} = C. \qquad \square$$

この解は x について

$$x = \pm y\sqrt{2\log(cy)}$$

のように解くことはできますが,y について解くのは不可能です.一般に,初等関数の逆関数は初等関数で表されるとは限らないのでした.下図はこの表現を用いて描いた勾配場と $c = \pm 1, c = \pm 2$ のときの解のグラフです.

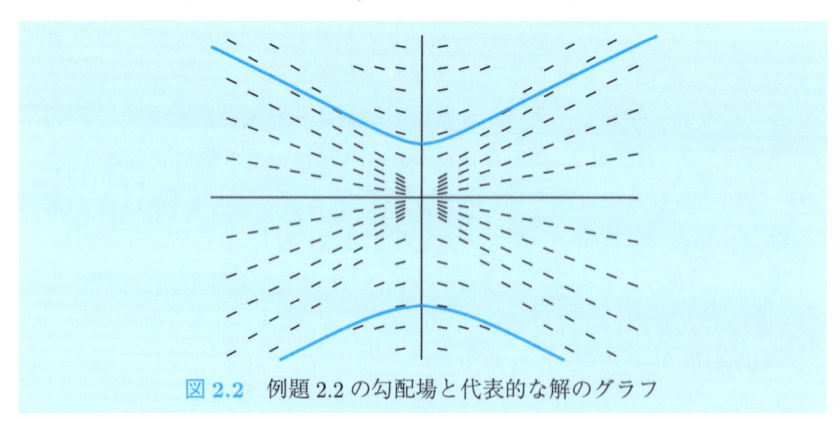

図 2.2 例題 2.2 の勾配場と代表的な解のグラフ

問 2.2 次の微分方程式を求積せよ.

(1) $\dfrac{dy}{dx} = \dfrac{y}{x} - \dfrac{x}{y}$ (2) $(x-y)\dfrac{dy}{dx} = x+y$ (3) $x\dfrac{dy}{dx} = y + xe^{y/x}$.

問 2.3 次の微分方程式を求積せよ.

(1) $x - 2y + 5 + (2x - y + 4)\dfrac{dy}{dx} = 0$ (2) $\dfrac{dy}{dx} = \dfrac{x+y+1}{x-y-1}$.

2.3　1階線形微分方程式

方程式が未知関数について 1 次式となっているもの，詳しくいうと，各項に未知関数が高々一つしか含まれないもの

$$\frac{dy}{dx} + P(x)y = Q(x) \tag{2.4}$$

を **1 階線形微分方程式**と呼びます[1]．非常にしばしば現れるので，これは解けるようにしておかねばなりません．次のような二つの解法があります：

【**積分因子による解法**】　両辺に $e^{\int Pdx}$ を掛けると，左辺は微分した形

$$\left(\frac{dy}{dx} + P(x)y\right)e^{\int Pdx} = \frac{d}{dx}\left(ye^{\int Pdx}\right)$$

に変形できるので，そのまま両辺を積分でき，

$$ye^{\int Pdx} = \int Q(x)e^{\int Pdx}dx + C,$$

$$\therefore \quad y = e^{-\int Pdx}\left(\int Q(x)e^{\int Pdx}dx + C\right)$$

$$= e^{-\int Pdx}\int Q(x)e^{\int Pdx}dx + Ce^{-\int Pdx}$$

と一般解が求まります．ここで原始関数 $\int P(x)dx$ は何か一つ決めて使います．何を使っても第 1 項は変わらず，第 2 項の任意定数が変化するだけです．

【**定数変化法**】　まず右辺を 0 と置いた斉次方程式

$$\frac{dy}{dx} + P(x)y = 0 \tag{2.5}$$

に変数分離形の解法を適用して一般解を求めます．

$$\int \frac{dy}{y} = -\int P(x)dx + C \quad \therefore \quad \log y = -\int P(x)dx + C.$$

従って，$c = e^C$ と置き換えて

$$y = ce^{-\int Pdx}. \tag{2.6}$$

---

[1] 著者は講義ではもちろん "線形" でなく伝統的な "線型" の方を用いていました．このいきさつについては[3], p.1 の脚注を見てください．

次に，この任意定数 c を x の関数 $c(x)$ と見て，もとの方程式に代入すると，

$$e^{-\int Pdx}\frac{dc}{dx} + \left(-Pe^{-\int Pdx} + Pe^{-\int Pdx}\right)c = Q(x) \quad \therefore \quad e^{-\int Pdx}\frac{dc}{dx} = Q(x)$$

と c の導関数だけが残り，積分して

$$c = \int Q(x)e^{\int Pdx}dx + C$$

と c が求まります．これを (2.6) に代入すれば，上と同じ答が得られます．

以上の議論から，(2.4) の一般解は，その一つの解（これを**特殊解**と呼びますが，別に特殊な訳ではなく "特定の" というくらいの意味です）に，対応する斉次方程式 (2.5) の一般解を加えた形となっていることが分かります．これは，後に第 4 章で学ぶように，1 階に限らず線形の方程式に特徴的なことです．

例題 2.3 次の微分方程式を求積せよ．

$$\frac{dy}{dx} + x^2 y = x^3 + 1.$$

解答 （定数変化法） $\dfrac{dy}{dx} + x^2 y = 0$ を変数分離して解くと

$$\frac{dy}{y} = -x^2 dx \quad \therefore \quad \log y = -\frac{x^3}{3} + C, \quad \text{あるいは} \quad y = ce^{-x^3/3}.$$

ここで c を x の関数と思ってもとの方程式に代入すると，c を微分しない項は打ち消すようになっているので，

$$c'e^{-x^3/3} = x^3 + 1 \quad \therefore \quad c' = (x^3 + 1)e^{x^3/3}.$$

部分積分法を用いてこれを積分すると

$$c = \int (x^3 + 1)e^{x^3/3}dx = \int x^3 e^{x^3/3}dx + xe^{x^3/3} - \int x \cdot x^2 e^{x^3/3}dx$$
$$= xe^{x^3/3} + C.$$

$$\therefore \quad y = x + Ce^{-x^3/3}.$$

（**積分因子による解法**） x^2 が $e^{x^3/3}$ を微分すると出てくることから，両辺にこれを掛けると

2.3 1階線形微分方程式

$$\frac{d}{dx}(e^{x^3/3}y) = e^{x^3/3}\left(\frac{dy}{dx} + x^2y\right) = e^{x^3/3}(x^3+1).$$

両辺を積分して，上と同様の計算により

$$e^{x^3/3}y = \int e^{x^3/3}(x^3+1)dx = xe^{x^3/3} + C.$$

これから y を解けば，上と同じ解を得る． □

上の不定積分は偶然初等関数で求まりましたが，方程式の右辺を x^3 に変えると，不定積分は初等関数で求まらなくなり，一般解は不定積分のままの表現で止めざるを得なくなります．勝手に方程式を書いたら，むしろそうなる方が普通でしょう．

問 2.4 次の1階線形微分方程式を求積せよ．

(1) $x\dfrac{dy}{dx} + (1-x)y = 1$ (2) $\dfrac{dy}{dx} + y = x^3$ (3) $\dfrac{dy}{dx} + xy = x$

(4) $\dfrac{dy}{dx} + x^2y = x^2$ (5) $x^2\dfrac{dy}{dx} + y = 1$ (6) $\dfrac{dy}{dx} + 2xy = 2xe^{-x^2}$.

【Bernoulli 型の方程式】 1階線形に帰着できる方程式のクラスをいくつか挙げます．まず最も有名なものが

$$P(x)\frac{dy}{dx} + Q(x)y = R(x)y^n$$

という **Bernoulli**(ベルヌーイ) 型微分方程式です．$n = 0, 1$ のときはそのままで1階線形ですが，一般には y^n で両辺を割れば，

$$-\frac{P(x)}{n-1}\frac{d}{dx}\left(\frac{1}{y^{n-1}}\right) + Q(x)\left(\frac{1}{y^{n-1}}\right) = R(x)$$

と，$\dfrac{1}{y^{n-1}}$ を未知関数とする1階線形微分方程式に帰着されます．計算を見れば分かるように，ここで n は整数である必要はありません．

Bernoulli 型の解法は教えてもらうと得をした気分になるものです．これほど決まった型の例はこれ以外にはありませんが，適当な変数変換とか，x と y を入れ替えてみるとかの工夫で1階線形に持ち込める場合があります．

例題 2.4 次の微分方程式を求積せよ．

(1) $\dfrac{dy}{dx} + y^2 = xy$ (2) $y^2\dfrac{dy}{dx} + y^3 = x^2$.

解答 (1) 典型的な Bernoulli 型である．両辺を y^2 で割れば

$$\frac{1}{y^2}\frac{dy}{dx} - \frac{x}{y} = -1, \qquad \frac{d}{dx}\left(\frac{1}{y}\right) + \frac{x}{y} = 1$$

と，$\frac{1}{y}$ を未知関数とする 1 階線形の方程式に帰着される．これは積分因子の方法で，両辺に $e^{x^2/2}$ を掛けて

$$\frac{d}{dx}\left(\frac{e^{x^2/2}}{y}\right) = e^{x^2/2}, \qquad \frac{e^{x^2/2}}{y} = \int e^{x^2/2}dx + C.$$

従って

$$y = \frac{e^{x^2/2}}{\int e^{x^2/2}dx + C}$$

と積分され，一般解が求まる．ちなみにこの不定積分は初等関数にはならない（[2]，第 8 章 8.5 節参照）．

(2) y^3 を未知関数とする 1 階線形微分方程式

$$\frac{1}{3}\frac{d(y^3)}{dx} + y^3 = x^2, \qquad すなわち \qquad \frac{d(y^3)}{dx} + 3y^3 = 3x^2$$

に容易に変換できるので，積分因子 e^{3x} を両辺に掛け，未定係数法で

$$\frac{d}{dx}\left(y^3 e^{3x}\right) = 3x^2 e^{3x}, \qquad y^3 e^{3x} = \left(x^2 - \frac{2}{3}x + \frac{2}{9}\right)e^{3x} + C$$

と積分でき，これより

$$y = \sqrt[3]{x^2 - \frac{2}{3}x + \frac{2}{9} + Ce^{-3x}}$$

という一般解を得る． □

問 2.5 次の微分方程式を 1 階線形に帰着して解け．
(1) $\dfrac{dy}{dx} + y = xy^2$ (2) $xy\dfrac{dy}{dx} + y^2 = 1$ (3) $(xy^2 - 1)\dfrac{dy}{dx} = 1$.

■ 2.4　完 全 微 分 形

$$P(x,y) + Q(x,y)\frac{dy}{dx} = 0 \tag{2.7}$$

において，

2.4 完全微分形

$$P(x,y) = \frac{\partial F(x,y)}{\partial x}, \qquad Q(x,y) = \frac{\partial F(x,y)}{\partial y} \qquad (2.8)$$

の形をしているものを，**完全微分形**と呼びます．これはそのまま

$$F(x,y) = C$$

と積分できます．$F(x,y)$ は方程式 (2.7) の左辺の（第一）**積分**と呼ばれる量です．(2.8) が成り立つための必要条件は

$$\frac{\partial P(x,y)}{\partial y} = \frac{\partial Q(x,y)}{\partial x} \qquad (2.9)$$

ですが，逆にこの条件が成り立てば，線積分

$$F(x,y) = \int_C (P(x,y)dx + Q(x,y)dy)$$

により，局所的に積分 $F(x,y)$ が確定します．ここに C は定点 (a,b) と (x,y) を結ぶ任意の積分路であり，条件 (2.9) はこの値が積分路の選び方に依らないことを保証します．実際，二つの積分路 C_1, C_2（下図左参照）の間に障害物が無ければ，C_1 で行って C_2 で戻ってくる閉路 $C_1 - C_2$ が囲む領域を D として，Green の定理（[2]，第 9 章参照）により，

$$\int_{C_1} (P(x,y)dx + Q(x,y)dy) - \int_{C_2} (P(x,y)dx + Q(x,y)dy)$$
$$= \oint_{C_1-C_2} (P(x,y)dx + Q(x,y)dy) = \iint_D \left(\frac{\partial Q}{\partial x} - \frac{\partial P}{\partial y}\right)dxdy = 0.$$

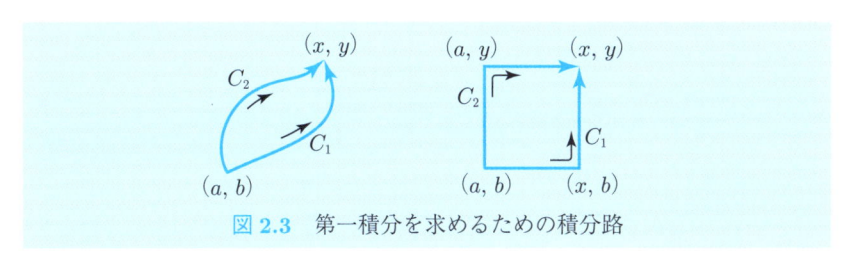

図 2.3 第一積分を求めるための積分路

上図右のような特別な積分路 C_1, C_2 に沿う線積分

$$F(x,y) = \int_a^x P(t,b)dt + \int_b^y Q(x,t)dt,$$
$$F(x,y) = \int_b^y Q(a,t)dt + \int_a^x P(t,y)dt$$

による表現を，それぞれ順に y，あるいは x で偏微分すると，(2.8) の第 2，あるいは第 1 の式が出ます．ここで (a,b) は P, Q の定義域内に適当に選んだ点で，これを他の点 (a', b') に取り替えても，F が定数

$$\int_{(a,b)}^{(a',b')}(Pdx+Qdy) \quad (積分路はこの 2 点を結ぶ長さを持つ任意の曲線弧)$$

だけ変わるのみで，これは任意定数 C に吸収できます．従って，積分の始点はどこでもよく，もし原点が定義域に含まれていれば，原点に取るのが簡単です．

例題 2.5 次の微分方程式は完全微分形か調べ，そうならば求積せよ．

$$3x^2y^2\frac{dy}{dx}+2xy^3=x^2.$$

解答 $P(x,y) = 2xy^3 - x^2$, $Q(x,y) = 3x^2y^2$ と置けば，

$$\frac{\partial P(x,y)}{\partial y}=6xy^2=\frac{\partial Q(x,y)}{\partial x}$$

が成り立っているので，完全微分形である．$F(x,y)$ を求めるには，例えば原点からまず x 軸に沿って x まで進み，次に縦線に沿って y まで上がる積分路を選べば，

$$F(x,y)=\int_0^x P(t,0)dt+\int_0^y Q(x,t)dt=\int_0^x -t^2 dt+\int_0^y 3x^2t^2 dt=-\frac{x^3}{3}+x^2y^3.$$

よって一般解は $-\dfrac{x^3}{3}+x^2y^3=C$. □

慣れて来たら，積分変数 t を導入せずに

$$F(x,y)=\int_0^x P(x,0)dx+\int_0^y Q(x,y)dy$$

と書いて計算してもよいでしょう．(重積分を反復積分に分解したときの内側の積分と同様，"偏積分" です．) いずれにしても，最後の積分では x は積分変数に対しては定数として扱わねばならないことに注意しましょう．積分路としては，上で用いたものの他，先に y 軸に沿って高さ y まで上ってから右に進んでも計算の手間はほとんど同じです：

$$F(x,y)=\int_0^y 0dy+\int_0^x (2xy^3-x^2)dx=x^2y^3-\frac{x^3}{3}.$$

2.4 完全微分形

他に，直接原点と点 (x, y) を結ぶ線分に沿って積分することも可能です．積分は一つになりますが，計算量は少し増えます．また，積分の始点を原点に取りましたが，先に注意したように，始点の変更は一般解の任意定数 C を変更するだけなので，定義域内ならどこに取ってもよいのです．

【積分因子】 微分方程式 (2.7) がそのままでは完全微分形の条件 (2.9) を満たしていなくても，適当な関数 $\mu(x,y)$ を両辺に掛けると完全微分形になることがあります．このような μ を**積分因子**と呼びます．そのため条件は，(2.9) から

$$\frac{\partial \{\mu(x,y)P(x,y)\}}{\partial y} = \frac{\partial \{\mu(x,y)Q(x,y)\}}{\partial x} \tag{2.10}$$

となります．一般にはこの関係式から μ を求めるのは，もとの方程式を解くより難しくなりますが，特別な形の積分因子が存在するときには，解法の手段となります．例えば，1 変数 x だけの積分因子 $\mu(x)$ が存在する条件は，

$$\mu(x)\frac{\partial P(x,y)}{\partial y} = \mu(x)\frac{\partial Q(x,y)}{\partial x} + Q(x,y)\mu'(x).$$

従って

$$\frac{\mu'(x)}{\mu(x)} = \frac{\frac{\partial P(x,y)}{\partial y} - \frac{\partial Q(x,y)}{\partial x}}{Q(x,y)} \tag{2.11}$$

の右辺が x のみの関数となればよい．1 階線形微分方程式の求積で用いた積分因子はこれの特別な場合でした．

例題 2.6 次の微分方程式は，x のみの関数で積分因子が求まる．これを積分せよ．

$$(3xy^2 + x^2)y' + 4xy + 3y^3 = 0.$$

解答 $P(x,y) + Q(x,y)\frac{dy}{dx} = 0$, $P(x,y) = 4xy + 3y^3$, $Q(x,y) = 3xy^2 + x^2$ と見て，これに $\mu(x)$ を掛けると，完全微分形の条件 $\frac{\partial(\mu Q)}{\partial x} = \frac{\partial(\mu P)}{\partial y}$ は

$(3xy^2+x^2)\mu' + (3y^2+2x)\mu = (4x+9y^2)\mu \quad \therefore \quad (3xy^2+x^2)\mu' = (6y^2+2x)\mu.$

これより

$$\frac{\mu'}{\mu} = \frac{2}{x} \quad \therefore \quad \log \mu = 2\log x, \quad \mu = x^2$$

が一つの積分因子と分かる．これより一般解は，

$$F(x,y) = \int_0^x \mu(x)P(x,0)dx + \int_0^y \mu(x)Q(x,y)dy$$
$$= \int_0^x 0 dx + \int_0^y (3x^3y^2 + x^4)dy = x^3y^3 + x^4y = C. \qquad \square$$

μ は一つでよいので，積分定数は書きませんでした．(2.11) を公式として覚えようなどと考えず，このように解法の原理を覚えるようにしましょう．

y のみの関数の積分因子が存在するための条件や，その求め方は，上とほとんど同じ手続きで得られます：

$$\mu(y)\frac{\partial P(x,y)}{\partial y} + P(x,y)\mu'(y) = \mu(y)\frac{\partial Q(x,y)}{\partial x}.$$

従って

$$\frac{\mu'(y)}{\mu(y)} = \frac{\frac{\partial Q(x,y)}{\partial x} - \frac{\partial P(x,y)}{\partial y}}{P(x,y)} \qquad (2.12)$$

の右辺が y のみの関数となればよい．より複雑な積分因子の求め方については『基礎演習微分方程式』を見てください．ここではただ，1 階の微分方程式は必ず積分因子を持つ，という理論的な事実に留意しておきましょう．実際，第 3 章で理論的に存在が保証される一般解を $F(x,y) = C$ とすれば，

$$\frac{\partial F}{\partial x} + \frac{\partial F}{\partial y}\frac{dy}{dx} = 0$$

と元の方程式の比を取って

$$\mu(x,y) = \frac{1}{P(x,y)}\frac{\partial F}{\partial x} = \frac{1}{Q(x,y)}\frac{\partial F}{\partial y}$$

が積分因子となるはずです．これはにわとりたまごで，解を求める役には立ちません．しかし，独立変数が 2 個以上になると，積分因子は存在すると限らなくなることから，抽象的でも必ず存在するというのは理論的には重要な事実です．微分方程式のままではこのことは見えませんが，これを $P(x,y)dx + Q(x,y)dy$ と**微分形式**の形に書き直すと，積分因子は $\mu(x,y)\{P(x,y)dx + Q(x,y)dy\} = dF(x,y)$ を成り立たせるような μ であると解釈できますが，そうすると 3 変数では，微分形式

$$P(x,y,z)dx + Q(x,y,z)dy + R(x,y,z)dz$$

にある関数 $\mu(x,y,z)$ を掛けたら

$$dF(x,y,z) = \frac{\partial F}{\partial x}dx + \frac{\partial F}{\partial y}dy + \frac{\partial F}{\partial z}dz$$

の形にできるか，という問題になります．このような μ が局所的に存在するための必要十分条件は

$$P\left(\frac{\partial R}{\partial y} - \frac{\partial Q}{\partial z}\right) + Q\left(\frac{\partial P}{\partial z} - \frac{\partial R}{\partial x}\right) + R\left(\frac{\partial Q}{\partial x} - \frac{\partial P}{\partial y}\right) = 0$$

であることが知られています（微分形式に対する Frobenius(フロベニウス) の定理）．

問 2.6 次の微分方程式は完全微分形か調べ，そうならば求積せよ．
 (1) $2xy\dfrac{dy}{dx} + y^2 = x$ (2) $x^3 + 3xy^2 + (y^3 + 3x^2y)\dfrac{dy}{dx} = 0.$

問 2.7 次の微分方程式の中から，x のみの関数，あるいは y のみの関数で積分因子が求まるものを探し出し，それらを解け．
 (1) $(x+1)y + y^3 + (x + 3y^2)\dfrac{dy}{dx} = 0$ (2) $x^2 e^y + 1 + (x^3 e^y + 2x)\dfrac{dy}{dx} = 0.$

■ 2.5 微分求積法

そのままでは求積できないが，$p = \dfrac{dy}{dx}$ を独立変数とみなし，従属変数 x について解こうとすると解が求まるものがあります．このような変数変換は，**接触変換**と呼ばれます．独立変数 p の方程式を導くのに両辺を x で微分するので，この解法は**微分求積法**と呼ばれることもあります．

> **例題 2.7** 次の方程式を解け．
> (1) $y = \left(\dfrac{dy}{dx}\right)^2$ (2) $y = x\dfrac{dy}{dx} + \left(\dfrac{dy}{dx}\right)^3.$

解答 (1) $\dfrac{dy}{dx} = p$ と置き，$y = p^2$ の両辺を x で微分すると，

$$p = 2p\frac{dp}{dx}. \tag{2.13}$$

これより $p = 0$，または $\dfrac{dp}{dx} = \dfrac{1}{2}$．前者をもとの方程式に代入すると $y = 0$ が一つの解となる．後者は x で積分すると

$$p = \frac{1}{2}x + C.$$

これを元の方程式に代入すると $y = \left(\dfrac{1}{2}x + C\right)^2$，あるいは，任意定数の入れ

方を変更して
$$y = \frac{1}{4}(x-c)^2$$
が一般解となる．

(2) $y = xp + p^3$ の両辺を x で微分して
$$p = p + x\frac{dp}{dx} + 3p^2\frac{dp}{dx} \quad \therefore \quad (x+3p^2)\frac{dp}{dx} = 0.$$

これより，$x+3p^2=0$ または $\frac{dp}{dx}=0$．前者からは $x=-3p^2$ を得，これを元の方程式に代入して $y=-2p^3$．この二つを連立させたものは 1 本の曲線のパラメータ表示となるが，この場合は p を消去することもできて $x=-3\left(\frac{y}{2}\right)^{2/3}$ あるいは $y=\pm 2\left(-\frac{x}{3}\right)^{3/2}$ という解が得られる．後者は x で積分して $p=C$．これを元の方程式に代入すると $y=Cx+C^3$ という一般解を得る． □

ここで，いずれの場合も，最初に見つかった定数を含まない解は，後から求まった任意定数を含む解（＝ 一般解）の特別な場合，すなわち，**特殊解**とはなっていません．このような解を**特異解**と呼びます．下の図から分かるように，特異解は一般解で与えられる解曲線の族の包絡線となっています．解曲線の族に包絡線が存在すれば，それもまた解となることは，1 階の微分方程式というものが各点での x, y, p の関係式を記述するものだということを考えれば，この三つ組を常にある解と共有していることから自明なことですね．

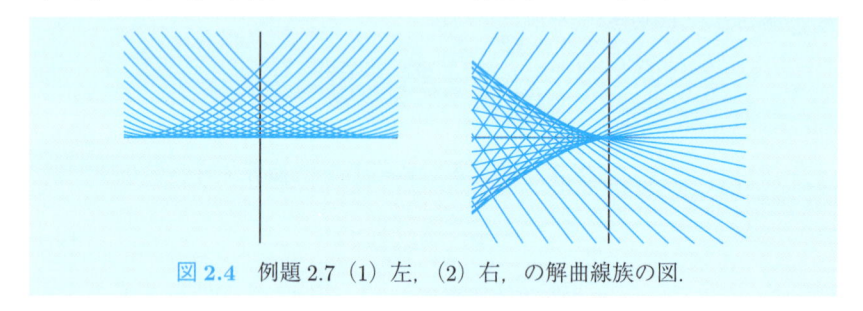

図 2.4 例題 2.7 (1) 左，(2) 右，の解曲線族の図．

🐰 (1) で最初に見つかった $p=0$ をそのまま積分して $y=C$ などとしてはいけません．たといそうしたとしても，もとの方程式を満たさなければならないので，それに代入してみると $C=0$ が自然に出てきてしまいます．(2) についても同様です．

一般には，独立変数を p に変えても，ますますややこしい方程式になってしまうのが普通ですが，上の例題と同様の方法でうまく求積できるものに **Lagrange**(ラグランジュ)型の微分方程式

$$y = xf\left(\frac{dy}{dx}\right) + g\left(\frac{dy}{dx}\right)$$

と呼ばれる方程式のクラスがあります．これは，両辺を x で微分すると

$$p = f(p) + (xf'(p) + g'(p))\frac{dp}{dx}, \quad \text{従って} \quad (f(p) - p)\frac{dx}{dp} + f'(p)x = -g'(p)$$

となり，p を独立変数とする x の1階線形微分方程式となるので，原理的には求積できます．特異解は $f(p) = p$ の解である定数 p に対する直線 $y = f(p)x + g(p)$ です．上述の例題 2.7 の (1) はこの例です．

Clairaut(クレロー)型の微分方程式はその特別な部分族で，

$$y = x\frac{dy}{dx} + f\left(\frac{dy}{dx}\right)$$

の形をしており，$y = xp + f(p)$ の両辺を微分したものは

$$p = p + xp' + f'(p)p' \quad \therefore \quad (x + f'(p))p' = 0$$

となるので，一般解は $p' = 0$ から得られる $p = C$ を元の方程式に代入して得られる直線族 $y = Cx + f(C)$ となります．上の例題の (2) がその例です．特異解はパラメータ表示で $x = -f'(p), y = xp + f(p) = f(p) - pf'(p)$ により与えられますが，これは，一般解の C をパラメータ p とみなせば，微積で習った曲線族の包絡線を求める公式（[2]，第 6 章 6.7 節）そのままですね．

問 **2.8** 次の Clairaut 型微分方程式を求積せよ．
(1) $y = x\dfrac{dy}{dx} + \exp\left(\dfrac{dy}{dx}\right)$ (2) $y = xy' + (y')^2$ (3) $y = xy' - \dfrac{1}{y'}$.

問 **2.9** 次の Lagrange 型微分方程式を求積せよ．
(1) $y = (x-1)\left(\dfrac{dy}{dx}\right)^2$ (2) $y = 2x\dfrac{dy}{dx} - \left(\dfrac{dy}{dx}\right)^2$ (3) $y + x = xe^{y'}$.

2.6 Riccati の方程式

今まで求積できる方程式ばかり挙げてきましたが，こんなにいろいろ挙げたということは，逆に一般的に通用する求積の手法というものが無く，求積できない方程式の方がはるかに多いことを示唆している訳です．求積できないこと

が知られている方程式の代表例として **Riccati**（リッカチ）（型）の**方程式**があります：

$$\frac{dy}{dx} = P(x)y^2 + Q(x)y + R(x). \tag{2.14}$$

これは $P(x)y$ を新しい未知関数とする変数変換で $P(x) = 1$ の場合に帰着できます．更に，$Q(x)y$ の項は y の 2 次式として平方完成して未知関数を $y + \dfrac{Q}{2}$ に変換すれば消去できます．こうして一般性を失うことなく

$$\frac{dy}{dx} + y^2 = R(x) \tag{2.15}$$

と仮定できます．ここでは更にその最も簡単な例である，$y' + y^2 = x^\alpha$ について，解が初等関数になるのは，α がどんな値の場合か調べてみましょう．変換の議論をしやすくするため，方程式を少し一般化して

$$y' + ay^2 = bx^\alpha \quad (a, b \text{ は定数}) \tag{2.16}$$

としておきます．以下これを**狭義の Riccati 方程式**と呼ぶことにします[2]．これは $x = A\xi$, $y = B\eta$ と変換して，$B/A = aB^2 = bA^\alpha$，すなわち $A = \dfrac{1}{(ab)^{1/(\alpha+2)}}$, $B = \dfrac{b^{1/(\alpha+2)}}{a^{(\alpha+1)/(\alpha+2)}}$ に選べば，二つの定数を 1 に戻せるので，本質的には同じものです．

$\alpha = 0$ のとき，すなわち $y' + y^2 = 1$ は，変数分離形で簡単に求積できます．更に，$\alpha = \alpha_n := -\dfrac{4n}{2n-1}$ $(n \in \mathbf{Z})$ のときは，

$$\xi = x^{\alpha_n + 3}, \quad \frac{1}{\eta} = x^2 y - \frac{x}{a} \tag{2.17}$$

という変数変換で

$$\eta' + \frac{b}{\alpha_n + 3}\eta^2 = \frac{a}{\alpha_n + 3}\xi^{\alpha_{n-1}} \tag{2.18}$$

に変換されます．また，この逆変換に当たる

$$\xi = x^{-(\alpha_n + 1)}, \quad \frac{1}{y} = \xi^2 \eta + \frac{\alpha_n + 1}{b}\xi \tag{2.19}$$

で

$$\eta' - \frac{b}{\alpha_n + 1}\eta^2 = -\frac{a}{\alpha_n + 1}\xi^{\alpha_{n+1}} \tag{2.20}$$

---

[2] Riccati は 1724 年（個人的にはそれ以前）に $y' = ax^n + bx^p y^2$ がいつ求積できるかという問題を発表し，これにちなんで D'Alembert（ダランベール）がこの方程式に彼の名を付けました．

2.6 Riccati の方程式

に変換されます．従って α がこのような離散値のときは，どちらかの変換を有限回繰り返せば，遂には $n=0$，すなわち，$\alpha=0$ の場合に帰着できて求積されます（D. Bernoulli 1726）．ここで $n \to \infty$ とすると $\alpha=-2$ となりますが，このときは下の問 2.12 のように，"綱渡り" の変数変換で直接求積できます．

これ以外のすべての値については，(2.16) の解は初等関数と微積分の演算の有限回の組合せでは表せないことを Liouville (1841) が示しました．その証明法は [2]，第 8 章 8.5 節で紹介した，同じ Liouville による，初等関数で表せない不定積分の場合とほぼ同様ですが，ここでは更に，初等関数の不定積分は実行できなくても許される表現の一つになっていることに注意しましょう．この例は，微分方程式全体の中で，求積できるものがいかに小さな部分になっているかを視覚的に示しています．特に

$$y' + y^2 = x \tag{2.21}$$

みたいに簡単なものが求積できないというのは驚きですね．もちろん，求積できないからと言って解が無いということではありません．解は初等関数でない，いわゆる高等超越関数の一つになるというだけです．本書の以後の章では，このような方程式をどう "解く" かについて勉強することになります．

Riccati の方程式は，制御理論など，工学でしばしば現れる重要な方程式なので，ここで少し一般論を述べておきましょう．

一般に Riccati 方程式 (2.14) において，特殊解の一つ y_1 が分かっているときには，$y = y_1 + u$ という変数変換で u の Bernoulli 型方程式に帰着して求積できます（Euler 1762）．実際，$y = y_1 + u$ を方程式 (2.14) に代入すると

$$y_1'(x) + u' + P(x)(y_1+u)^2 + Q(x)(y_1+u) = R(x).$$

ここで，左辺の 2 乗を展開すると，y_1 は (2.14) の解であったことから，u を含まない項がキャンセルされて

$$u' + P(x)u^2 + \{2P(x)y_1(x) + Q(x)\}u = 0$$

が残ります．これは u について Bernoulli 型の方程式なので，u^2 で両辺を割ると

$$\frac{1}{u^2}u' + P + (2Py_1 + Q)\frac{1}{u} = 0, \quad \text{すなわち} \quad \left(\frac{1}{u}\right)' - (2Py_1+Q)\frac{1}{u} = P$$

という，$\dfrac{1}{u}$ についての1階線形の方程式となり，原理的に必ず求積でき，

$$\frac{1}{u} = y_2(x) + cy_3(x), \qquad \text{従って} \quad u = \frac{1}{y_2(x) + cy_3(x)}$$

の形の一般解が求まります．従ってもとの方程式の一般解は

$$y = y_1(x) + \frac{1}{y_2(x) + cy_3(x)} = \frac{y_1(x)y_2(x) + 1 + cy_1(x)y_3(x)}{y_2(x) + cy_3(x)}$$

の形で求まります．ちなみに，最初に用いた特殊解 $y_1(x)$ は，この一般解で $c \to \infty$ の極限に対応します．

　Riccati 方程式の一般解は，任意定数 c について1次分数関数，すなわち分子も分母も c の1次式となっていることが特徴的です（下の問 2.13 参照）．この形は，Riccati 方程式が未知関数の簡単な1次分数変換で2階線形微分方程式に帰着されることからも説明されます．なお，この計算で (2.21) を帰着した後の微分方程式は，Bessel 関数の一種を定義するものになります．(本章 2.8 節末尾の問題 2.21 参照.) 従って，(2.21) の解は Bessel 関数を用いて表すことができます．微分方程式の求積可能性については，19 世紀から現代まで研究が続いており，特に線形の方程式については，微分 Galois 理論と呼ばれる美しい分野に発展しています．興味のある人は専門書[18]などを見てください．また[17] は大学初年級程度で読める題材だけを使って解けない理由を説明した，非常に楽しい読み物です．

問 2.10　(2.14) を (2.15) に帰着させる計算を確認せよ．

問 2.11　(1)　Riccati 方程式 (2.16) の定数 a, b を 1 に帰着させる計算を確認せよ．
(2)　同方程式に対する変数変換 (2.17)-(2.18), (2.19)-(2.20) の計算を確かめよ．

問 2.12　Riccati 方程式 (2.16) の特別な場合

$$y' + y^2 = \frac{2}{x^2}$$

を以下の方法で求積してみよ．
(1)　$z = xy$ で未知関数を y から z に変換することにより，この方程式が変数分離形に帰着されることを確かめ，これを求積せよ．
(2)　この方程式は $\dfrac{a}{x}$ 型の特殊解を持つことを代入により確かめ，上の一般的解法を適用してこれを求積せよ．

問 2.13　次のような形の関数族は必ずある Riccati 方程式の一般解となることを示せ．

$$y = \frac{cu_1(x) + u_2(x)}{cv_1(x) + v_2(x)}.$$

[ヒント：この式を c は定数とみて x について微分したものと両立させて c を消去せよ．分母を払っておく方が計算は簡単である．]

2.7 2階線形微分方程式

2階線形とは，未知関数の導関数を 2 階まで含み，それらについて線形なことで，このような方程式は

$$y'' + a(x)y' + b(x)y = f(x) \tag{2.22}$$

という形をしています．1 階線形の方程式と同様，$a(x)$, $b(x)$ は既知関数で**係数**，$f(x)$ も既知で右辺あるいは非斉次項と呼ばれます．$f(x) \equiv 0$ のときは**斉次**，そうでなければ**非斉次**の方程式と言います．2 階になると，1 階のときより更に求積できる方程式は減り，線形に限ってもほとんどの場合求積できません．しかし，よく知られている求積可能なごく少数の例と求積の技法は身につけておく必要があります．

まず，2 階の方程式に一般的なこととして，一般解はもし求まれば二つの任意定数を含みます．このことの正当化は次の章で与えられるでしょう．特に，線形方程式の場合は，**一般解**は

$$y = c_1 \varphi_1(x) + c_2 \varphi_2(x) + \psi(x) \tag{2.23}$$

の形をしています．ここで，$\psi(x)$ は (2.22) の一つの解，すなわち特殊解で，$\varphi_1(x), \varphi_2(x)$ は対応する斉次方程式

$$y'' + a(x)y' + b(x)y = 0 \tag{2.24}$$

の 1 次独立な特殊解です．この言葉は線形代数と同じような意味で使っており，二つの関数が 1 次独立とは，$c_1 \varphi_1(x) + c_2 \varphi_2(x)$ が恒等的に零となるような定数 c_1, c_2 が存在しないことを言います．このような解は解空間の**基底**を成すと言われます．実際，$\varphi_1(x), \varphi_2(x)$ がともに (2.24) の解なら，それらの 1 次結合が再び (2.24) の解となることは線形性から自明ですが，逆に (2.24) の任意の解がそのように表されることは解空間が 2 次元であることを意味し，これは

第 4 章で正当化されます．

【定数係数 2 階斉次線形微分方程式】　必ず求積できるクラスとして，方程式の係数 a, b が定数の場合

$$y'' + ay' + by = 0 \qquad (a, b \in \mathbf{R}) \tag{2.25}$$

が基本的です．この場合は，(2.25) の**特性方程式**と呼ばれる代数方程式

$$\lambda^2 + a\lambda + b = 0 \tag{2.26}$$

の 2 根の状態に従い次のような解の基底を持ちます．

(1)　2 根 α, β が実で互いに異なるとき，$e^{\alpha x}, e^{\beta x}$．

(2)　実の重根 α を持つとき $e^{\alpha x}, xe^{\alpha x}$．

(3)　共役複素根 $\alpha \pm i\beta$ を持つとき $e^{\alpha x}\cos\beta x, e^{\alpha x}\sin\beta x$．

実際，いずれの場合も，これらが関数として 1 次独立なことは明らかですから，方程式を満たすことを計算で確かめればよい．その計算をここでやるよりも，これらの解を得るための発見的考察を示しておくことの方が有意義でしょう．それには次の式が基礎となります：

$$\left(\frac{d^2}{dx^2} + a\frac{d}{dx} + b\right)e^{\lambda x} = (\lambda^2 + a\lambda + b)e^{\lambda x}$$

この式から，$e^{\lambda x}$ が (2.25) の解となるためには λ が代数方程式 (2.26) の根であることが必要かつ十分であることが容易に見て取れます．これから (1) の場合が直ちに得られます．更に言えば，(2.26) の 2 根を α, β とするとき，微分演算子の意味で

$$\frac{d^2}{dx^2} + a\frac{d}{dx} + b = \left(\frac{d}{dx} - \alpha\right)\left(\frac{d}{dx} - \beta\right) \tag{2.27}$$

という因数分解が得られることからもこの解が推定できます．実は以上の計算は複素根の場合も

$$e^{(\alpha+i\beta)x} = e^{\alpha x}(\cos\beta x + i\sin\beta x), \quad e^{(\alpha-i\beta)x} = e^{\alpha x}(\cos\beta x - i\sin\beta x)$$

を 1 次独立な解として取っても構わないのですが，それには解空間の係数体を複素数体 $\mathbf{C}$ まで拡大し，複素数値の解をすべて考えなければならなくなるの

で，これらの適当な（複素数体上の）1次結合で，実数値関数となるものを探し出して（あるいは，実部と虚部を取り出して）(3) の場合の答とした訳です．重根を持つ場合は，方程式の係数をほんの少し変化させて重根を持たないものとし，その解の基底を

$$e^{\alpha x}, \quad \frac{e^{\beta x} - e^{\alpha x}}{\beta - \alpha} \tag{2.28}$$

のように選んで $\beta \to \alpha$ の極限を考えれば (2) の第2の解が得られます．方程式の係数を連続的に変化させると対応する解も連続的に変化するという性質は直感的には納得できるでしょうが，第3章3.6節で厳密に示されます．

例題 2.8 独立変数を時刻 t，従属変数を1次元の位置座標 x とする**単振動の方程式**

$$\frac{d^2x}{dt^2} = -\frac{g}{l}x \tag{2.29}$$

および，この右辺に摩擦項 $-a\frac{dx}{dt}$ が加わった**減衰振動の方程式**

$$\frac{d^2x}{dt^2} = -a\frac{dx}{dt} - \frac{g}{l}x \tag{2.30}$$

について，解の挙動をパラメータの値により分類して答えよ．またその物理的意味を述べよ．

解答 (2.29) は，長さ l の振り子の微小振動に対する Newton の運動方程式を記述したもので，左辺が質量（1に正規化）× 加速度であり，右辺が単振動の復元力を表しているのであった（第1章問1.1参照）．この解は，特性方程式 $\lambda^2 = -\frac{g}{l}$ の2根 $\pm\sqrt{\frac{g}{l}}i$ を用いて

$$x = c_1 \cos\sqrt{\frac{g}{l}}t + c_2 \sin\sqrt{\frac{g}{l}}t$$

と表され，解の形から明らかに，周期 $T = 2\pi\sqrt{\frac{l}{g}}$ の振動となる．現実の振り子はほうっておけば摩擦のため次第に振幅が小さくなってゆく．摩擦を速度に比例して逆向きに働く（いわゆる**速度抵抗**）とすれば，方程式 (2.30) となる．この特性方程式の根は $-\frac{a}{2} \pm \sqrt{\frac{g}{l} - \frac{a^2}{4}}i$ となり，従って微分方程式の解は

$$x = c_1 e^{-at/2}\cos\sqrt{\frac{g}{l} - \frac{a^2}{4}}t + c_2 e^{-at/2}\sin\sqrt{\frac{g}{l} - \frac{a^2}{4}}t$$

となる．振幅が指数関数的に減少するとともに，摩擦のせいで周期が大きくなっていることが分かる．摩擦が更に大きくなると，周期は次第に増大し，$a > 2\sqrt{\dfrac{g}{l}}$ では振動が止んで，単に

$$x = c_1 \exp\left(-\frac{a}{2} + \sqrt{\frac{a^2}{4} - \frac{g}{l}}\right)t + c_2 \exp\left(-\frac{a}{2} - \sqrt{\frac{a^2}{4} - \frac{g}{l}}\right)t$$

の形で静止状態に近づくだけになる． □

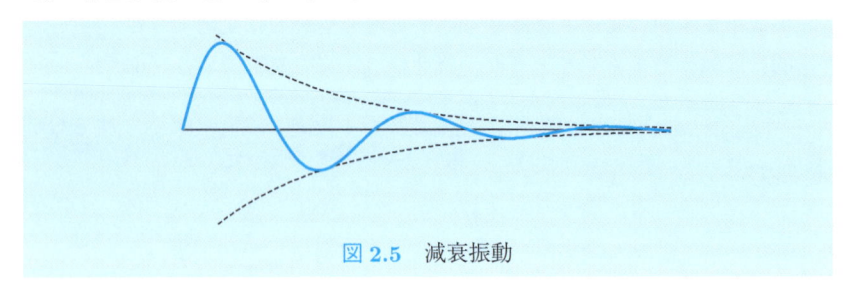

図 2.5　減衰振動

問 2.14　次の微分方程式の一般解を求めよ．
(1) $y'' + 2y' - 3y = x$　　(2) $y'' - y' - 2y = 1$　　(3) $y'' + y = \cos 2x$
(4) $y'' - 2y' + y = \sin x$　　(5) $y'' - y = x$　　(6) $y'' - 4y' + 5y = e^{2x}$

問 2.15　図のようなサイクロイドを伏せた型の丘がある．この丘の途中から頂上に向けて球を転がしたとき，球の運動を記述する方程式

$$\frac{d^2 s}{dt^2} + k\frac{ds}{dt} - \frac{g}{4a}s = 0$$

を導け．ここに球の位置を表す未知関数 s は，頂上から測った符号付き弧長とする．また，球をちょうど頂上に止めるための初速を決めよ．

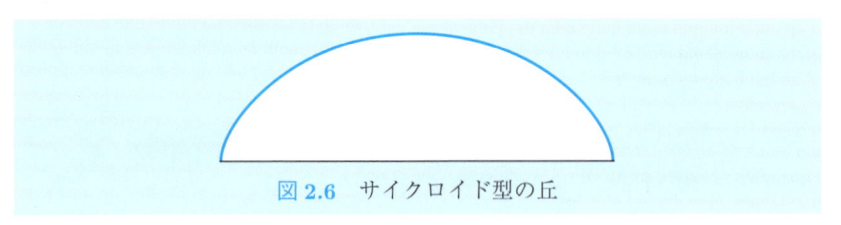

図 2.6　サイクロイド型の丘

【Euler 型の方程式】　2 階線形微分方程式も，係数が多項式になると一般には求積できません（本章最後の節の問 2.21 (2) 参照）．例外的に求積できるものの中で有名なのが，Euler 型と呼ばれる，次のような方程式です．

2.7 2階線形微分方程式

$$x^2 y'' + axy' + by = 0 \qquad (a, b \text{ は定数}). \tag{2.31}$$

これは $x = e^t$, すなわち $x\dfrac{d}{dx} = \dfrac{d}{dt}$ という変換で，定数係数の線形微分方程式に帰着できます．

例題 2.9 微分方程式 $x^2 y'' + 2xy' - 6y = 0$ の一般解を計算せよ．

解答 上述の変換 $x = e^t$ で，

$$\frac{d}{dt} = x\frac{d}{dx}, \quad \frac{d^2}{dt^2} = \left(x\frac{d}{dx}\right)^2 = x^2\frac{d^2}{dx^2} + x\frac{d}{dx}$$

となる．これを逆に解けば

$$x\frac{d}{dx} = \frac{d}{dt}, \quad x^2\frac{d^2}{dx^2} = \frac{d^2}{dt^2} - \frac{d}{dt}.$$

従って，(2.31) は

$$(z'' - z') + az' + bz = 0$$

という線形微分方程式に帰着される．ここに，$z(t) = y(e^t)$ と置いた．この特性方程式は

$$\lambda(\lambda - 1) + a\lambda + b = 0 \tag{2.32}$$

となる．この問題では，具体的に $\lambda(\lambda-1) + 2\lambda - 6 = 0$, 従って根は，$\lambda = 2, -3$. 故に一般解は $z = c_1 e^{2t} + c_2 e^{-3t}$, すなわち，$y = c_1 x^2 + c_2 x^{-3}$ となる． □

代数方程式 (2.32) を (2.31) の**決定方程式**（**indicial equation**）と呼びます．その根は**特性指数**とも呼ばれます．この例の計算から，Euler 型方程式 (2.31) の解の基底は，その決定方程式 (2.32) の根に関して分類され，

(1) 2根 α, β が実で互いに異なるとき，x^α, x^β.
(2) 実の重根 α を持つとき $x^\alpha, x^\alpha \log x$.
(3) 共役複素根 $\alpha \pm i\beta$ を持つとき $x^\alpha \cos(\beta \log x), x^\alpha \sin(\beta \log x)$

で与えられることが，(2.25) に対する解の対応するリストからただちに分かります．

決定方程式は覚えにくいかもしれませんが，その2根を λ, μ とすれば

$$x^2 \frac{d^2}{dx^2} + ax\frac{d}{dx} + b = \left(x\frac{d}{dx} - \lambda\right)\left(x\frac{d}{dx} - \mu\right) \tag{2.33}$$

と微分演算子の意味で因数分解されることが，z が満たす定数係数 2 階線形微分方程式の対応する因数分解 (2.27) から容易に分かります．$x\dfrac{d}{dx}x^\nu = \nu x^\nu$ なので，この表現から ν が決定方程式の根と一致するとき，かつそのときに限り，この冪関数がもとの Euler 型微分方程式の解となることが明快に分かります．

【2 階非斉次線形微分方程式の定数変化法】 斉次方程式の解空間の基底が知られているときは，それから非斉次方程式の特殊解を求めるアルゴリズムが存在します．これが**定数変化法**で，その最も簡単な場合は 1 階線形微分方程式の節でも使いましたが，方程式が簡単過ぎて，かえってその仕組みが分かり辛かったかもしれません．この方法は一般に高階でも通用しますが，一般論は第 4 章 4.2 節でやるので，ここでは分かりやすい 2 階の場合に説明します．

斉次方程式 (2.24) の一般解

$$y = c_1\varphi_1 + c_2\varphi_2 \tag{2.34}$$

において，定数であった c_1, c_2 を "変化させ" て x の関数とし，y が (2.22) の方を満たすように調整しようというのが考え方の骨子です．こんなやり方は無数に存在するので，c_1, c_2 を決めやすいように適当に条件を付けます：

$$y' = c_1\varphi_1' + c_2\varphi_2' + c_1'\varphi_1 + c_2'\varphi_2$$

において，

$$c_1'\varphi_1 + c_2'\varphi_2 \equiv 0 \tag{2.35}$$

と置いてしまいます．すると，

$$y' = c_1\varphi_1' + c_2\varphi_2'$$

となるので，次の微分は

$$y'' = c_1\varphi_1'' + c_2\varphi_2'' + c_1'\varphi_1' + c_2'\varphi_2'$$

となります．これらを (2.22) に代入すると，$\varphi_1(x), \varphi_2(x)$ が斉次方程式 (2.24) の解であったことから c_1, c_2 の掛かる項は消え，

$$c_1'\varphi_1' + c_2'\varphi_2' = f \tag{2.36}$$

2.7 2階線形微分方程式

が残ります．よってこれを (2.35) と合わせて c_1', c_2' の連立1次方程式として解けば，

$$c_1' = -\frac{\varphi_2 f}{\varphi_1 \varphi_2' - \varphi_2 \varphi_1'}, \qquad c_2' = \frac{\varphi_1 f}{\varphi_1 \varphi_2' - \varphi_2 \varphi_1'}$$

を得ます．これを不定積分して (2.34) に代入し少々計算すれば，

$$\begin{aligned}
&\int^x \frac{-\varphi_1(x)\varphi_2(s)f(s) + \varphi_2(x)\varphi_1(s)f(s)}{\varphi_1(s)\varphi_2'(s) - \varphi_2(s)\varphi_1'(s)} ds \\
&= \int^x \frac{1}{W(s)} \begin{vmatrix} \varphi_1(s) & \varphi_2(s) \\ \varphi_1(x) & \varphi_2(x) \end{vmatrix} f(s) ds
\end{aligned} \tag{2.37}$$

という (2.22) の特殊解の公式が得られます．ここに

$$W(x) = \varphi_1(x)\varphi_2'(x) - \varphi_2(x)\varphi_1'(x) = \begin{vmatrix} \varphi_1(x) & \varphi_2(x) \\ \varphi_1'(x) & \varphi_2'(x) \end{vmatrix} \tag{2.38}$$

は **Wronski**(ロンスキー) 行列式と呼ばれる理論的に重要な量です．これに (2.24) の一般解 (2.34) を加えれば，(2.22) の一般解が得られます．この公式は理論的には重要ですが，求積法としてはこれをそのまま覚えるのではなく，むしろ導き方を覚えておく方がよいでしょう．

以上をまとめると，(2階の) 定数係数線形微分方程式は，右辺にどんな関数を与えられても求積法で一般解が求まることが分かります．しかし，右辺が指数関数と多項式の積の形，すなわちいわゆる**指数関数多項式**の場合には，定数変化法よりももっと簡便な方法があります．そのような解き方の本格的な練習は演習書の方に譲り，ここではただ例によりそれを解説するにとどめます．

例題 2.10 例題 2.8 の**減衰振動**の方程式の右辺に更に項 $B\cos\omega t = \mathrm{Re}(Be^{i\omega t})$ が付いた，いわゆる**強制振動**の方程式

$$x'' = -\frac{g}{l}x - ax' + B\cos\omega t \tag{2.39}$$

について，パラメータの値により解の挙動を分類し，その物理的意味を述べよ．

解答 計算を見やすくするため (2.39) の代わりに，変数と係数を一般論で用いてきた x, y および a, b に戻した

$$y'' + ay' + by = Be^{\mu x} \tag{2.40}$$

を代わりに考え，また抽象的な複素数表記を用いる．特性方程式 (2.26) の2根を λ_1, λ_2 とする．強制振動項が付かないものの一般解は

$$c_1 e^{\lambda_1 x} + c_2 e^{\lambda_2 x}$$

であり，これから先に述べた定数変化法で (2.40) の特殊解を得ることができるが，このように右辺が指数関数の場合は，実は右辺の関数の定数倍，あるいは多項式倍の形の解が必ず存在する．実際，$y = ce^{\mu x}$ を (2.40) に代入してみると

$$c(\mu^2 + a\mu + b)e^{\mu x} = Be^{\mu x}.$$

従って $\mu^2 + a\mu + b \neq 0$ なら $c = \dfrac{B}{\mu^2 + a\mu + b}$ ととれば特殊解が得られる．このときの一般解は

$$y = \frac{B}{\mu^2 + a\mu + b} e^{\mu x} + c_1 e^{\lambda_1 x} + c_2 e^{\lambda_2 x}$$

となる．$\mu^2 + a\mu + b = 0$ のとき，すなわち μ が特性根の一つと一致する場合は，$y = cxe^{\mu x}$ を (2.40) に代入してみると，$xe^{\mu x}$ の係数は同様の計算により消え，

$$c(2\mu + a)e^{\mu x} = Be^{\mu x}$$

が残る．よって $2\mu + a \neq 0$ なら

$$y = \frac{B}{2\mu + a} x e^{\mu x} \tag{2.41}$$

が特殊解となる．もし更に $2\mu + a = 0$ なら，$y = cx^2 e^{\mu x}$ を考えれば，同様の計算で特殊解 $\dfrac{B}{2} x^2 e^{\mu x}$ を得る．これは，μ が代数方程式 $\lambda^2 + a\lambda + b = 0$ の重根である場合に起こる．

実際の振動の方程式では a, b は正の実数なので，特性根は $\Delta = a^2 - 4b$ を判別式として，$\dfrac{1}{2}(-a \pm \sqrt{\Delta})$ の形であるが，$\Delta < 0$ のとき，すなわち，**固有振動**が生じる場合は，$\mu = i\omega$ と置き戻すと，一般解は

$$y = \mathrm{Re}\left\{ \frac{B}{-\omega^2 + ai\omega + b} e^{i\omega x} + c_1 e^{\frac{1}{2}(-a+i\sqrt{-\Delta})x} + c_2 e^{\frac{1}{2}(-a-i\sqrt{-\Delta})x} \right\}$$

$$= \frac{B(b-\omega^2)}{(b-\omega^2)^2 + a^2\omega^2} \cos\omega x + \frac{B(a\omega)}{(b-\omega^2)^2 + a^2\omega^2} \sin\omega x$$

$$+ e^{-ax/2}\left(C_1 \cos\frac{1}{2}\sqrt{-\Delta}\, x + C_2 \sin\frac{1}{2}\sqrt{-\Delta}\, x \right)$$

2.7 2階線形微分方程式

となり（ただし $C_1 = \mathrm{Re}(c_1 + c_2)$, $C_2 = -\mathrm{Im}(c_1 - c_2)$），解は固有振動と強制振動とが混ざり合った振動を表し，時間が経つにつれて，すなわち x が大きくなると，強制振動が卓越してくることが分かる．

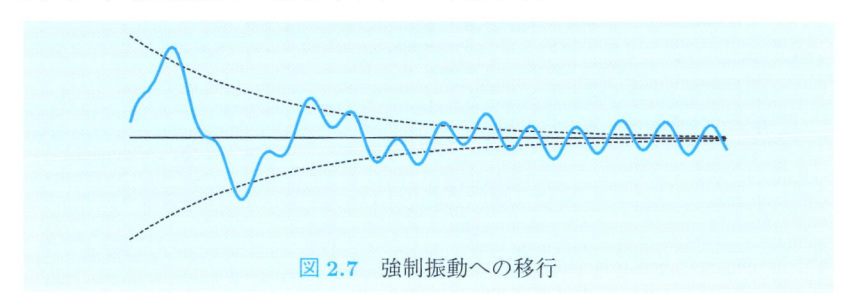

図 2.7 強制振動への移行

この場合，$i\omega$ が特性根の一つと一致するのは，$-\omega^2 + ai\omega + b = 0$, すなわち，$a = 0, b = \omega^2$ のときで，減衰は起こらず，このときの一般解は

$$\mathrm{Re}\left(\frac{B}{2i\omega}xe^{i\omega x} + c_1 e^{i\omega x} + c_2 e^{-i\omega x}\right) = \frac{B}{2\omega}x\sin\omega x + C_1 \cos\omega x + C_2 \sin\omega x$$

となる．（$\omega \neq 0$ に注意せよ．）この式は，速度抵抗が無視できるとき，振動は因子 x のせいで振幅を次第に増加させることを示している．これがいわゆる**共振現象**であり，実世界でも橋等の構造物を破壊する事故の原因となってきた．

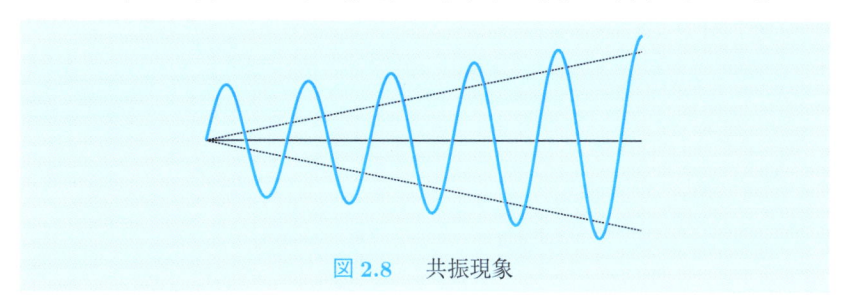

図 2.8 共振現象

速度抵抗が大きく $\Delta \geq 0$ のときは，固有振動の部分は起こらないが，この場合は最初から解は強制振動に従い，ただし最初のうちは斉次方程式の解の分だけ平衡点がずれた振動となる．　□

問 2.16 初期値を例えば $y(0) = 1, y'(0) = 0$ と指定した解を観察することにより，$\mu^2 + a\mu + b \neq 0$ の場合の解から $\mu^2 + a\mu + b = 0$ の場合の解への極限移行の様子を調べよ．

問 2.17 上例の議論から，理論的には，速度抵抗 a が 0 でなければ共振は決して起こ

らないはずだが，現実には a が厳密に 0 ということは有り得ないはずである．a が 0 ではないが非常に小さい場合に，共振現象に相当する現象が起こるかどうか論ぜよ．

問 2.18 次の 2 階線形微分方程式の一般解を求めよ．
(1) $y'' - y = xe^x + e^{2x}$ (2) $y'' - 3y' + 2y = e^{3x}(x^2 + x)$
(3) $y'' + y = \dfrac{1}{\cos x}$ (4) $x^2 y'' - 5xy' + 9y = x^3$ (5) $x^2 y'' + xy' + 4y = 1$.

■ 2.8 高階微分方程式

この章の最後に，3 階以上の微分方程式に対する対処法の基礎を紹介します．

【一般解が求まる線形微分方程式】 一般の n 階微分方程式に通用する求積の手段は非常に少ないのですが，次のことだけは覚えておきましょう．

定理 2.1 定数係数の n 階斉次線形微分方程式

$$y^{(n)} + a_1 y^{(n-1)} + \cdots + a_0 y = 0 \tag{2.42}$$

は，その**特性方程式**

$$\lambda^n + a_1 \lambda^{n-1} + \cdots + a_0 = 0 \tag{2.43}$$

が

$$\lambda_1 \text{ を } \nu_1\text{-重根}, \ldots, \lambda_s \text{ を } \nu_s\text{-重根} \tag{2.44}$$

として持つとする．ここに $n = \nu_1 + \cdots + \nu_s$．このとき，この方程式の一般解は

$$(c_{10} + c_{11}x + \cdots + c_{1,\nu_1-1}x^{\nu_1-1})e^{\lambda_1 x} + \cdots + (c_{s0} + c_{s1}x + \cdots + c_{s,\nu_s-1}x^{\nu_s-1})e^{\lambda_s x}$$

で与えられる．

これは，2.7 節で述べた 2 階のときの結果を拡張したもので，解になることは方程式に入れてみれば分かります．しかしこの計算を抽象的な方程式でやるのは難しいので，後に第 4 章で演算子法を用いた分かりやすい説明を与えます．この定理が分かると，Euler 型の方程式を n 階にしたものについても，2 階のときと同様の変換で上の定理に帰着することにより，一般解が次のように求まります．

定理 2.2 Euler 型の n 階斉次線形微分方程式

2.8 高階微分方程式

$$x^n y^{(n)} + a_1 x^{n-1} y^{(n-1)} + \cdots + a_0 y = 0 \tag{2.45}$$

は，その**決定方程式**（indicial equation）

$$\lambda(\lambda-1)\cdots(\lambda-n+1) + a_1\lambda(\lambda-1)\cdots(\lambda-n+2) + \cdots + a_0 = 0 \tag{2.46}$$

が

$$\lambda_1 \text{ を } \nu_1\text{-重根}, \ldots, \lambda_s \text{ を } \nu_s\text{-重根} \tag{2.47}$$

として持つとする．このとき，この方程式の一般解は

$$(c_{10} + c_{11}\log x + \cdots + c_{1,\nu_1-1}(\log x)^{\nu_1-1})x^{\lambda_1} + \cdots$$
$$+ (c_{s0} + c_{s1}\log x + \cdots + c_{s,\nu_s-1}(\log x)^{\nu_s-1})x^{\lambda_s}$$

で与えられる．

二つの定理とも，根が複素数になるときは，解に対する実の表現を得るためにそれぞれ実部を取り出して Euler の等式を用いる必要があります．この計算は 2 階のときに説明したのと同じなので，そちらを見てください．

【**定数変化法**】 n 次線形微分方程式でも斉次方程式の一般解が分かると，それを用いて定数変化法により右辺が $f(x)$ になった非斉次方程式の特殊解が求まります．これは

$$c_1\varphi_1(x) + \cdots + c_n\varphi_n(x)$$

を方程式に代入して

$$\begin{cases} c_1'\varphi_1(x) + \cdots + c_n'\varphi_n(x) = 0, \\ c_1'\varphi_1'(x) + \cdots + c_n'\varphi_n'(x) = 0, \\ \cdots\cdots\cdots, \\ c_1'\varphi_1^{(n-2)}(x) + \cdots + c_n'\varphi_n^{(n-2)}(x) = 0, \\ c_1'\varphi_1^{(n-1)}(x) + \cdots + c_n'\varphi_n^{(n-1)}(x) = f(x) \end{cases}$$

を解いて $c_1, \ldots, c_n$ を求めればよい．

【**階数を下げる技法**】 微分方程式は，普通は階数が低い方が解きやすいので，何らかの手段で階数を下げるのは，求積法の有力な手段となり得ます．その主なものを紹介しましょう．一般の n 階微分方程式で説明した方が本質が見やす

いので，以下そうしますが，求積法としては 2 階の方程式に対しても重要な手段となります．

微分方程式において，y の項が無ければ，$\dfrac{dy}{dx} = p$ と置いて p に対する 1 階下がった方程式が導かれるのは当たり前ですが，次のことは，教えてもらわないとなかなか気づかないかもしれません．

例 2.1 独立変数 x を陽に含まない n 階微分方程式
$$y^{(n)} = f(y, y', \ldots, y^{(n-1)})$$
は $\dfrac{dy}{dx} = p$ と置くことにより，y を独立変数とする p の 1 階低い微分方程式に帰着される．

実際，独立変数を x から y に変更すると，微分演算子は
$$\frac{d}{dx} = \frac{dy}{dx}\frac{d}{dy} = p\frac{d}{dy}$$
と変換されるので，
$$\frac{d^2 y}{dx^2} = \frac{d}{dx}\left(\frac{dy}{dx}\right) = \frac{dy}{dx}\frac{d}{dy}\left(\frac{dy}{dx}\right) = p\frac{d}{dy}p$$
であり，以下同様にして
$$\frac{d^3 y}{dx^3} = p\frac{d}{dy}\left(\frac{d^2 y}{dx^2}\right) = p\frac{d}{dy}\left\{\left(p\frac{d}{dy}\right)p\right\} = \left(p\frac{d}{dy}\right)^2 p.$$
これはいわゆる演算子（作用素）的な書き方ですが，普通の書き方がよい人は
$$= p^2 \frac{d^2 p}{dy^2} + p\left(\frac{dp}{dy}\right)^2$$
のように展開してもよいでしょう．しかしこれを続けると，大変な式になってしまいます．

問 2.19 上の続きで，$\dfrac{d^4 y}{dx^4}$ を p の冪が前にまとめられた形に書き直した式を求めよ．

問 2.20 力学でよく出てくる
$$\frac{d^2 y}{dx^2} = f(y)$$
の形の方程式は，両辺に $2\dfrac{dy}{dx}$ を掛けることにより

2.8 高階微分方程式

$$\left(\frac{dy}{dx}\right)^2 = \int 2f(y)dy + C$$

という 1 階の微分方程式に帰着されることを示せ．

次は線形の方程式に限定した技法です．

例 2.2 n 階斉次線形微分方程式

$$y^{(n)} + a_1(x)y^{(n-1)} + \cdots + a_n(x)y = 0 \tag{2.48}$$

において一つの解 $\varphi(x)$ が知られているとき $y = \varphi \int u dx$ と置けば，u の $n-1$ 階斉次線形微分方程式が得られる．

実際，$y = \varphi \int u dx$，およびこれを微分して得られる

$$y' = \varphi' \int u dx + \varphi u, \quad y'' = \varphi'' \int u dx + 2\varphi' u + \varphi u', \quad \ldots,$$

$$y^{(n)} = \varphi^{(n)} \int u dx + n\varphi^{(n-1)} u + \cdots + {}_n C_k \varphi^{(n-k)} u^{(k-1)} + \cdots + \varphi u^{(n-1)}$$

を上の方程式に代入すれば，φ が (2.48) の解であったことから $\int u dx$ の係数は消え，残りは u について高々 $n-1$ 階までの導関数を含んだ線形微分方程式となります．この方法で，2 階線形微分方程式は，その一つの解が既知なら，1 階線形に帰着されて解けることが分かります．

問 2.21 Riccati 方程式について次を示せ．

(1) Riccati 方程式 (2.14) は $P(x)y = -\dfrac{u'}{u}$ という未知関数の変換で，

$$u'' - \left(Q + \frac{P'}{P}\right)u' + PRu = 0$$

という 2 階線形微分方程式に帰着する．逆に，2 階線形微分方程式

$$u'' + Su' + Tu = 0$$

が与えられたとき，P を適当に選んで $y = -u'/Pu$ と変換すれば，

$$y' - Py^2 + \left(\frac{P'}{P} + S\right)y - \frac{T}{P} = 0$$

という Riccati 方程式を得る．

(2) (2.16) はこの変換で

$$y'' = abx^\alpha y$$

に帰着することを示せ．

(3) 本章の 2.6 節で述べた Riccati 方程式の一般解の構造と求積の手法を，この節で解説した 2 階線形微分方程式の知識と上の変換を用いて説明せよ．

第3章

解の存在定理

この章では理論的な内容を取り上げます．これは求積法では解けない方程式を考察するのに必要で，次章で線形微分方程式系の性質を調べるときにも使います．ここでは基礎的な部分に限り，続きのより高度な理論は第 6 章で扱います．

■ 3.1 逐次近似法

人類は超越数である円周率 π をどのようにして理解してきたのでしょうか？多くの文明で，円に内接する正多角形の周長としてこの近似値を求めてきました．ほとんどの応用では 3.14 だけで十分ですが，和算家は多角形の辺数を増やし，ある種の加速法を用いて π の値を相当の桁数まで求めています．ここでは真の数 π の存在は，それが十進小数の列で限りなく近づけるという事実で納得されているのです．

【逐次近似法】 この例には解析の考え方の基本が含まれています．限りなく近づく近似解の列は，いわゆる **Cauchy**(コーシー)列であり，そういうものには必ず極限として何かある実在が対応しているはずだという信念を取り入れたのが**完備性**の公理です．この考えを関数の列について理論化するのが関数解析であり，常微分方程式の解の存在を論ずるときにもそれが最もやさしい形で現れます．

近似列を作るには対象となる解を特定する必要があるので，微分方程式

$$\frac{dy}{dx} = f(x, y) \tag{3.1}$$

の区間 $[0, a]$ 上の解 $y = \varphi(x)$ で，更に**初期条件**

$$\varphi(0) = c \tag{3.1'}$$

を満たすものを考えます．これを**初期値問題** (3.1)-(3.1') の解と言います．これに対して，上のように限りなく近づく近似解の列を構成することを試みましょ

3.1 逐次近似法

う．近似列の最初の元 $\varphi_0(x)$ は，初期条件 $\varphi_0(0) = c$ だけを満たすように勝手に取ります．一番簡単な選び方をすれば $\varphi_0(x) \equiv c$ でよろしい．次に，近似列が n 番目の $\varphi_n(x)$ まで定まったとして，これから $\varphi_{n+1}(x)$ を方程式を用いて作り出します．そのような方法はいろいろと考えられるでしょうが，基本となる考え方は，方程式に含まれる未知関数 y の一部を残して後は既知の関数 $\varphi_n(x)$ で置き換えてしまう，というものです．当然のことながら，意味の有るアルゴリズムを得るためには，最も主要な位置にある y を残すようにしなければなりません．常微分方程式 (3.1) の場合には，左辺の導関数が主要な項なので，この手続きの最も標準的な実現は，右辺の y に $\varphi_n(x)$ を代入し，これから積分により求めた y を近似列の次の項 φ_{n+1} とするものです．すなわち，

$$\varphi_{n+1}(x) = c + \int_0^x f(s, \varphi_n(s))ds. \tag{3.2}$$

右辺第 1 項は，新しい近似解もまた初期条件を満たすようにするためにつけ加えられました．このように一つ前の近似解から更に良い近似解を次々に作り出して行く操作を一般に**逐次近似法**と呼びますが，(3.2) の近似列の作り方は特に **Picard** の逐次近似法と呼ばれます．ここで述べた手続きは

$$\varphi(x) = c + \int_0^x f(s, \varphi(s))ds \tag{3.3}$$

といういわゆる **Volterra** 型積分方程式に対する自然な逐次近似解を与えています．(一般に，**積分方程式**とは，関数を未知数としその積分演算を含んだ方程式のことです．) (3.3) が，少なくともすべての関数を連続と仮定すれば，もとの微分方程式の初期値問題 (3.1)-(3.1′) と完全に同等であることは直ちに確かめることができます．実際，(3.3) で $x = 0$ とすれば初期条件 $\varphi(0) = c$ が得られますし，両辺を x で微分すれば，微分積分学の基本定理により，φ がもとの微分方程式 (3.1) を満たすことが分かります．

もし方程式 (3.1) の右辺が y について簡単に解けるような関数で，例えば $y = g(x, y')$ のように書き直せたら，積分はいやだが微分ならやさしいからと

$$\varphi_{n+1}(x) = g(x, \varphi_n'(x))$$

のような逐次近似をやりたくなる人もいるでしょうが，これはいけません．それは，

逐次近似が一定の関数に収束して行くためには，近似を一段進める操作がある意味で "安定性"，あるいは "連続性" を持っていることが必要で，積分では近似解の少々の狂いが次第に丸められて行くのに対し，微分では狂いがますます増幅されてしまうからです．上に注意した "最も主要な y を残す" という指針は，このような不都合を未然に防ぐ意味合いもあるのです．

【解の一意存在定理】 講釈はそれくらいにして，$f(x,y)$ に適当な条件を課して (3.2) がある一定の関数に一様収束することを示しましょう．このような条件として最も広く用いられているのが次です：

定義 3.1 関数 $f(x,y)$ が変数 (x,y) のある領域において変数 y につき**一様 Lipschitz 条件**（あるいは略して **Lipschitz 条件**）を満たすとは，定数 K が存在してその領域に属する任意の 2 点 $(x,y), (x,z)$ に対して

$$|f(x,y) - f(x,z)| \leq K|y - z| \tag{3.4}$$

という不等式が成り立つことを言う．

定理 3.1 $f(x,y)$ は閉長方形

$$\{(x,y); |x| \leq a, |y-c| \leq b\}$$

で連続で，$|f(x,y)| \leq M$，かつそこで y につき一様 Lipschitz 条件を満たしているとする．このとき，微分方程式の初期値問題 (3.1)-(3.1′) は $|x| \leq \min\{a, b/M\}$ でただ一つの解を持つ．更に，$|\varphi_0(x) - c| \leq b$ を満たす任意の $\varphi_0(x)$ から出発し (3.2) で定められる逐次近似列は，上の区間でこの一意解に一様収束する．

解の存在領域を精密化するための定数は話を簡単にするため始めは無視し，まず (3.2) の列 $\{\varphi_n(x)\}$ がある区間で一様収束することを見ましょう．極限が不明のときに収束を言うには，Cauchy 列になることを言えばよいのでした．ただし今の場合は一様収束が要求されているので，一様 Cauchy 列となることを示さねばなりません．このあたりの話は，本格的な微積の教科書には載っていますが，計算中心の微積の講義を受けた人はそういう話を聞いていない人もいるでしょう．著者の実際の講義でも一様収束の復習を合わせて話すのが普通でしたので，次節でこれを行います．

3.2 一様収束の復習

この節では定理 3.1 の証明に必要となる，一様収束に関する知識を復習します．このようにまとめて書かれると，一度習っている人は効率的に復習できますが，初めて見る人には面白くないという恐れもあります．実際の講義では，定理の証明をしながらこれらの内容を解説したので，自習する読者も，途中でいやになったら，次の節に行き，進めなくなったら適当にここに戻る，という読み方がよいかもしれません．ここでは例を伴う詳しい解説をする余裕はないので，必要な人は微積の教科書，例えば拙著 [2] の第 8 章などを見てください．さすがに ε-δ 論法の復習までやっている時間は無いので，以下の解説を見ても思い出せない人は，微積の教科書で復習してください．上述の拙著をお持ちの方のために，各定理の対応する箇所を示しておきます．

まずは，一様収束の定義の復習からです．

定義 3.2 区間 $[a,b]$ 上の関数の列 $f_n(x)$ が関数 $f(x)$ に**一様収束**するとは，

$$\forall \varepsilon \ \exists n_\varepsilon \ \text{s.t.} \ n \geq n_\varepsilon \implies \forall x \text{ について } |f_n(x) - f(x)| < \varepsilon \quad (3.5)$$

となることである．

s.t. は英語 such that の略です．関数列 $f_n(x)$ が関数 $f(x)$ に収束すると言えば，$\forall x \in [a,b]$ について，そこでの値の列 $f_n(x)$ が数列として極限関数の同じ点での値 $f(x)$ に収束する，いわゆる**各点収束**という状況がまず思い浮かべられるでしょう．上の定義で x を固定すれば，数列の収束の ε-δ 論法による定義となります．しかし，そのような収束だけでは微分方程式を論ずるのには不十分です．一様という形容詞は，この関数値の収束の速さが x によらないこと，すなわち，ε に対して選べる n_ε が $[a,b]$ 上 x について共通にとれることを示しています．このことの利点として代表的なものが次の主張です．

定理 3.2 連続関数列の一様収束極限は連続関数となる（[2], 定理 8.5）．

この証明は次のようにします．$x \in [a,b]$ を固定したとき，この点において極限関数 $f(x)$ が連続を言うには，$\forall \varepsilon > 0$ に対して $\delta > 0$ を $|x - y| < \delta$ なら $|f(x) - f(y)| < \varepsilon$ となるように選べることを示せばよろしい．手がかりは

f_n の連続性です．まず一様収束から n_ε をうまく選ぶと $\forall n \geq n_\varepsilon$ について $z \in [a,b]$ が何であっても $|f_n(z) - f(z)| < \frac{\varepsilon}{3}$ が成り立つようにできます．このような n を一つ固定すると f_n の点 x における連続性の ε-δ 論法による表現により $|x - y| < \delta$ なら $|f_n(x) - f_n(y)| < \frac{\varepsilon}{3}$ となるような $\delta > 0$ を選ぶことができます．するとこれらを合わせて 3 角不等式より $|x - y| < \delta$ のとき

$$|f(x) - f(y)| \leq |f(x) - f_n(x)| + |f_n(x) - f_n(y)| + |f_n(y) - f(y)|$$
$$< \frac{\varepsilon}{3} + \frac{\varepsilon}{3} + \frac{\varepsilon}{3} = \varepsilon.$$

次の定理も一様収束の恩恵です．

定理 3.3 (1) 連続関数の列 $f_n(x)$ が $f(x)$ に区間 $[a,b]$ 上一様収束すれば，極限と積分が順序交換できる（[2]，定理 8.1）：

$$n \to \infty \quad \text{のとき} \quad \int_a^b f_n(x)dx \to \int_a^b f(x)dx.$$

(2) C^1 級の関数の列 $f_n(x)$ が区間 $[a,b]$ 上 $f(x)$ に各点収束し，導関数の列 $f_n'(x)$ が区間 $[a,b]$ 上 $g(x)$ に一様収束すれば，$f(x)$ は C^1 級となり，$f'(x) = g(x)$. すなわち，極限と微分が順序交換できる（**Weierstrass** の定理 [2]，定理 8.6）．

実際，(1) の方は，一様収束の定義により $\forall n \geq n_\varepsilon$ について $[a,b]$ 上 $|f_n(x) - f(x)| < \frac{\varepsilon}{b-a}$ となるような n_ε を選ぶと，このような n に対して

$$\left| \int_a^b f_n(x)dx - \int_a^b f(x)dx \right| \leq \int_a^b |f_n(x) - f(x)|dx < \int_a^b \frac{\varepsilon}{b-a}dx = \varepsilon.$$

(2) の仮定にある C^1 級とは，連続的微分可能，すなわち，それ自身と導関数が連続という意味です．

$$f_n(x) = f_n(a) + \int_a^x f_n'(t)dt$$

に (1) の主張を適用すれば，$n \to \infty$ の極限で

$$f(x) = f(a) + \int_a^x g(t)dt$$

3.2 一様収束の復習

が得られることから分かります．

さて本題の一様 Cauchy 列に入りましょう．

定義 3.3 区間 $[a,b]$ 上の関数列 $f_n(x)$ が**一様 Cauchy**（コーシー）**列**であるとは，

$$\forall \varepsilon \; \exists n_\varepsilon \; \text{s.t.} \; n,m \geq n_\varepsilon \implies \forall x \text{ について } |f_n(x) - f_m(x)| < \varepsilon \quad (3.6)$$

となることをいう．

定理 3.4 一様 Cauchy 列は一様収束する（[2], 定理 8.7）．

これを証明するには，まず，$f_n(x)$ が一様 Cauchy 列のとき，定義から明らかに，各固定した x について，関数値の列 $f_n(x)$ が実数の Cauchy 列となるので，その極限値を用いて極限関数の候補 $f(x)$ が定まることに注意します．すると，(3.6) において $m \to \infty$ として，$n \geq n_\varepsilon$ のとき

$$\forall x \text{ について } |f_n(x) - f(x)| \leq \varepsilon$$

が成り立ちます．極限をとったため $<$ を $\leq$ に変えないと一般には成り立ちません．しかし，通常の ε-δ 論法と同様，ここで $<$ が $\leq$ に変わっても，一様収束が結論されます．なお，数列の場合と同様，逆に一様収束列は一様 Cauchy 列であることも直ちに分かります．

一様 Cauchy 列の仮定を検証するのは大変そうに見えますが，この条件を確かめるのに，普通は次のような評価で済ませられます：

補題 3.5 $f_n(x)$ は区間 $[a,b]$ 上で定義された関数の列とし，ある収束する正項級数 $\sum_{n=1}^{\infty} \varepsilon_n$ が存在してこの区間で一様に

$$|f_{n+1}(x) - f_n(x)| \leq \varepsilon_n, \quad n = 1, 2, ...$$

が成り立っているとする．このとき $\{f_n(x)\}$ はここで一様収束する．

この補題は本質的には関数項の級数の収束に関する **Weierstrass** の **M-判定法**（[2], 第 8 章の章末問題 13）と同等です．この条件から上の一様 Cauchy 列の条件が満たされることを確かめるには，与えられた $\varepsilon > 0$ に対して n_ε を $\sum_{n=n_\varepsilon}^{\infty} \varepsilon_n < \varepsilon$ となるようにとります．級数の収束の定義によりこれは可能です．このとき $n,m \geq n_\varepsilon$ なら，表記を決めるため $m > n$ として

$$|f_m(x) - f_n(x)| = \Big|\sum_{k=n}^{m-1}(f_{k+1} - f_k)\Big| \le \sum_{k=n}^{m-1}|f_{k+1} - f_k|$$
$$\le \sum_{k=n}^{m-1}\varepsilon_k < \varepsilon.$$

取り敢えずこれくらいにし，これ以上は，必要になったときに説明を追加することにして，微分方程式の話に戻りましょう．

3.3 Lipschitz条件と解の一意存在

一様 Lipschitz 条件の下での初期値問題の解の一意存在を主張する定理 3.1 の証明をします．

【定理 3.1 の証明】 (3.2) と，この番号を $n \mapsto n-1$ と一つずらしたものとの差を取れば

$$\varphi_{n+1}(x) - \varphi_n(x) = \int_0^x \{f(s, \varphi_n(s)) - f(s, \varphi_{n-1}(s))\}ds.$$

よって仮定の一様 Lipschitz 条件を用いてこれを評価すれば

$$|\varphi_{n+1}(x) - \varphi_n(x)| \le \int_0^x |f(s, \varphi_n(s)) - f(s, \varphi_{n-1}(s))|ds$$

$$\le K\int_0^x |\varphi_n(s) - \varphi_{n-1}(s)|ds$$

となる．ただし簡単のため $x \ge 0$ とした．$x \le 0$ のときは右辺に更に絶対値の記号が要るが，計算は本質的に同じである．一方，有界閉区間の上では，連続関数の最大値定理により $|\varphi_1(x) - \varphi_0(x)| \le C$ なる定数 C が存在することに注意しよう．これに上の漸化不等式を反復適用すれば，順に

$$|\varphi_2(x) - \varphi_1(x)| \le K\int_0^x |\varphi_1(s) - \varphi_0(s)|ds \le CKx,$$

$$|\varphi_3(x) - \varphi_2(x)| \le K\int_0^x |\varphi_2(s) - \varphi_1(s)|ds \le C\frac{K^2 x^2}{2!},$$

$$\cdots\cdots\cdots,$$

3.3 Lipschitz 条件と解の一意存在

$$|\varphi_{n+1}(x) - \varphi_n(x)| \leq K \int_0^x |\varphi_n(s) - \varphi_{n-1}(s)| ds \leq K \int_0^x C \frac{K^{n-1} s^{n-1}}{(n-1)!} ds$$
$$\leq C \frac{K^n x^n}{n!}$$

が得られる. (厳密には数学的帰納法による.) 従って, $|x| \leq a$ とし $\varepsilon_n = C \dfrac{K^n a^n}{n!}$ ととれば, 前節の補題 3.5 により $\varphi_n(x)$ は一様収束する.

$\varphi_n(x)$ が一様収束すれば, 一様 Lipschitz 連続性から得られる不等式

$$|f(x, \varphi_n(x)) - f(x, \varphi(x))| \leq K|\varphi_n(x) - \varphi(x)|$$

により $f(x, \varphi_n(x))$ も $f(x, \varphi(x))$ に一様収束する. よって定理 3.3 により極限と積分は順序交換でき, (3.2) において $n \to \infty$ とすることにより, $\varphi(x)$ が積分方程式 (3.3) を満たすことが分かる.

次に解の一意性を見よう. $x = 0$ の近くで初期値問題 (3.1)-(3.1′) の, 従って積分方程式 (3.3) の解が $y = \varphi(x)$ と $y = \psi(x)$ の二つ存在したとする. このときそれぞれに対する積分方程式 (3.3) を書き下してそれらの差を取れば,

$$\varphi(x) - \psi(x) = \int_0^x \{\varphi(s) - \psi(s)\} ds$$
$$\therefore \quad |\varphi(x) - \psi(x)| \leq \int_0^x |\varphi(s) - \psi(s)| ds.$$

これから $x = 0$ のある近傍で $|\varphi(x) - \psi(x)| \leq C$ と仮定して上と同様に反復代入を行うと, 同じ近傍上で

$$|\varphi(x) - \psi(x)| \leq C \frac{K^n |x|^n}{n!}$$

が得られる. n は任意であり, 左辺の方は今度は n によらないから, $n \to \infty$ とすれば $|\varphi(x) - \psi(x)| = 0$ すなわち $\varphi(x) = \psi(x)$ を得る.

最後に, 解の定義域について確認する作業が残っている. 実は $\varphi_n(x)$ を $f(x, y)$ に代入して $\varphi_{n+1}(x)$ を定めるためには, $\varphi_n(x)$ の値域が f の定義域の y 変数に関する限界内に収まっていなければならない. すなわち

$$|\varphi_n(x) - c| \leq b$$

でなければならない. $\varphi_0(x)$ ももちろんそのように選ばねばならないのだが,

$\varphi_0(x) \equiv c$ と取ればその点は問題無い．$\varphi_n(x)$ までは大丈夫だとすれば，(3.2) から

$$|\varphi_{n+1}(x) - c| \leq \left|\int_0^x |f(s, \varphi_n(s))|ds\right| \leq \left|\int_0^x M ds\right| = M|x|.$$

この最後の量が b を越えなければ代入は続けられる．つまり $|x| \leq b/M$ で近似解の列は妥当に定義される．これから解の存在範囲が少なくとも $|x| \leq \min\{a, b/M\}$ で保証されることになる． □

【一意性と存在の局所性と大域性】　上の定理において，解の存在域，および一意性の意味について，それぞれ重要な注意点があります．

　まず解の存在域ですが，もし $f(x, y)$ の定義域が変数 y については無制限であるならば，f の値の上界 M は不要で，解は $|x| \leq a$ で存在します．実際，M の値が必要になったのは，逐次近似を進めるための代入の可否を吟味したところだけでした．ただしこれは $f(x, y)$ の定義域が y について制限されていなければ，解はいつでも x 変数の限界まで存在するということを主張しているのではありません．実は一様 Lipschitz 条件の仮定から，$f(x, y)$ は y 変数について高々 y の1次式のオーダーでしか増大し得ないことが容易に分かります：

$$|f(x, y)| \leq |f(x, y) - f(x, c)| + |f(x, c)| \leq K|y - c| + |f(x, c)| \quad (3.7)$$

x 変数について大域的な解の存在を保証しているのは，この一様 Lipschitz 条件なのです．例えば，方程式

$$y' = y^2 \quad (3.8)$$

を考えてみましょう．この右辺の関数は至る所で定義されていますが，y について2次式なので，たとい x を有限区間に制限したとしても，上の注意により一様 Lipschitz 条件を満たしていません．他方，この微分方程式は直ちに求積できて，一般解は

$$y = \frac{1}{c - x}$$

となります．解 $y \equiv 0$ はこの表示には含まれませんが，$c = \infty$ に対応すると考えて一つの特殊解とみなし，特異解とはみなさないのでした．この一般解は，$x = 0$ での初期値が 0 のもの，すなわち $y \equiv 0$ 以外は，分母が 0 となってしまうため，いずれも x につき存在域が右または左のいずれかで有限となることが

3.3 Lipschitz 条件と解の一意存在

直ちに見て取れます.このような現象は x を時間と見立てて,解は "有限時間で爆発する" と表現されることがあります.この方程式は $a, b > 0$ をどう取っても b が有限でありさえすれば $|x| \leq a, |y| \leq b$ で一様 Lipschitz 条件を満たしています：

$$|y^2 - z^2| \leq 2b|y - z| \qquad (|y|, |z| \leq b \text{ のとき}).$$

よって解の存在は,初期値に応じた $x = 0$ のある近傍では定理 3.1 により保証されますが,$|x| \leq a$ までは必ずしも保証されないのです.

次に,一意性について考えます.上の定理の証明で示されたことは,実は定理の主張自身よりは少し強く,"一様 Lipschitz 条件の下では,原点(一般には初期値を与える点)のどんなに小さな近傍においても同じ初期値を持った解は一つしかない" ということで,これを**局所一意性**と言います.存在定理と異なり,一意性の主張は大域的よりも局所的な方が強い結果となります.例えば,方程式

$$y' = \sqrt{|y|}(1 + |y|) \tag{3.9}$$

は $y = 0$ に沿って Lipschitz 条件が満たされておらず,実際に求積してみると

$$y = \left(\max\left\{ 0, \tan\left(\frac{x - c}{2} \right) \right\} \right)^2$$

という,$y = 0$ から点 $x = c$ で分岐する解を持ちますが,この方程式の $-\infty < x < \infty$ 全体で定義された解は $y \equiv 0$ ただ一つで,それ以外の解は必ず有限時間で爆発してしまうので,初期値 $y(0) = 0$ に対する大域解の一意性は成り立っていることになります.

解が大域的に存在すれば局所的にも存在することは全く自明なことですが,局所的一意性がどの点でも成り立っていれば,大域的一意性も成り立つということにも注意しましょう.実際,もし同じ初期条件を満たす解が $\varphi(x), \psi(x)$ と二つ有ったとすれば,それらが最初に分かれるところ,すなわち

$$x_0 = \sup\{x \,;\, 0 \leq t \leq x \text{ では } \varphi(t) = \psi(t)\}$$

なる点 x_0 を考えると,連続性によりこの点でも $\varphi(x_0) = \psi(x_0)$ ですが,ここを初期値とする解の局所一意性がくずれていることになり,不合理だからです.

Lipschitz 条件は今まであまりなじみが無かったかもしれませんが，実は非常に自然な条件です．実際，次の形でよく使われます．

補題 3.6 $f(x)$ が $[a,b]$ で C^1 級ならば，$f(x)$ はそこで一様 Lipschitz 連続である．

実際，平均値の定理により閉区間 $[a,b]$ 上では

$$|f(x) - f(y)| \leq K|x - y|, \quad \text{ここに} \quad K = \max_{x \in [a,b]} |f'(x)|$$

となります．逆は必ずしも成り立たないことは，関数 $f(x) = |x|$ が Lipschitz 条件を満たしていることから分かるでしょう．この例から推察されるように，Lipschitz 条件とは，ほぼ有界な導関数を有することだと考えられますが，その場合の導関数は必ずしも Newton-Leibniz による通常の微積分の意味のものには収まりません．積分論をやるときには，

$$\frac{d}{dx}|x| = \operatorname{sgn} x := \begin{cases} -1, & x < 0 \text{ のとき}, \\ 1, & x > 0 \text{ のとき} \end{cases}$$

($x = 0$ 一点だけぐらいの値は無視する) といった公式を是認した方がかえって便利なのですが，ここではこれ以上立ち入らないことにしましょう．

以上の諸注意と定理とから次の使いやすい局所一意存在定理が従います：

系 3.7 $f(x,y)$ は平面領域 D で定義された関数で，f 自身と $\dfrac{\partial f}{\partial y}$ はそこで連続とする．このとき D の任意の点 (a,b) において，方程式 $y' = f(x,y)$ の初期条件 $y(a) = b$ を満たす解 $y = y(x)$ が，$x = a$ のある近傍でただ一つ存在する．

問 3.1 関数 $f(x)$ がある $0 < \alpha < 1$ について

$$|f(x) - f(y)| \leq K|x - y|^\alpha \tag{3.10}$$

を $\forall x, y \in [a,b]$ に対して満たすとき，f は $[a,b]$ 上**一様 α-Hölder 連続**と呼ばれる．一様 Lipschitz 連続でないが一様 Hölder 連続な関数，および一様 Hölder 連続でない連続関数の簡単な実例を挙げよ．

問 3.2 von Koch の曲線 ([2]，第 9 章例 9.3) は $\alpha = \dfrac{\log \sqrt{3}}{\log 2}$ に対し一様 α-Hölder 連続なことを示せ．このことから，Lipschitz 条件を離れると事態は急に複雑になる

ことを認識せよ．[ヒント：[2]，第 9 章練習問題 9.6 で Peano 曲線が $\frac{1}{2}$-Hölder 連続であることを証明した論法に倣え．]

問 3.3 Lipschitz 条件，あるいは Hölder 条件の不等式 (3.10) がある固定した y について満たされるとき，その関数は点 y において **Lipschitz 連続**あるいは **Hölder 連続**と言われる．$f(x)$ が閉区間 $[a,b]$ の各点で Lipschitz 連続あるいは Hölder 連続でも，それは $[a,b]$ 上で一様 Lipschitz 連続あるいは一様 Hölder 連続とは限らないことを示せ．(ただ連続性の条件の場合，すなわち有界閉集合の上で連続な関数はそこで自動的に一様連続となる ([1], 第 5 章定理 5.12) こととの違いに留意せよ．) [ヒント：$x\sin\frac{1}{x}$ を考えよ．]

このように，一様 Lipschitz 条件は自然ではありますが，この仮定の下ではすべてがうまく行き過ぎて，そのうまく行く根拠がかえってはっきりしない嫌いがあります．この辺に関しては第 6 章で更に検討することとしましょう．

3.4 縮小写像の原理

上で用いた逐次近似の原理を抽象化しておくと，いろんな場面で応用が利いて便利です．前節の証明では，本質的に**最大値ノルム**と呼ばれる量[1])

$$\|f\|_\infty := \max_{a\leq x\leq b} |f(x)| \qquad (3.11)$$

に関する収束を用いました．すなわち，連続関数列 f_n が区間 $[a,b]$ 上で f に一様収束するとは，この意味で $\|f_n - f\|_\infty \to 0$ となることです．実際，(3.5) の結論 $|f_n(x) - f(x)| < \varepsilon$ が $\forall x \in [a,b]$ について成り立つということは，この左辺が x について最大値となるとき成り立つというのと同値なので，結局 $n \geq n_\varepsilon$ で $\|f_n - f\|_\infty < \varepsilon$ と表現できるからです．全く同様に，一様 Cauchy 列の定義の最後も，$\|f_n - f_m\|_\infty < \varepsilon$ と書くことができます．このように，ノルム，あるいはそれから定義される距離の概念を用いると，関数列の収束が，R^n の点列と全く同じように表現できるようになります．すると，前節の議論は，完備な距離空間 X と，そこに働く写像 T について，T に対するある仮定

---

[1]) max の代わりに sup を用いた場合は**上限ノルム**と呼ばれます．有界閉区間上の連続関数に対しては最大値定理があるので，どちらでも同じことですが，開区間上の連続関数や，連続でない関数に対しては sup の方を用いなければなりません．本書では簡単のため max で済む話だけに限定します．

の下での方程式 $Tx = x$ の解の存在定理というものに抽象化できます．

【距離とノルム】　距離空間については，数学科の学生は位相空間の講義で必ず習うことと思います．拙著でも[5]の第12章で詳しく解説していますが，微積と違い，他学科の人は学ぶ機会がなかったかもしれないので，少し丁寧に書いておきます．集合 X の上で定義された実数値2変数関数 $\mathrm{dis}(\cdot,\cdot)$ で次の3条件を満たすものを X の（一つの）**距離**と呼びます：

(1) $\mathrm{dis}(x,y) \geq 0$, また $\mathrm{dis}(x,y) = 0 \iff x = y$ （正値性），
(2) $\mathrm{dis}(x,y) = \mathrm{dis}(y,x)$ （対称性），
(3) $\mathrm{dis}(x,y) + \mathrm{dis}(y,z) \geq \mathrm{dis}(x,z)$ （3角不等式）．

この3条件を**距離の公理**と言います．X と $\mathrm{dis}(\cdot,\cdot)$ を合わせたもの (X, dis) が**距離空間**の正式な概念ですが，X 自身を（距離 $\mathrm{dis}(\cdot,\cdot)$ が与えられた）距離空間と略称することも多いのです．本書でも以下，混乱の恐れが無い限りそうしましょう．距離空間の最も基本的な例は，**Euclid の距離**

$$\mathrm{dis}(\vec{x},\vec{y}) := \sqrt{(x_1 - y_1)^2 + \cdots + (x_n - y_n)^2}$$

を与えられた n 次元 Euclid 空間 $\boldsymbol{R}^n$ です．この例，あるいは他の多くの例に見られるように，X が線形空間の場合の距離は，しばしばある**ノルム** $\|\cdot\|$ により

$$\mathrm{dis}(x,y) = \|x - y\|$$

の形で定義されます．ここで**ノルム**とは

(1) $\|x\| \geq 0$, また $\|x\| = 0 \iff x = 0$ （正値性），
(2) $\|\lambda x\| = |\lambda|\|x\|$ （正1次同次性），
(3) $\|x\| + \|y\| \geq \|x + y\|$ （3角不等式）

を満たす関数のことで，Euclid 空間ではちょうど原点から x までの距離に対応します．$\boldsymbol{R}^n$ の上では次のようなノルムがよく使われます：

(1) L_1 ノルム $\|x\|_1 = |x_1| + \cdots + |x_n|$．
(2) L_2 ノルム $\|x\|_2 = \sqrt{|x_1|^2 + \cdots + |x_n|^2}$．これは上に示した Euclid ノルムのことです．

(3) L_∞ ノルム $\|x\|_\infty = \max\{|x_1|, \ldots, |x_n|\}$.

これらを統合したものに L^p ノルム

$$\|x\|_p = (|x_1|^p + \cdots + |x_n|^p)^{1/p} \qquad (p \geq 1)$$

というものが有ります．$p = 1, 2$ とすれば上の例 (1), (2) になることは自明ですが，ここで $p \to \infty$ の極限を取ると，(3) が出てきます．

問 3.4 これらがノルムの公理を満たすことを確かめよ．

距離の方はその定義に線形演算が含まれないので，線形空間の任意の部分集合，例えば球面の上だけに制限して考えても意味を持つことに注意しましょう．$\boldsymbol{R}^n$ のノルムの例でも分かるように，一つの集合 X に対してその上の距離は一つではありません．いくつかの距離を同時に考えているときは，それを併記して区別しなければなりません．いろんな距離を考えることの効用は後で明らかになるでしょう．解析学では，上のようなさまざまなノルムを関数の集合に拡張したものが用いられます．最初に挙げた連続関数に対する最大値ノルム (3.11) は，Euclid 空間のノルム $\|x\|_\infty$ の無限次元化とみなせるものです．

【距離空間の完備性】 距離空間では，収束点列とともに Cauchy 列の概念が一般に意味を持ちます．すなわち X の点列 $\{x_n\}$ が **Cauchy 列** とは，

$$n, m \to \infty \quad \text{のとき} \quad \mathrm{dis}(x_n, x_m) \to 0$$

となること，ε-δ 論法を使って表現すれば，

$$\forall \varepsilon > 0 \; \exists n_\varepsilon > 0 \;\; \text{s.t.} \;\; n, m \geq n_\varepsilon \implies \mathrm{dis}(x_n, x_m) < \varepsilon$$

となることです．これに対して，$\{x_n\}$ が収束列とは

$$\exists x \in X, \quad \mathrm{dis}(x_n, x) \to 0$$

となること，ε-δ 論法を使って表現すれば，

$$\forall \varepsilon > 0 \; \exists n_\varepsilon > 0 \;\; \text{s.t.} \;\; n \geq n_\varepsilon \implies \mathrm{dis}(x_n, x) < \varepsilon$$

となることです．x は点列 $\{x_n\}$ の極限で，これが分かっていなければ後者は

判定できません．これに対し前者の Cauchy 列の方は点列だけで判定できます．Cauchy 列が必ず収束列となるような距離空間は**完備**と言われます．これらに関する議論は微分積分学で習う $\boldsymbol{R}^n$ 上の点列の場合と全く同じです．特に，完備な距離空間 X があるとき，その任意の閉部分集合 Y は，そこに X の距離から自然に定まる距離に関して再び完備距離空間とみなせることに注意しましょう．（閉集合とは，そこから取った点列が収束すれば，極限もまたその集合に属する，という性質を持つものです．）

完備距離空間の例として常微分方程式論で特に重要なのは，区間 $[a,b]$ 上の連続関数の空間 $C[a,b]$ です．この節の始めに注意した読み替えにより，この空間が最大値ノルム (3.11) により定まる距離に関して完備となることが定理 3.2 と 3.4 から分かります．

【**縮小写像と不動点**】 次に，写像 $T : X \to X$ を考えます．これは，最初の節の (3.2) 式の右辺に出てきた積分作用素を一般化するようなものですが，ここではそれよりも T に対する仮定を強めて，次のようなものを考えます．

定義 3.4 距離空間 X からそれ自身への写像 T が**縮小写像**とは，ある正定数 $\lambda < 1$ が存在して

$$\forall x, y \in X \text{ に対し} \quad \mathrm{dis}(Tx, Ty) \leq \lambda \, \mathrm{dis}(x, y) \tag{3.12}$$

が成り立つことをいう．

縮小写像は，定義の不等式から明らかに（一様）連続です．さて，方程式

$$x = Tx \tag{3.13}$$

の解を写像 T の**不動点**と呼びます．言葉の意味は直感的に明らかでしょう．これが積分方程式 (3.3) の解の概念を抽象化したものであることもまた明らかでしょう．次の定理が，前節の議論を抽象化した基本的な結果です．これは拙著『数値計算講義』[4] の定理 10.1 でも述べていますが，さすがにこれを仮定する訳にはいかないでしょうから，重複ですが証明の粗筋を書いておきます．

定理 3.8 （**縮小写像の不動点定理**） 完備距離空間の縮小写像はただ一つの不動点を持つ．

3.4 縮小写像の原理

証明 前節の逐次近似法と同様，x_0 を勝手に選び，以下

$$x_{n+1} = Tx_n \tag{3.14}$$

で順に点列 $\{x_n\}$ を定義して行くとき，これが X のある点に収束することを見よう．空間の完備性を仮定しているから，$\{x_n\}$ が Cauchy 列となることを示せばよい．$m > n$ として 3 角不等式を（繰り返し）用いれば

$$\mathrm{dis}(x_m, x_n) = \mathrm{dis}(T^m x_0, T^n x_0)$$
$$\leq \mathrm{dis}(T^m x_0, T^{m-1} x_0) + \mathrm{dis}(T^{m-1} x_0, T^{m-2} x_0) + \cdots + \mathrm{dis}(T^{n+1} x_0, T^n x_0).$$

ここで一般に縮小写像の仮定を用いて

$$\mathrm{dis}(T^k x, T^k y) \leq \lambda \, \mathrm{dis}(T^{k-1} x, T^{k-1} y) \leq \cdots \leq \lambda^k \, \mathrm{dis}(x, y)$$

が言えることに注意すれば，上より

$$\mathrm{dis}(x_m, x_n) \leq (\lambda^{m-1} + \lambda^{m-2} + \cdots + \lambda^n) \, \mathrm{dis}(Tx_0, x_0)$$

が得られる．この右辺の括弧内は収束する正項級数 $\sum_{k=0}^{\infty} \lambda^k$ の部分和であるから，これより点列 $\{x_n\}$ が距離 dis について Cauchy 列となることが分かる（補題 3.5 の証明中の議論参照）．従って $x_n \to \exists x \in X$.

定義の後で注意したように縮小写像は連続写像であるから，(3.14) において $n \to \infty$ とすれば，極限において (3.13) 式が得られる．つまり T の不動点が一つ見つかった．今，T の不動点 y がこの x 以外にも存在したとすれば，

$$\mathrm{dis}(x, y) = \mathrm{dis}(Tx, Ty) \leq \lambda \, \mathrm{dis}(x, y).$$

$\lambda < 1$ だから，これより $\mathrm{dis}(x, y) = 0$，従って $x = y$ となる．すなわち不動点はただ一つである．□

不動点を実際の問題に応用するときは，不動点のサイズを，初期値である第 0 近似で見積もる必要が生ずることがあります．そこでそのような主張を紹介しておきましょう．

系 3.9 上の定理で得られた T の不動点 x は，初期点 x_0 により $\mathrm{dis}(x, x_0) \leq \dfrac{1}{1-\lambda} \mathrm{dis}(Tx_0, x_0)$ と評価される．

【証明】

$$\mathrm{dis}(x_n, x_0) = \mathrm{dis}(T^n x_0, x_0) \leq \sum_{k=1}^{n} \mathrm{dis}(T^k x_0, T^{k-1} x_0)$$

$$\leq \sum_{k=1}^{n} \lambda^{k-1} \mathrm{dis}(Tx_0, x_0) = \frac{1-\lambda^n}{1-\lambda} \mathrm{dis}(Tx_0, x_0)$$

であるから，$n \to \infty$ として上の評価が得られる． □

【不動点定理と解の存在証明】　上の証明は前節の微分方程式に対する解の一意存在定理の証明と瓜二つなことが見てとれるでしょう．この抽象的定理から前節の結果を導いてみましょう．距離空間としては，この節の最初で紹介した，区間 $[-a, a]$ 上の連続関数の空間 $C[-a, a]$ に最大値ノルムから定まる距離を入れたものを取ります．そこで注意したように，$C[-a, a]$ は完備距離空間となります．従ってその閉部分集合

$$X := \{\varphi(x) \in C[-a, a] \; ; \; |\varphi(x) - c| \leq b\}$$

も，一般論により同じ距離で完備距離空間となります．ただし，簡単のため $b \geq Ma$ と仮定しておきます．あるいは，後の都合を考えると，むしろ集合として

$$X := \{\varphi(x) \in C[-a, a] \; ; \; |\varphi(x) - c| \leq M|x|\}$$

をとる方がよいかもしれません．いずれにしても，これらは $C[-a, a]$ の閉集合です．すなわち，ここからとった連続関数列が一様収束すれば，その極限もこれらの不等式を満たし，従ってもとの集合に属します．

積分方程式 (3.3) の解の存在を言うためには，写像 T として，

$$T\varphi(x) := c + \int_0^x f(s, \varphi(s)) ds \tag{3.15}$$

をとるべきことは当然でしょう．$f(x, y)$ に対して定理 3.1 と同様の仮定 $|f(x, y)| \leq M$ を置けば，この T が上に定めた X からそれ自身への写像となることは容易に見て取れます．しかし残念ながらこれは必ずしも縮小写像にならないので少し工夫が必要です．この工夫の仕方として主に使われるものに 2 通り有ります．

3.4 縮小写像の原理

第 1 の方法は a を小さめに取るものです.具体的には,$a < 1/K$ であれば

$$\begin{aligned}
\mathrm{dis}(T\varphi, T\psi) &= \max_{|x|\leq a}\left|\int_0^x f(s,\varphi(s)) - f(s,\psi(s))ds\right| \\
&\leq \max_{|x|\leq a}\left|\int_0^x K|\varphi(s) - \psi(s)|ds\right| \\
&\leq aK \max_{|s|\leq a}|\varphi(s) - \psi(s)| = aK\,\mathrm{dis}(\varphi, \psi).
\end{aligned}$$

従って T は縮小写像となり,上の抽象的定理 3.8 によりこの区間における解の一意的存在が言えます.解の存在を調べるべき区間 $[-a, a]$ がこれよりも大きいとしましょう.Lipschitz 定数 K が一定なら,$\delta \leq 1/K$ を補助的に取るとき,長さ 2δ の区間 $[x_0-\delta, x_0+\delta]$ がこの区間 $[-a, a]$ 内のどこにあっても,また初期値 y_0 が何であっても,

$$|y_0 - c| \leq M|x_0| \quad \text{かつ} \quad |x_0| + \delta \leq a \tag{3.16}$$

なる限りは,小長方形

$$\{(x, y); |x-x_0| \leq \delta,\ |y-y_0| \leq M\delta\}$$

が f の定義域であるもとの長方形 $|x| \leq a$,$|y - c| \leq b$ に含まれることが

$$|y - c| \leq |y - y_0| + |y_0 - c| \leq M\delta + M|x_0| \leq Ma \leq b$$

より分かりますから,不動点定理が同様に適用でき,区間 $[x_0-\delta, x_0+\delta]$ 上

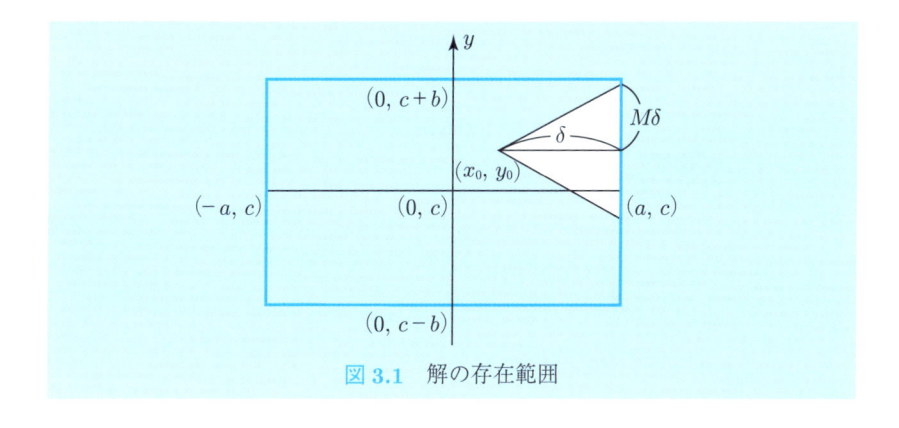

図 3.1 解の存在範囲

で一意な解が得られることに注意しましょう．そこで $x = 0$ において最初の初期値 c を用いて解いた解から出発し，得られた $[-\delta, \delta]$ 上の解の，区間の端点 $x_0 = \delta$ における値 $y_0 = y(\delta)$ を用いて次の区間で初期値問題を解き，以下同様にして次々と解を繋いで行きます．一意性があるので，新しく作った解は $[x_0 - \delta, x_0]$ 上で，既に有る解と一致することに注意しましょう．この操作を微分方程式の**解の延長**と呼びます．このときに得られる解は，

$$|y - y_0| \leq M|x - x_0|$$

を満たしていることが上の議論から分かるので，例えば $x \geq 0$ 方向への延長であれば，新しく付け加わった部分について，$x \geq x_0 \geq 0$ とするとき

$$|y - c| \leq |y - y_0| + |y_0 - c| \leq M(x - x_0) + Mx_0 = Mx$$

となり，次の初期値となるべき端での値が再び (3.16) の第 1 式を満たします．よってこの操作を続けることができ，高々 a/δ 回これを繰り返せば，結局 $x \leq \min\{a, b/M\}$ まで解を延長することができます．同様の操作は $x < 0$ の側に対しても行うことができ，こうして区間 $|x| \leq \min\{a, b/M\}$ 全体で定義された解が得られます．このようにして得られる解がただ一つしか存在しないことは，先に注意したように，初期値問題の解の一意性が局所的に示されていたことから分かります．

以上の論法はまた，$f(x, y)$ が開長方形 $\{(x, y); |x| < a, |y - c| < b\}$ で与えられたときに，定理と同じ仮定の下で $|x| < \min\{a, b/M\}$ で解がただ一つ存在することを示すのにも使えます．更に，$\mathbf{R}$ 全体でも，あるいは $[a, \infty)$ といった無限区間でも構いません．これらの場合は，解の接続操作が有限回では終わりませんが，予め任意に設定した有界閉部分区間を必ず有限回で越えることができるので，延長の一意性のお陰で，全体で解が矛盾無く定義できることを数学的に厳密にいうことができます．

第2の方法は与えられた区間の上で一度に不動点定理が適用できるように，距離を取り替えることによって (3.15) の T を縮小写像にしてしまおうというもので，うまく決まれば爽快です．一様 Lipschitz 条件から得られる評価式 (3.7) から，解の増大度が $y' = Ky$ のそれと同程度，すなわち Ce^{Kx} 程度と推測されるので，$L \geq K$ を選んで

$$\rho(\varphi,\psi) := \max_{x\in[-a,a]} |\varphi(x)-\psi(x)|e^{-L|x|}$$

により新しい距離を定義すればよいと思われます．この距離は

$$\|\varphi\|'_\infty := \max_{x\in[-a,a]} |\varphi(x)|e^{-L|x|}$$

という，**重み付き最大値ノルム**から定まるものであり，この距離の取り替えにより $C[-a,a]$ の位相は変わりません．すなわち，一方の距離で収束する関数列は他方の距離でも収束します．そればかりか，a が有限なら二つの距離は同値です．すなわち，正定数 C_1, C_2 が存在して $\forall \varphi, \psi \in C[-a,a]$ に対し

$$C_1 \operatorname{dis}(\varphi,\psi) \leq \rho(\varphi,\psi) \leq C_2 \operatorname{dis}(\varphi,\psi)$$

が成り立ちます．(具体的には $C_1 = e^{-La}$, $C_2 = 1$ でよいことが容易に分かります．) 故に Cauchy 列の概念も共通となり，従って完備性などももとのものと同様に成り立っています．今，簡単のため $x \geq 0$ とすれば

$$\begin{aligned}
|T\varphi(x)-T\psi(x)|e^{-Lx} &= \int_0^x |f(s,\varphi(s))-f(s,\psi(s))|ds\, e^{-Lx}\\
&\leq \int_0^x Ke^{-L(x-s)}|\varphi(s)-\psi(s)|e^{-Ls}ds\\
&\leq \int_0^x Ke^{-L(x-s)}ds \max_{|s|\leq a}|\varphi(s)-\psi(s)|e^{-Ls}\\
&\leq \frac{K}{L}(1-e^{-Lx})\max_{|s|\leq a}|\varphi(s)-\psi(s)|e^{-Ls}.
\end{aligned}$$

従って，

$$\rho(T\varphi,T\psi) \leq \frac{K}{L}(1-e^{-La})\rho(\varphi,\psi) \tag{3.17}$$

が成り立つので，$L \geq K$ なら (特に $L=K$ でも a が有限なら $(1-e^{-La})<1$ なので)，この新しい距離で T は縮小写像となります．

問 3.5 <u>**第 3 の方法**</u>として，不動点定理自身を次のように拡張せよ[2]：
X を完備距離空間，T をその上の写像とする．もし正数の列 $\{\lambda_n\}$ で $\sum_{n=1}^\infty \lambda_n < \infty$，かつ，各 $n=1,2,\ldots$ に対して

---

[2] この不動点定理は Picard の逐次近似法のすなおな抽象化である．これを用いれば常微分方程式論はかなりすっきり論じられると思われるが，ほとんど使われていないようである．

$\forall x, y \in X$ に対し $\mathrm{dis}(T^n x, T^n y) \leq \lambda_n \mathrm{dis}(x, y)$

を満たすようなものが存在すれば，T は X にただ一つの不動点を有する．また，この不動点定理で得られる不動点 x は，初期値 x_0 により $\mathrm{dis}(x, x_0) \leq \sum_{n=1}^{\infty} \lambda_n \mathrm{dis}(Tx_0, x_0)$ という評価を満たす．

不動点定理の応用はいろいろあります．この章での重要な応用として，次の節で，一般の高階，あるいは連立の常微分方程式に対する解の存在定理を導くのに用います．当座は二三の練習問題を示すにとどめます．

問 **3.6** ある風景を写した写真の同じネガからサイズの異なる 2 枚の写真を焼き付けた．今，小さい方の写真を大きい方の写真の上にはみ出さないように載せたとき，2 枚の写真に共通な風景の点がただ一つ存在する．この理由を説明せよ．

問 **3.7** $f(x, y)$ は $\{-a \leq x \leq a\} \times \mathbf{R}$ で x, y につき連続で，かつある正定数 C, K と $p < 1$ について

$$|f(x,y)| \leq \frac{C}{|x|^p}(|y|+1), \quad |f(x,y) - f(x,z)| \leq \frac{K}{|x|^p}|y-z|$$

を満たすような関数とする．このとき積分方程式

$$\varphi(x) = c + \int_0^x f(s, \varphi(s)) ds$$

は $[-a, a]$ 上に連続関数解 φ をただ一つ持つことを示せ．

■ 3.5 連立方程式の場合

前節で取り扱ったのは非常に簡単な常微分方程式でした．議論の本質はそれでも十分に現れているのですが，常微分方程式を実際の問題に応用しようという場合には，それだけでは心許無いでしょう．そこで本節では一般の常微分方程式に対して局所解の一意存在定理を与えておきましょう．これは3.3節で用いた Picard の逐次近似法をそのままベクトル化してもできるのですが，せっかく不動点定理を紹介したので，これを用いてなるべくすっきりした証明をします．常微分方程式論を進めていくと，最大値ノルムの使用は不可欠となります．

【一般の常微分方程式】 まず用語の定義をきちんとしておきます．以下では

$$\begin{cases} y_1' = f_1(x, y_1, ..., y_n), \\ \cdots\cdots, \\ y_n' = f_n(x, y_1, ..., y_n) \end{cases} \tag{3.18}$$

3.5 連立方程式の場合

という,正規形の 1 階連立常微分方程式を主に取り扱います.ここに,x が**独立変数**,$y_1,...,y_n$ が**未知関数**で,左辺のダッシュは x に関する微分を表します.常微分方程式の場合は,独立変数は常に 1 個で,方程式に現れる微分はそれに関する微分,すなわち**常微分**だけです.**正規形**とは,ここでは方程式が各未知関数の導関数について解いた形になっているという意味です.

方程式の個数は未知関数の個数と等しい(すなわち,**決定系**である)ことに注意しましょう.実は常微分方程式の場合には,他の型の方程式も皆この形に帰着できるのです.例として正規形の n 階単独常微分方程式

$$y^{(n)} = f(x, y, y', ..., y^{(n-1)}) \tag{3.19}$$

を取ってみましょう.

$$y_1 = y, \quad y_2 = y', \quad y_3 = y'', \quad ..., y_n = y^{(n-1)} \tag{3.20}$$

と置けば,

$$\begin{cases} y_1' = y_2, \\ y_2' = y_3, \\ \cdots\cdots\cdots, \\ y_{n-1}' = y_n, \\ y_n' = f(x, y_1, ..., y_n) \end{cases} \tag{3.21}$$

という特別な形の 1 階連立方程式が得られます.逆にこれから $y_2,...,y_n$ を消去して $y = y_1$ の方程式を導けば (3.19) が得られることは容易に確かめられるでしょう.より一般の正規形の高階連立常微分方程式についても状況は同じです[3].それ故,一般論としては 1 階連立方程式 (3.18) でやっておけば十分なのです.

【**ベクトル値関数の最大値ノルム**】 さて,(3.18) を取り扱うための距離空間としては,$[-a, a]$ 上の変数 x の連続関数 n 個を要素とするベクトルが成す線形空間

$$\mathcal{X} = (C[-a, a])^n \tag{3.22}$$

を考えます.これは,やや難しく響くかもしれませんが,以下の取扱いにおいては,$[-a, a]$ 上定義された $\boldsymbol{R}^n$-値連続関数の成す空間

---

[3] ただし高階連立系の場合の正規形の定義は微妙です.これについては 🖥.

$$\mathcal{X} = C([-a,a], \boldsymbol{R}^n) \tag{3.23}$$

と言う方がぴったりします．しかしあまりうるさく区別せずに両方の記号を併用することにしましょう．ベクトル値関数のノルムを定義するには，まず n 次元ベクトルのノルムとして何を用いるかを決めねばなりませんが，ここでは計算が簡単な L_1 型のノルム

$$|\vec{y}|_1 := |y_1| + |y_2| + \cdots + |y_n| \tag{3.24}$$

を用いることにします．関数の空間のノルムと区別するため，2本棒でなく，絶対値と同じ記号を用いますが，慣れればこの方が便利です．このとき，関数を要素とする n-ベクトル

$$\vec{f}(x) = \begin{pmatrix} f_1(x) \\ \vdots \\ f_n(x) \end{pmatrix} \tag{3.25}$$

に対しては，各点毎の値が成す n-ベクトルの長さ $|\vec{f}(x)|_1$ から，更にその $[-a,a]$ 上での最大値を取って得られる実数

$$\|\vec{f}\| := \max_{x\in[-a,a]} |\vec{f}(x)|_1 = \max_{x\in[-a,a]} (|f_1(x)| + \cdots + |f_n(x)|) \tag{3.26}$$

を考え，これを $\vec{f}$ の**最大値ノルム**と呼んでおきます．

空間 $\mathcal{X}$ を (3.23) と解釈したときのノルムはこの方が自然で，以下の計算にも都合がよいのですが，空間 $\mathcal{X}$ を (3.22) のように考えると，$\vec{f}$ の各成分毎に関数の最大値ノルムを取って得られる実数の n-ベクトルの L_1 的な長さ

$$\|\vec{f}\|' := \left| \begin{pmatrix} \max_{|x|\leq a} |f_1(x)| \\ \vdots \\ \max_{|x|\leq a} |f_n(x)| \end{pmatrix} \right|_1 = \max_{|x|\leq a} |f_1(x)| + \cdots + \max_{|x|\leq a} |f_n(x)| \tag{3.26'}$$

を考える方が自然に見えるかもしれません．これは距離空間の直積集合に距離を入れる標準的な方法の一つです．二つのノルムは一致しませんが，ノルムとしては両者は同値になります．実際，

$$|f_1(x)| \leq \max_{|x|\leq a} |f_1(x)|, \quad \ldots, \quad |f_n(x)| \leq \max_{|x|\leq a} |f_n(x)|$$

3.5 連立方程式の場合　　　　　　　　　　　　　85

を辺々加えてから x について最大値をとれば $\|\vec{f}\| \leq \|\vec{f}\|'$ が得られますが，逆に $\max_{|x|\leq a}|f_j(x)| \leq \max_{|x|\leq a}(|f_1(x)|+\cdots+|f_n(x)|)$ を j について加えると

$$\|\vec{f}\|' = \max_{|x|\leq a}|f_1(x)| + \cdots + \max_{|x|\leq a}|f_n(x)|$$
$$\leq n\max_{|x|\leq a}(|f_1(x)|+\cdots+|f_n(x)|) = n\|\vec{f}\|$$

も得られます．更に，$\boldsymbol{R}^n$ のベクトルのノルムのところに他の同値なもの，例えば Euclid 的な長さを採用しても，得られるベクトル値関数のノルムはすべて同値となります．例えば，

$$\|\vec{f}\|'' := \max\{\max_{|x|\leq a}|f_1(x)|,\ldots,\max_{|x|\leq a}|f_n(x)|\} \tag{3.26''}$$

も結構便利です．従って，以下ノルムは主に (3.26) を用いることにしますが，必要に応じて適宜一番便利なものを併用することができます[4]．

(3.26)′ の方で見ると，関数の n-ベクトルの列がこの距離に関して Cauchy 列あるいは収束列であるとは，そのベクトル成分を取って得られる n 個の関数列がいずれも一様 Cauchy 列あるいは一様収束列であることだ，ということが直ちに分かるという利点があります．従って我々の距離空間 $\mathcal{X}$ の完備性も，$C[-a,a]$ の場合のそれから明らかです．以下では，$\mathcal{X}$ の適当な閉部分集合を完備距離空間と見て，その上で収束の議論をします．

問 **3.8** $\|\vec{f}\|_p = \max_{|x|\leq a}|\vec{f}(x)|_p\ (1\leq p\leq \infty)$ や $\|\vec{f}\|'_p = |{}^t(\max_{|x|\leq a}|f_1(x)|,\ldots,\max_{|x|\leq a}|f_n(x)|)|_p$ $(1\leq p\leq \infty)$ がすべて空間 $\mathcal{X}$ の同値なノルムとなることを確かめよ．

【**一様 Lipschitz 条件**】　以下，連立方程式 (3.18) の右辺を要素とするベクトル値関数を $\vec{f}(x,\vec{y})$ と略記しましょう．すると (3.18) は

$$\frac{d\vec{y}}{dx} = \vec{f}(x,\vec{y}) \tag{3.27}$$

と簡単に書けます．ここでベクトルの微分は，成分毎に微分するという意味です．また，混乱の恐れが無い限り，$\boldsymbol{R}^n$ の L_1 ノルムを単に | | で表します．すると，一様 Lipschitz 条件は次のようにベクトル値関数に自然に拡張されます．

---

[4]ただし縮小写像のように微妙なものは，ノルムを取り替えるとき慎重さが必要です．

定義 3.5 $\vec{f}(x,\vec{y})$ が $(x,\vec{y})$ のある領域の上で $\vec{y}$ につき一様 Lipschitz 条件を満たすとは，定数 K が存在してこの領域の任意の二点 $(x,\vec{y}), (x,\vec{z})$ に対し

$$|\vec{f}(x,\vec{y}) - \vec{f}(x,\vec{z})| \leq K|\vec{y} - \vec{z}| \tag{3.28}$$

が成り立つことである．

R^n のノルムの記号を絶対値と同じにしたので，通常の数学書のように矢印を省略すると，見かけは定義 3.1 と全く同じになります．ただし，ここでは $|\ |$ は L_1 ノルム $|\cdot|_1$ を表すことに留意しましょう．一様 Lipschitz 条件は，$\vec{f}(x,\vec{y})$ の全成分の $y_j, j=1,...,n$ に関する偏導関数がある領域で存在して有界なら，この領域に関する若干の幾何学的仮定の下で満たされることが，n 変数関数の平均値定理を用いて示されます．例えば凸領域なら大丈夫です．凸の仮定は必ずしも必要ではありませんが，領域が渦巻き状に無限に折れ曲がっていたりすると，必ずしも偏導関数の有界性から一様 Lipschitz 条件は従いません．応用上はそのような病的な場合が必要となることは無いでしょう．

問 3.9 (1) D が凸領域の場合に，上で述べた主張を確認せよ．
(2) D を正方形 $\{0 < x < 1, \ 0 < y < 1\}$ から線分 $\left\{\left(\frac{1}{n}, y\right) ; 0 < y \leq \frac{1}{2}\right\}$, $n=2,3,4,...$ を除いて得られる開集合とする（櫛空間）．関数 $f(x,y)$ を

$$f(x,y) = \begin{cases} 0, & y > \frac{1}{2} \text{ のとき}, \\ (-1)^n \left(y - \frac{1}{2}\right)^2, & y \leq \frac{1}{2} \text{ かつ } \frac{1}{n+1} < x < \frac{1}{n} \text{ のとき} \end{cases}$$

で定めると，f は D で有界連続な偏導関数を持つが，D で一様 Lipschitz 連続ではない．これを確かめよ．

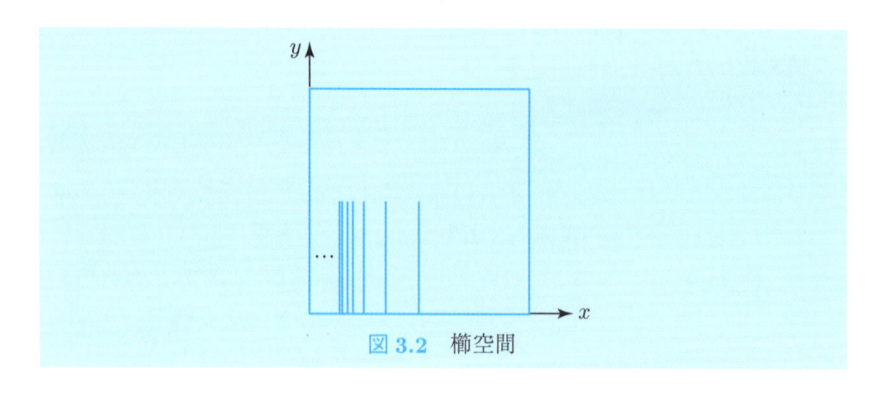

図 3.2 櫛空間

3.5 連立方程式の場合

【一意存在定理とその証明】 この節の目標は次の定理を示すことです：

定理 3.10 ベクトル値関数 $\vec{f}(x,\vec{y})$ は $\boldsymbol{R}^{n+1}$ 内の閉領域 $|x| \leq a, |\vec{y}-\vec{c}| \leq b$ で連続で $|\vec{f}(x,\vec{y})| \leq M$，かつ $\vec{y}$ につき一様 Lipschitz 条件 (3.28) を満たしているとする．このとき，連立微分方程式 (3.18) の初期条件

$$\vec{y}(0) = \vec{c}$$

を満たす解が $|x| \leq \min\{a, b/M\}$ においてただ一つ存在する．

スカラーの場合と同様，微分方程式を

$$\vec{y}(x) = \vec{c} + \int_0^x \vec{f}(s, \vec{y}(s))ds \tag{3.29}$$

と，積分方程式の形に書き直し，こちらの解の一意存在を示します．ここで，ベクトル値関数の積分は，成分毎に関数の積分をしたものを再びベクトルとして並べたものと理解するのがやさしいでしょう．すなわち，一般に，

$$\int_0^x \vec{f}(s)ds = \begin{pmatrix} \int_0^x f_1(s)ds \\ \vdots \\ \int_0^x f_n(s)ds \end{pmatrix}.$$

すると，x を固定したとき，この $\boldsymbol{R}^n$ のベクトルとしての L_1 ノルムは

$$\left|\int_0^x \vec{f}(s)ds\right| = \left|\int_0^x f_1(s)ds\right| + \cdots + \left|\int_0^x f_n(s)ds\right|$$
$$\leq \left|\int_0^x (|f_1(s)| + \cdots + |f_n(s)|)ds\right| = \left|\int_0^x |\vec{f}(s)|ds\right| \tag{3.30}$$

を満たします．ここでは $|\cdot|$ は実数の絶対値と n-ベクトルの L_1 ノルムに混ざって使われているので，意味を考えてしっかり区別してください．

スカラー方程式の場合のように Picard の逐次近似法を直接適用し，$\varphi_0(x) \equiv \vec{c}$ から，

$$\vec{\varphi}_{n+1}(x) = \vec{c} + \int_0^x \vec{f}(s, \vec{\varphi}_n(s))ds$$

により逐次近似列を作って，これが一様収束することを示してもよいのですが，始めに述べたように，ここでは完備距離空間の縮小写像の不動点定理を使います．

定理 3.10 の証明 完備距離空間としてひとまず

$$X = \{\vec{\varphi} \in (C[-a,a])^n; \|\vec{\varphi}(x) - \vec{c}\| \leq b\}$$

をとる．ただし x の動く範囲は後で適切なものに変更される．ここで $\|\varphi\|$ は (3.26) の最大値ノルムを表している．従って，$\vec{\varphi} \in X$ は

$$|x| \leq a \implies |\vec{\varphi}(x) - \vec{c}| \leq b$$

を満たしている．(3.29) の右辺で定義される作用素 T が X からそれ自身への写像となるためには，(3.30) により

$$|T\vec{y} - \vec{c}| = \left|\int_0^x \vec{f}(s, \vec{y}(s))ds\right| \leq \left|\int_0^x |\vec{f}(s, \vec{y}(s))|ds\right| \leq \left|\int_0^x Mds\right| = M|x|$$

だから，$|x| \leq \min\{a, b/M\}$ ならよい．そこで a を $\min\{a, b/M\}$ に取り替えたとき，この写像が縮小写像となることを見ればよいが，同じく (3.30) により

$$|T\vec{y}(x) - T\vec{z}(x)| = \left|\int_0^x \{\vec{f}(s, \vec{y}(s)) - \vec{f}(s, \vec{z}(s))\}ds\right|$$

$$\leq \left|\int_0^x |\vec{f}(s, \vec{y}(s)) - \vec{f}(s, \vec{z}(s))|ds\right|$$

$$\leq \left|\int_0^x K|\vec{y}(s) - \vec{z}(s)|ds\right|$$

$$\leq K|x|\max_{|s| \leq a}|\vec{y}(s) - \vec{z}(s)| \leq Ka\|\vec{y} - \vec{z}\|.$$

よって，左辺の最大値をとって

$$\|T\vec{y} - T\vec{z}\| \leq Ka\|\vec{y} - \vec{z}\|$$

となるから，スカラー方程式の場合と同様，通常の最大値ノルムを用いても $Ka < 1$ ならこれは縮小写像となるし，一般には $L \geq K$ をとって $e^{-L|x|}$ という重み因子をつけた最大値ノルムを用いれば，(3.17) を導いたときの計算と同様，

$$\max_{|x| \leq a}|T\vec{y}(x) - T\vec{z}(x)|e^{-L|x|} \leq \max_{|x| \leq a}\left|\int_0^x Ke^{-L|x-s|}|\vec{y}(s) - \vec{z}(s)|e^{-L|s|}ds\right|$$

$$\leq \frac{K}{L}(1 - e^{-La})\max_{|s| \leq a}|\vec{y}(s) - \vec{z}(s)|e^{-L|s|}$$

3.5 連立方程式の場合

となり，a はそのままで $|x| \leq \min\{a, b/M\}$ 上で縮小写像となる． □

【微分方程式の階数と任意定数の個数】 定理 3.7 は，Lipschitz 条件の下では，解が初期値に対応してただ一つ定まることを主張しています．初期値 $\vec{c}$ は定数の n-ベクトルですから，特に 1 階 n 連立方程式は，方程式の個数 n に等しい個数の任意定数 $c_1, \ldots, c_n$ を含むと解釈されます．更に，n 階単独方程式は，変換 (3.20) により 1 階 n 連立方程式 (3.21) と対応しているので，これもまた n 個の任意定数を含むことになります．こうして第 2 章で天下り的に主張された，"n 階微分方程式の一般解は n 個の任意定数を含む" ことの理論的裏付けができました．ただしこれは，初期値問題の解の一意性が成り立たない場合は，微妙です．そのような例を既にいくつか見てきましたが，例えば第 2 章の例題 2.7 (1) で考察した $y = (y')^2$ を y' について解いた $y' = \sqrt{y}$ を考えましょう．この右辺は $y = 0$ で Lipschiitz 条件を満たしていませんが，実際，この方程式の初期値問題 $y(0) = 0$ は，任意の定数 $c_1 < 0 < c_2$ について

$$y = \begin{cases} \dfrac{(x - c_1)^2}{4}, & x \leq c_1 \text{ のとき}, \\ 0, & c_1 \leq x \leq c_2 \text{ のとき}, \\ \dfrac{(x - c_2)^2}{4}, & x \geq c_2 \text{ のとき} \end{cases}$$

という $\boldsymbol{R}$ 上の大域解を持ち，あたかも任意定数を 2 個含んでいるように見えます．しかし，第 2 章で求積法の計算で得られた解は，$c_1 = c_2$ のものだけで，ここに書いたようなものは，古典的な視点からはいかがわしいものです．現代数学では，1 階微分方程式の解の定義を数学的に厳密に定式化しなければなりませんが，最も自然に，"C^1 級であって，至る所方程式を満たしている関数" と定義すると，上のようなものも解の仲間はずれにはできなくなります．一般解とか任意定数とかいう言葉は古典数学で現れたもので，このような現代的意味の微分方程式論ではそのまま使うことはできません．例えば，解を解析関数の範囲に限るとかすると，現代数学としても厳密な意味付けが可能となります．

問 3.10 右辺の関数が一様 α-Hölder 条件 ($\alpha < 1$) を満たすだけでは初期値問題の解は一般に一意ではないことを例により示せ．[ヒント：$y' = y^\alpha$ を考えよ．]

図 3.3　一意性の反例

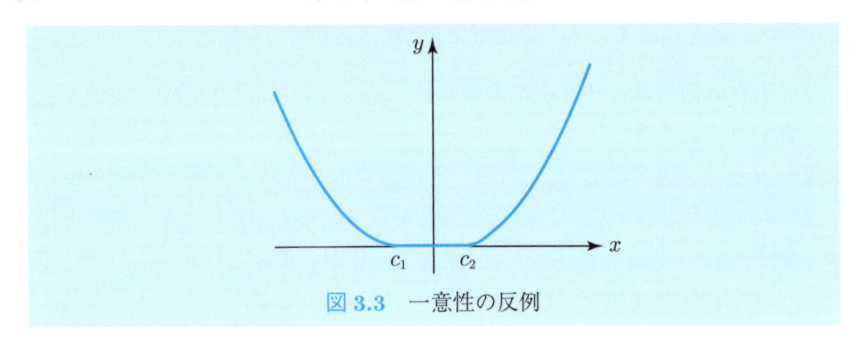

【線形微分方程式の場合】　Lipschitz 条件が大域的に成立する重要な場合として，線形方程式があります．1 階の単独方程式に対しては，具体的に解けてしまったので，ここで述べたような一般論はあまり有り難味がないかもしれませんが，高階の方程式や連立方程式に対しては，第 2 章で仮定した変数係数の場合の解の存在や一意性がこの定理により保証されます．方程式の係数が $\boldsymbol{R}$ 全体で定義されているときには，線形方程式は任意の有界閉区間 $[-a, a]$ の上で ($\vec{y}$ については制限のない領域で) $\vec{y}$ につき一様 Lipschitz 条件を満たすことは明らかでしょう．実際，この場合の Lipschitz 定数は

$$|A(x)\vec{y} - A(x)\vec{z}| \leq \|A(x)\| |\vec{y} - \vec{z}|$$

より

$$K = \max_{|x| \leq a} \|A(x)\| \tag{3.31}$$

となります．ここで，$\|A\|$ は行列のノルムで，次の章（4.3 節）で詳しく論じます．従って，係数が必ずしも $\boldsymbol{R}$ 全体で有界でなくても，a を拡げながら解を繋いでゆくことにより，解もまた $\boldsymbol{R}$ 全体で定義されていることが分かります．すなわち，線形方程式の解は，係数が定義されている限り有限時間で爆発することはありません[5]．高階の単独線形微分方程式も 1 階線形系に帰着されるので，以上により次の定理が得られます．

定理 3.11　線形常微分方程式系の初期値問題は一意可解である．解は係数が定義されている範囲で大域的に存在する．

---

[5] 第 2 章の例題 2.10 で共振現象により橋が壊れるという話をしましたが，微分方程式の解としては，橋に頑張ってもらって，数学的にはいくらでも振幅が大きくなりながら永遠に揺れ続ける（解として存在し続ける）のです．

3.6 解のパラメータ依存性

実用的な常微分方程式はしばしばパラメータを含んでおり，解がそのパラメータについて連続的であることが要請されます．例えば，第2章の例題 2.8 で扱った振り子時計は，周期が振り子の長さに依存しており，気温が上がると振り子は伸びるので，時計が遅れるようになります．しかしこの変化は連続的で，気温がちょっと上がったために時計が突然狂ってしまうということはありません．これは振り子時計が実用になるために必要なことでした．

振り子時計の場合は解の具体的な表示から周期の変化を読み取れますが，求積できない方程式の場合は，このような連続性を方程式から導かねばなりません．そこで本節では，微分方程式の解のパラメータ依存性を一般に論じます．議論を見通し良く行うため，まず常微分方程式論で頻繁に使われる次の道具を準備しておきます．

補題 3.12（**Gronwall**（グロンウォール）の補題） 1変数 x の非負値関数 $\varphi(x)$ は $a \leq x \leq b$ で有界，かつそこで正定数 C, K に対し

$$\varphi(x) \leq C + K \int_a^x \varphi(t)dt \tag{3.32}$$

という**積分不等式**を満たすとする．このとき，$a \leq x \leq b$ で

$$\varphi(x) \leq Ce^{K(x-a)}$$

が成り立つ．

証明 (3.32) の右辺に含まれる φ のところをこの不等式の右辺で置き換えるという，"自分自身への代入"を行うと，

$$\varphi(x) \leq C + K \int_a^x dt \Big\{ C + K \int_a^t \varphi(t_1)dt_1 \Big\}$$
$$= C + CK(x-a) + K^2 \int_a^x dt \int_a^t \varphi(t_1)dt_1$$

この操作を繰り返すと（すっきりしない人はもう一度くらいやってみよ），

$$\varphi(x) \leq C + CK(x-a) + C\frac{K^2(x-a)^2}{2!} + \cdots + C\frac{K^n(x-a)^n}{n!}$$
$$+ K^{n+1} \int_a^x dt \int_a^t dt_1 \int_a^{t_1} dt_2 \cdots \int_a^{t_{n-1}} \varphi(t_n)dt_n$$

となる．（厳密には数学的帰納法を用いる．）今，有界閉区間 $[a,b]$ の上で $\varphi(x) \leq M$ とすれば，最後の項は被積分関数 φ をこれで置き換えることにより

$$M\frac{K^{n+1}(x-a)^{n+1}}{(n+1)!}$$

で抑えられる．よって $n \to \infty$ とすればこの剰余項は零に行き，右辺に残るのは指数関数の Taylor 展開となって，求める不等式が得られる． □

問 3.11 $x \leq a$ では

$$\varphi(x) \leq C + K\int_x^a \varphi(t)dt$$

という不等式を仮定すると

$$\varphi(x) \leq Ce^{K(a-x)}$$

が成り立つことを示せ．

定理 3.13 $n+1$ 変数の関数ベクトル $\vec{f}(x,\vec{y})$ は領域

$$D := \{(x,\vec{y}); |x-x_0| \leq a, |\vec{y}| \leq b\} \subset \boldsymbol{R}^{n+1}$$

で $\vec{y}$ につき一様 Lipschitz 条件

$$|\vec{f}(x,\vec{y}) - \vec{f}(x,\vec{z})| \leq K|\vec{y} - \vec{z}|$$

を満たしているとする．このとき，微分方程式 $\vec{y}' = \vec{f}(x,\vec{y})$ の解が D に収まっている限り，初期値に対する解の連続性が成り立つ．具体的には，$x = x_0$ における初期値 $\vec{c}$ に対する解を $\vec{y}(x;\vec{c})$ と書くとき，次の評価が成り立つ：

$$|\vec{y}(x,\vec{c}) - \vec{y}(x,\vec{c}')| \leq e^{K|x-x_0|}|\vec{c} - \vec{c}'|.$$

証明 簡単のため $x \geq x_0$ として説明する．$\vec{y}(x;\vec{c})$ が満たす Volterra 型積分方程式

$$\vec{y}(x;\vec{c}) = \vec{c} + \int_{x_0}^x \vec{f}(t,\vec{y}(t;\vec{c}))dt$$

を二つの初期値について書きくだしたものの差を取れば，

$$|\vec{y}(x;\vec{c}) - \vec{y}(x;\vec{c}')| \leq |\vec{c} - \vec{c}'| + \int_{x_0}^x |\vec{f}(t,\vec{y}(t;\vec{c})) - \vec{f}(t,\vec{y}(t;\vec{c}'))|dt$$

$$\leq |\vec{c} - \vec{c}'| + K\int_{x_0}^x |\vec{y}(t;\vec{c}) - \vec{y}(t;\vec{c}')|dt.$$

よって $|\vec{y}(x;\vec{c}) - \vec{y}(x;\vec{c}')|$ に Gronwall の補題を適用して

$$|\vec{y}(x;\vec{c}) - \vec{y}(x;\vec{c}')| \leq e^{K|x-x_0|}|\vec{c} - \vec{c}'|$$

を得る.

$x \leq x_0$ については,$x \mapsto 2x_0 - x$ と変数変換して上の結果を適用し,得られた不等式で変数を戻すか,あるいは Gronwall の補題をその後の問 3.11 で述べたように,初期点の左で通用する形のものと取り替えて上の議論を繰り返せばよい. □

上の定理は,解の大きさの見積りも与えています.特に,線形方程式系の場合は,零ベクトルの初期値に対する解は零に決まっていますから,上の定理で $\vec{c}' = \vec{0}$ と置くと,線形方程式系の Lipschitz 定数に関する前節の注意 (3.31) により次が得られます:

系 3.14 線形方程式系の解は次の評価を持つ:

$$|\vec{y}(x)| \leq |\vec{c}|e^{K(x)|x-x_0|}.$$

ここに,$K(x) = \max_{x_0 \leq t \leq x} \|A(t)\|$ ($x \geq x_0$ のとき),あるいは $K(x) = \max_{x \leq t \leq x_0} \|A(t)\|$ ($x \leq x_0$ のとき) である.

次がここでの主要結果です.

定理 3.15 $\boldsymbol{R}^m$ の部分集合 Λ を動くパラメータ λ を含む $n+1$ 変数の関数ベクトル $\vec{f}(x,\vec{y};\lambda)$ は,D を前定理の領域とするとき $D \times \Lambda \subset \boldsymbol{R}^{m+n+1}$ で $\lambda, x, \vec{y}$ につき連続で,かつ $\vec{y}$ につき一様 Lipschitz 条件

$$|\vec{f}(x,\vec{y};\lambda) - \vec{f}(x,\vec{z};\lambda)| \leq K|\vec{y} - \vec{z}|$$

を満たしているとする.このとき,微分方程式

$$\frac{d\vec{y}}{dx} = \vec{f}(x,\vec{y};\lambda) \tag{3.33}$$

の解 $\vec{y}(x;\lambda)$ が D に収まっている限り,パラメータに対する解の連続性が成り立つ.具体的には,$x = x_0$ における同一の初期値 $\vec{c}$ に対する解を $\vec{y}(x;\lambda)$ と書くとき,

$$|\vec{y}(x;\lambda) - \vec{y}(x;\mu)|$$

$$\leq e^{K|x-x_0|}a \max_{|\xi-x_0|\leq a} |\vec{f}(\xi,\vec{y}(\xi;\mu);\lambda) - \vec{f}(\xi,\vec{y}(\xi;\mu);\mu)|$$

$$\leq e^{Ka}a \max_{|x-x_0|\leq a, |\vec{y}|\leq b} |\vec{f}(x,\vec{y};\lambda) - \vec{f}(x,\vec{y};\mu)|. \tag{3.34}$$

パラメータは次のように考えると初期値に翻訳できます．もとの連立方程式を

$$\frac{d\vec{y}}{dx} = \vec{f}(x,\vec{y};\lambda), \quad \frac{d\lambda}{dx} = 0 \tag{3.35}$$

と，パラメータ λ を未知変数の仲間に入れて書き直します．ただし，付け加えた方程式からも分かるように，λ は結局定数なので，その初期値の値をそのまま維持するパラメータであることに変わりはありません．こうすると，初期値に関する連続性の結果が適用でき，定理 3.13 が使えれば，

$$|\vec{y}(x;\lambda) - \vec{y}(x;\mu)| \leq e^{K|x-x_0|}|\lambda - \mu|$$

が得られます．この考え方は重要で，かつエレガントに見えますが，λ も未知関数の扱いになるので，方程式が λ についても一様 Lipschitz 連続でないと定理 3.13 は適用できません．なので，直接証明を与えます．もちろん，一般には定理の仮定だけでは，解が λ について Lipschitz 連続とは言えません．

定理 3.15 の証明　簡単のため $x \geq x_0$ で論ずる．(3.33) と同値な積分方程式

$$\vec{y}(x;\lambda) = \vec{c} + \int_{x_0}^{x} \vec{f}(\xi,\vec{y}(\xi;\lambda);\lambda)d\xi$$

と，この λ を μ に替えたものとの差分を見ると

$$\vec{y}(x;\lambda) - \vec{y}(x;\mu) = \int_{x_0}^{x} \{\vec{f}(\xi,\vec{y}(\xi;\lambda);\lambda) - \vec{f}(\xi,\vec{y}(\xi;\mu);\mu)\}d\xi$$

$$= \int_{x_0}^{x} \{\vec{f}(\xi,\vec{y}(\xi;\lambda);\lambda) - \vec{f}(\xi,\vec{y}(\xi;\mu);\lambda)\}d\xi$$

$$+ \int_{x_0}^{x} \{\vec{f}(\xi,\vec{y}(\xi;\mu);\lambda) - \vec{f}(\xi,\vec{y}(\xi;\mu);\mu)\}d\xi.$$

よって

3.6 解のパラメータ依存性

$$|\vec{y}(x;\lambda) - \vec{y}(x;\mu)| \leq \int_{x_0}^{x} K|\vec{y}(\xi;\lambda) - \vec{y}(\xi;\mu)| d\xi$$
$$+ a \max_{|\xi-x_0|\leq a} |\vec{f}(\xi, \vec{y}(\xi;\mu);\lambda) - \vec{f}(\xi, \vec{y}(\xi;\mu);\mu)|.$$

故に Gronwall の補題により定理の不等式が成り立つ． □

🐌 定理 3.15 の評価 (3.34) が λ を μ に近づけたとき 0 に近づくかどうか心配かもしれませんが，これは関数

$$\lambda \mapsto \max_{|x-x_0|\leq a, |\vec{y}|\leq b} |\vec{f}(x,\vec{y};\lambda) - \vec{f}(x,\vec{y};\mu)| \tag{3.36}$$

の連続性から結論されます．この連続性は有界閉集合における連続関数の一様連続性と同様の議論で出るので，練習問題としておきましょう．

問 3.12 λ の関数 (3.36) の連続性を証明せよ．[ヒント：$|\vec{f}(x,\vec{y};\lambda) - \vec{f}(x,\vec{y};\mu)|$ の代わりに，$\{|x-x_0|\leq a\} \times \{|\vec{y}|\leq b\} \times \Lambda$ で連続な任意のスカラー値関数 $g(x,\vec{y};\lambda)$ に対して証明すればよい．]

実は第 6 章で示されるように，パラメータに関する解の連続性は，解の一意性を仮定するだけで成り立ちます．しかしここでは，そのような"けちな"方向への一般化ではなく，もっと"大らかな"方向に話を進めましょう．応用上は，微分方程式の右辺はもっと滑らかで，求める解もそれに応じた滑らかさを要求されることが多いのです．まず独立変数に関する滑らかさは簡単に分かります：

定理 3.16 $n+1$ 変数の関数ベクトル $\vec{f}(x,\vec{y})$ は $D \subset \mathbf{R}^{n+1}$ で C^k 級 ($k \geq 1$)，すなわち各成分について k 階以下の偏導関数がすべて連続とする．このとき，微分方程式系 (3.18) の解は，点 $(x,\vec{y})$ が D 内に有る限り，C^{k+1} 級となる．

証明 $\vec{y}(x)$ は元の連立方程式の C^1 級の解であるから，仮定により $\vec{f}(x,\vec{y})$ は少なくとももう 1 回微分できる．よって微分方程式 (3.18) から解 $\vec{y}$ が 2 回微分可能なことが分かり，方程式の両辺を x について微分すると，合成関数の微分公式より，

$$\frac{d^2\vec{y}}{dx^2} = \frac{d}{dx}\vec{f}(x,\vec{y}) = \frac{\partial \vec{f}}{\partial x}(x,\vec{y}) + \nabla_{\vec{y}}\vec{f}(x,\vec{y})\cdot\frac{d\vec{y}}{dx} = \frac{\partial \vec{f}}{\partial x}(x,\vec{y}) + \nabla_{\vec{y}}\vec{f}(x,\vec{y})\cdot\vec{f}(x,\vec{y})$$

となる．ここに

$$\nabla_{\vec{y}}\vec{f} = (\nabla_{\vec{y}}f_1, \ldots, \nabla_{\vec{y}}f_n), \quad \nabla_{\vec{y}}f_k = \Big(\frac{\partial f_k}{\partial x_1}, \ldots, \frac{\partial f_k}{\partial x_n}\Big)$$

であり，$\vec{f}(x,\vec{y})$ との内積はこの各成分 $\nabla_{\vec{y}}f_k$ にかかり，結果として n-ベクトルが残る．(この表現が分かりにくい人はすべてを成分で書き直してみよ💻．) $k \geq 2$ なら，この最後の辺はまだ $k-1 \geq 1$ 回は微分可能である．よって x について更に微分し，同様の論法を繰り返せば，右辺の具体的な表現は難しくなるが，結局 $\vec{y}$ は $k+1$ 回微分可能で，結果は x の連続関数となることが数学的帰納法と同様の論法を用いて抽象的に言える．　□

パラメータに関する微分可能性は初等的な微分方程式論の中では最も高級な議論です．ここでは次のことを示しましょう．

定理 3.17 R^m の部分集合 Λ を動くパラメータ λ を含む $n+1$ 変数の関数ベクトル $\vec{f}(x,\vec{y};\lambda)$ は，D を前定理の領域とするとき $D\times\Lambda \subset R^{m+n+1}$ で λ と $\vec{y}$ につき C^k 級とする．このとき，(3.33) の解が D に収まっている限り，パラメータ λ についても C^k 級となる．💻

証明 証明の方法は同じなので，以下簡単のため λ を 1 変数のように扱おう．微分方程式系 (3.33) の両辺を形式的に λ につき偏微分すると，

$$\frac{d}{dx}\vec{y}_\lambda = \vec{f}_\lambda(x,\vec{y};\lambda) + \nabla_{\vec{y}}\vec{f}(x,\vec{y};\lambda)\cdot\vec{y}_\lambda.$$

よって，もし解 $\vec{y}$ が λ につき偏微分可能なら，偏導関数 $\vec{y}_\lambda$ は

$$\frac{d}{dx}\vec{z} = \vec{f}_\lambda(x,\vec{y};\lambda) + \nabla_{\vec{y}}\vec{f}(x,\vec{y};\lambda)\cdot\vec{z} \tag{3.37}$$

という微分方程式系の解 $\vec{z}$ と一致する．(ここでは $\vec{y}$ は既知の関数として扱われていることに注意．また $\vec{y}$ の初期値は一定なので，$\vec{z}$ の初期値は $\vec{0}$ とする．) (3.37) を (3.33) の**変分方程式**と呼ぶ．さて，$\vec{y}(x;\lambda)$ はまだ λ につき微分できるかどうか不明なので，この偏導関数の候補 $\vec{z}$ を利用して差分商 $\dfrac{\vec{y}(x;\lambda+h) - \vec{y}(x;\lambda)}{h}$ が $h \to 0$ のとき $\vec{z}(x;\lambda)$ に近づくことを示そう．そのため微分方程式を積分方程式に書き直すと，平均値の定理を用いた初等的な変形で[6]

---

[6] 次の式に現れる θ 等は厳密には x に依存し，以下の議論ではその積分可能性が必要となる．これは平均値の定理に積分形を用いることで回避できるが，式がややこしくなるので，ここではこのことに目をつぶっておく💻．

3.6 解のパラメータ依存性

$$\frac{\vec{y}(x;\lambda+h) - \vec{y}(x;\lambda)}{h} - \vec{z}(x;\lambda)$$

$$= \int_{x_0}^{x} \Big\{ \frac{\vec{f}(\xi,\vec{y}(\xi;\lambda+h);\lambda+h) - \vec{f}(\xi,\vec{y}(\xi;\lambda);\lambda)}{h} - \vec{f}_\lambda(\xi,\vec{y}(\xi,\lambda);\lambda) - \nabla_{\vec{y}}\vec{f}(\xi,\vec{y}(\xi,\lambda);\lambda) \cdot \vec{z}(\xi,\lambda) \Big\} d\xi$$

$$= \int_{x_0}^{x} \Big\{ \frac{\vec{f}(\xi,\vec{y}(\xi;\lambda+h);\lambda+h) - \vec{f}(\xi,\vec{y}(\xi;\lambda+h);\lambda)}{h}$$
$$+ \frac{\vec{f}(\xi,\vec{y}(\xi;\lambda+h);\lambda) - \vec{f}(\xi,\vec{y}(\xi;\lambda);\lambda)}{h}$$
$$- \vec{f}_\lambda(\xi,\vec{y}(\xi,\lambda);\lambda) - \nabla_{\vec{y}}\vec{f}(\xi,\vec{y}(\xi,\lambda);\lambda) \cdot \vec{z}(\xi,\lambda) \Big\} d\xi$$

$$= \int_{x_0}^{x} \Big\{ \vec{f}_\lambda(\xi,\vec{y}(\xi,\lambda+h);\lambda+\theta h) - \vec{f}_\lambda(\xi,\vec{y}(\xi;\lambda);\lambda)$$
$$+ \nabla_{\vec{y}}\vec{f}(\xi,\vec{y}(\xi,\lambda+\theta_1 h);\lambda) \cdot \frac{\vec{y}(\xi;\lambda+h);\lambda) - \vec{y}(\xi;\lambda);\lambda)}{h}$$
$$- \nabla_{\vec{y}}\vec{f}(\xi,\vec{y}(\xi,\lambda);\lambda) \cdot \vec{z}(\xi,\lambda) \Big\} d\xi$$

$$= \int_{x_0}^{x} \Big\{ \vec{f}_\lambda(\xi,\vec{y}(\xi,\lambda+h);\lambda+\theta h) - \vec{f}_\lambda(\xi,\vec{y}(\xi;\lambda);\lambda)$$
$$+ \{\nabla_{\vec{y}}\vec{f}(\xi,\vec{y}(\xi,\lambda+\theta_1 h);\lambda) - \nabla_{\vec{y}}\vec{f}(\xi,\vec{y}(\xi,\lambda);\lambda)\} \cdot \vec{z}(\xi,\lambda) \Big\} d\xi$$
$$+ \int_{x_0}^{x} \nabla_{\vec{y}}\vec{f}(\xi,\vec{y}(\xi,\lambda+\theta_1 h);\lambda) \cdot \Big(\frac{\vec{y}(\xi;\lambda+h);\lambda) - \vec{y}(\xi;\lambda);\lambda)}{h} - \vec{z}(\xi,\lambda) \Big) d\xi.$$

($\vec{y}(\xi,\lambda+\theta_1 h)$ のところには本来は $\vec{y}(\xi,\lambda)$ と $\vec{y}(\xi,\lambda+h)$ の中間の値が入るが、見やすくするため中間値定理でこう書き直した.) ここで最後の辺の第 1 の積分は、$\vec{y}(\xi,\lambda);\lambda)$ や $\vec{z}(\xi,\lambda)$ が λ につき連続に依存することが既に定理 3.15 から分かっていること，および仮定により $\nabla_{\vec{y}}\vec{f}$, $\vec{f}_\lambda$ が連続なことから，$\forall \varepsilon > 0$ に対し，$\delta > 0$ を十分小さく選べば $|h| < \delta$ のとき $|x - x_0|\varepsilon$ で抑えられることが容易に分かるであろう．よって考えている範囲で $|\nabla_{\vec{y}}\vec{f}| \leq K$ とすれば，上から

$$\Big| \frac{\vec{y}(x;\lambda+h) - \vec{y}(x;\lambda)}{h} - \vec{z}(x;\lambda) \Big|$$
$$\leq |x - x_0|\varepsilon + \int_{x_0}^{x} K \Big| \frac{\vec{y}(\xi;\lambda+h) - \vec{y}(\xi;\lambda)}{h} - \vec{z}(\xi;\lambda) \Big| d\xi$$

の形の不等式が得られ，Gronwall の補題より

$$\Big| \frac{\vec{y}(x;\lambda+h) - \vec{y}(x;\lambda)}{h} - \vec{z}(x;\lambda) \Big| \leq |x - x_0|\varepsilon e^{K|x - x_0|}$$

が結論される．よって $h \to 0$ のとき $\dfrac{\vec{y}(x;\lambda+h) - \vec{y}(x;\lambda)}{h} \to \vec{z}(x;\lambda)$ が得られた．高階の微分についてはこの議論を繰り返せばよい． □

さて，先に注意したのとは逆に，初期値は

$$\frac{d\vec{y}}{dx} = \vec{f}(x,\vec{y}), \quad \vec{y}(0) = \vec{c} \quad \Longleftrightarrow \quad \frac{d\vec{z}}{dx} = \vec{f}(x,\vec{z}+\vec{c}), \quad \vec{z}(0) = 0$$

という書き換えで容易にパラメータに読み替えられます．このことと以上に述べて来たことから次の重要な結論が導かれます．これは幾何学への応用などですこぶる役に立ちます．応用では独立変数 x はしばしば時刻 t とみなされます．

系 3.18 C^k 級のベクトル値関数 $\vec{f}(x,\vec{y})$ を右辺に持つ微分方程式系 (3.27) の解は，初期値の集合 D の上で $|x| \leq T$ に対して一斉に解けるとする．このとき解は初期値の集合 D からそれに対応する解の x における値の集合 D_x への C^k 級の位相同型写像の 1-パラメータ族を与える．具体的に言うと，各 x ($|x| \leq T$) を固定する毎に

$$T(x) : D \ni \vec{c} \mapsto \vec{y}(x;\vec{c}) \in D_x$$

は C^k 級の可逆な写像を定め，この写像は x とともに C^{k+1} 級の滑らかさで連続的に変化する．更に，このとき $|x_0| \leq T$ に対し

$$\frac{d\vec{y}}{dx} = \vec{f}(x,\vec{y}), \quad \vec{y}(x_0) = \vec{c} \in D_{x_0}$$

という初期値問題の解 $\vec{y}(x;x_0;\vec{c})$ も $|x| \leq T$ で存在し，$T(x;x_0) : D_{x_0} \to D_x$ という C^k 級の同型写像を与える．これらの同型写像の間には "群芽" の性質

$$\begin{aligned}&T(x;x_1) \circ T(x_1;x_0) = T(x;x_0),\\ \text{i.e.} \quad &\vec{y}(x;x_1;\vec{y}(x_1;x_0;\vec{c})) = \vec{y}(x;x_0;\vec{c})\end{aligned} \tag{3.38}$$

が成り立つ．特に，$T(x;x_0)$ の逆写像は $T(x_0;x)$ で与えられ，$T(x;x_0) = T(x) \circ T(x_0)^{-1}$ となる．

関係 (3.38) は，微分方程式を途中まで解き，その結果を初期値としてそこから新たに解いたものと繋げれば，最初から一気に解いたものと一致するということで，初期値問題の解の一意性を翻訳したものですが，これは第 1 章で 3 角関数の加法定理を微分方程式を使って導いて見せたように，特殊関数に対する種々の加法公式を統一的に導くのに役立ちます．

第4章

線形微分方程式系

この章では単独あるいは連立の線形微分方程式の性質を理論的に調べ，また具体的な解法を解説します．特に，定数係数の 1 階線形系について実用的な解法を示します．

4.1　2 階線形微分方程式の解

まず始めに，応用上よく出会う正規形の 2 階斉次線形微分方程式

$$y'' + a(x)y' + b(x)y = 0 \tag{4.1}$$

および，この右辺に既知関数を付け加えた非斉次方程式

$$y'' + a(x)y' + b(x)y = f(x) \tag{4.2}$$

について，性質をまとめておきましょう．これらについては既に第 2 章の求積法のところで一通りの考察をしましたが，常微分方程式の一般論を済ませた今，そこからの視点でこれらを見直してみるとともに，次節以降の高階や連立の線形微分方程式系の一般論に進むためのトレーニングをしましょう．この節では，簡単のため係数はすべて $\boldsymbol{R}$ 全体で定義された（実数値）連続関数としますが，これらが実数のある区間だけで定義されている場合の議論も本質的にはそう変わりません．また，y'' に係数がついていても，それが決して 0 にならなければ割り算してこの形に持ち込めます．ただし，y'' の係数が 0 となる点は**特異点**と呼ばれ，そこでは以下の議論が適用できない状況が生ずるので，応用の場合は注意する必要があります．

次が第 2 章 2.7 節の基本的な結果をまとめたものです．

定理 4.1　斉次方程式 (4.1) の解の全体は $\boldsymbol{R}$ 上の 2 次元の線形空間を成す．

従って，その $\boldsymbol{R}$ 上 1 次独立な二つの解 $\varphi_1(x), \varphi_2(x)$ を勝手に取るとき，(4.1) の一般解は，1 次結合の係数を任意定数として

$$c_1\varphi_1(x) + c_2\varphi_2(x)$$

の形に表される．非斉次方程式 (4.2) の解の全体は，その**特殊解**，すなわち一つの解 $\varphi(x)$ を勝手に選ぶとき，それと斉次方程式の解との和から成る集合となる．すなわち，

$$\varphi(x) + c_1\varphi_1(x) + c_2\varphi_2(x)$$

が (4.2) の一般解となる．

 実際，(4.1) の解の全体が線形空間を成すことは，形式的な計算で確かめられます：

$(c_1\varphi_1(x) + c_2\varphi_2(x))'' + a(x)(c_1\varphi_1(x) + c_2\varphi_2(x))' + b(x)(c_1\varphi_1(x) + c_2\varphi_2(x))$
$= c_1\{\varphi_1''(x) + a(x)\varphi_1'(x) + b(x)\varphi_1(x)\} + c_2\{\varphi_2''(x) + a(x)\varphi_2'(x) + b(x)\varphi_2(x)\}$
$= 0 + 0 = 0.$

あるいは，線形代数で学んだ抽象論を用いれば，解の全体は線形写像

$$\frac{d^2}{dx^2} + a(x)\frac{d}{dx} + b(x) : C^2(\boldsymbol{R}) \to C(\boldsymbol{R})$$

の核（kernel，零ベクトルに写される元の集合）と考えることができます．ここで最後の項 $b(x)$ はこの関数による掛け算作用素を表します．非斉次方程式に二つの解があれば，その差は明らかに斉次方程式の解となる（差をとると右辺の $f(x)$ がキャンセルする）ので，非斉次方程式の一般解の構造が上のようになることも明らかでしょう．

 解空間の次元を調べるため，斉次方程式の解に対し初期値

$$\begin{pmatrix} y(0) \\ y'(0) \end{pmatrix} \tag{4.3}$$

を対応させることにより定まる，斉次方程式の解の空間 $\mathcal{N}$ から $\boldsymbol{R}^2$ への写像

$$A : \mathcal{N} \to \boldsymbol{R}^2 \tag{4.4}$$

を考えます．これは明らかに線形写像であり，従ってこれが全単射なら $\mathcal{N}$ の

4.1 2階線形微分方程式の解

次元はちょうど 2 となります．この写像が全単射であることは，すなわち初期値問題に必ずただ一つの解があることを意味します．これはまさに第 3 章の一般論で準備したことです（定理 3.11 参照）．

残念ながら 2 階の線形方程式に限ってもこのことは一般論を援用せずには示すことはできませんが，応用上重要な定数係数の方程式の場合には，これは以下に述べるように具体的な計算で直接示すことができます．

まず，一意性に関連して次のような事実に注意しましょう．

補題 4.2 斉次方程式 (4.1) の二つの解 $\varphi_1(x), \varphi_2(x)$ に対し，その$\overset{\text{ロンスキー}}{\text{Wronski}}$行列式（ロンスキアン（**Wronskian**））を

$$W[\varphi_1, \varphi_2](x) := \begin{vmatrix} \varphi_1(x) & \varphi_2(x) \\ \varphi_1'(x) & \varphi_2'(x) \end{vmatrix} \tag{4.5}$$

で定義するとき，これは二つの解の選び方には定数倍しか依存しない．また，次はすべて同値となる：

(1) $\varphi_1(x), \varphi_2(x)$ は任意の区間において関数として 1 次独立である．

(2) 二つの数ベクトル

$$\begin{pmatrix} \varphi_1(x) \\ \varphi_1'(x) \end{pmatrix}, \quad \begin{pmatrix} \varphi_2(x) \\ \varphi_2'(x) \end{pmatrix} \tag{4.6}$$

はある点 x で 1 次独立である．

(3) 上の二つの数ベクトルはどの点でも 1 次独立である．

(4) $W[\varphi_1, \varphi_2](x)$ はある点 x で 0 と異なる値を取る．

(5) $W[\varphi_1, \varphi_2](x)$ はどの点でも 0 と異なる値を取る．

証明 (2) と (4)，および (3) と (5) がそれぞれ同値なことは，線形代数の一般論から明らかである．(3) ⇒ (2)，および (5) ⇒ (4) も自明である．二つの解がある区間で関数として 1 次従属なら，(4.6) の二つの関数ベクトルも 1 次従属，従って $W[\varphi_1, \varphi_2](x)$ はそこで恒等的に 0 となるから，対偶をとって (5) ⇒ (1) も分かる．逆に $W[\varphi_1, \varphi_2](x) \equiv 0$ だと，$\varphi_1(x) \neq 0$ なる部分区間において

$$\frac{d}{dx}\left(\frac{\varphi_2(x)}{\varphi_1(x)}\right) = \frac{\varphi_2'(x)\varphi_1(x) - \varphi_2(x)\varphi_1'(x)}{\varphi_1(x)^2} = \frac{W[\varphi_1,\varphi_2](x)}{\varphi_1(x)^2} \equiv 0$$

$$\therefore \quad \frac{\varphi_2(x)}{\varphi_1(x)} = c, \quad \text{すなわち} \quad \varphi_2(x) = c\varphi_1(x)$$

となり，二つの解はそこで1次従属となる．($\varphi_1(x) \equiv 0$ でももちろんそこで1次従属となる．) よって対偶をとって (1) ⇒ (4) が分かった．よって (4) ⇒ (5) を示せばすべて同値となる．このため $W = W[\varphi_1,\varphi_2](x)$ の導関数を計算してみよう．行列式の微分公式 (2次の行列式ぐらいなら直接確かめるのも難しくはない) を用い，出てきた φ_j の2階微分を方程式 (4.1) を用いて1階以下の微分に書き直せば

$$\begin{aligned}\frac{dW}{dx} &= \frac{d}{dx}\begin{vmatrix}\varphi_1(x) & \varphi_2(x) \\ \varphi_1'(x) & \varphi_2'(x)\end{vmatrix} = \begin{vmatrix}\varphi_1'(x) & \varphi_2'(x) \\ \varphi_1'(x) & \varphi_2'(x)\end{vmatrix} + \begin{vmatrix}\varphi_1(x) & \varphi_2(x) \\ \varphi_1''(x) & \varphi_2''(x)\end{vmatrix} \\ &= \begin{vmatrix}\varphi_1(x) & \varphi_2(x) \\ -a(x)\varphi_1'(x) - b(x)\varphi_1(x) & -a(x)\varphi_2'(x) - b(x)\varphi_2(x)\end{vmatrix} \\ &= -a(x)\begin{vmatrix}\varphi_1(x) & \varphi_2(x) \\ \varphi_1'(x) & \varphi_2'(x)\end{vmatrix} = -a(x)W\end{aligned}$$

を得る．従って

$$W = c\exp\left(\int_0^x -a(x)dx\right). \tag{4.7}$$

この式から，W は恒等的に 0 でなければ決して 0 にならないことが直ちに分かる．W が定数因子以外は方程式の係数 $a(x)$ だけで決まっていることも明らかである． □

ロンスキアンに関する上のような著しい性質は φ_1, φ_2 が微分方程式 (4.1) の解だから成り立つことであって，勝手に持ってきた二つの関数 φ_1, φ_2 に対してはこんなことは期待できません．次の例を見てください：

例 **4.1**

$$\varphi_1(x) = x, \quad \varphi_2(x) = x^2 \tag{4.8}$$

ととれば $W[\varphi_1,\varphi_2](x) = x^2$ となり，$x = 0$ 一点だけで 0 になる．

逆に二つの関数 φ_1, φ_2 に対して，そのロンスキアン $W[\varphi_1,\varphi_2](x)$ が決して 0 にならなければ，それらの関数はある線形微分方程式 (4.1) の解の基底と

なります：

補題 4.3 $W[\varphi_1,\varphi_2](x)$ が決して 0 にならなければ，次は φ_1,φ_2 を解の基底とする 2 階線形微分方程式となる：

$$\begin{vmatrix} y & \varphi_1 & \varphi_2 \\ y' & \varphi_1' & \varphi_2' \\ y'' & \varphi_1'' & \varphi_2'' \end{vmatrix} = 0. \tag{4.9}$$

実際，これが y に φ_1,φ_2 を代入したとき零となることは明らかですが，この行列式を展開したときの y'' の係数はちょうど $W[\varphi_1,\varphi_2](x)$ に等しく，従ってこれで割り算すれば (4.1) の形となります．例 4.1 に挙げた関数 (4.8) の場合は，こうして作られる方程式は y'' の係数が $x=0$ で 0 となります．すなわち，微分方程式が $x=0$ で特異点を持ちます．

斉次線形微分方程式 (4.1) の解空間がちょうど 2 次元であることは，初期値が $y(0), y'(0)$ の二つしか自由に与えられないことから来ています．実際，係数が微分可能のときは，方程式から $y''(0), y'''(0)$ 等々が計算されてしまうので，勝手に与えることはできないのです．このようにして解を決める方法は次の第 5 章でやります．

既に第 2 章で述べたように，変数係数の 2 階線形微分方程式は一般には求積できません．しかしこのことは逆に，2 階の線形方程式が新しい特殊関数を提供する力があることを意味しており，実際にも多くの重要な高等関数がこうして導入され用いられています．次の章ではその例をいくつか紹介します．

さて，係数 a,b が定数のときには，第 2 章 2.7 節で紹介したように，よく知られた解の公式があるのでした．実際この場合には，一般的定理を援用しなくても，(4.4) の写像が全単射であることを示すことができます．すなわち，$\mathcal{N}$ は少なくとも 2 次元あることは具体的な解の基底が知られていることから既に明らかですから，(4.4) の写像が単射であることさえ言えば，線形代数の一般論によりそれは同型となります．そこで，斉次方程式 (4.1) の解 $\varphi_1(x)$ について，その初期値 (4.3) が二つとも 0 に等しいとしましょう．このときもう一つの解 $\varphi_2(x)$ を $\varphi_2(0) \neq 0$ となるように選びます（共役複素根の場合には 3 角関数による表示をとってしまうと**零点**（すなわち関数値が零になる点）が生じますが，定数係数なので平行移動したものも解となり零点を避けられますし，複

素指数関数を用い複素数体に係数拡大して (4.4) の単射性を示してもよい.) すると, $W[\varphi_1, \varphi_2](0) = 0$ であり, 従って補題 4.2 により $W[\varphi_1, \varphi_2](x) \equiv 0$ となりますが, 更に同補題の証明からそこで $\varphi_1(x) = c\varphi_2(x)$ となることも分かります. ここで $x = 0$ とすれば, $\varphi_1(0) = 0$, $\varphi_2(0) \neq 0$ より $c = 0$ でなければならず, 結局 $\varphi_1(x) \equiv 0$ となります. これで (4.4) の単射性が言えました.

4.2　1 階線形微分方程式系の解

1 階の連立線形常微分方程式（別名線形微分方程式系）

$$\begin{cases} y_1' = a_{11}(x)y_1 + \cdots + a_{1n}(x)y_n + f_1(x), \\ \cdots\cdots\cdots, \\ y_n' = a_{n1}(x)y_1 + \cdots + a_{nn}(x)y_n + f_n(x) \end{cases} \tag{4.10}$$

あるいは行列表記で

$$\begin{pmatrix} y_1 \\ \vdots \\ y_n \end{pmatrix}' = \begin{pmatrix} a_{11}(x) & \cdots & a_{1n}(x) \\ \vdots & \cdots & \vdots \\ a_{n1}(x) & \cdots & a_{nn}(x) \end{pmatrix} \begin{pmatrix} y_1 \\ \vdots \\ y_n \end{pmatrix} + \begin{pmatrix} f_1(x) \\ \vdots \\ f_n(x) \end{pmatrix} \tag{4.11}$$

は, 理論上も応用上も大変大切なものです. 他の型の線形微分方程式系, 例えば n 階単独線形微分方程式

$$y^{(n)} + a_1(x)y^{(n-1)} + \cdots + a_n(x)y = f(x) \tag{4.12}$$

も,

$$y_1 = y, \ y_2 = y', \ ..., \ y_n = y^{(n-1)} \tag{4.13}$$

という置き換えで (4.10) の特別な場合である

$$\begin{pmatrix} y_1 \\ \vdots \\ y_n \end{pmatrix}' = \begin{pmatrix} 0 & 1 & 0 & \cdots & 0 \\ 0 & 0 & 1 & \cdots & 0 \\ \vdots & \vdots & \ddots & \ddots & \vdots \\ 0 & 0 & \cdots & 0 & 1 \\ -a_n(x) & -a_{n-1}(x) & \cdots & \cdots & -a_1(x) \end{pmatrix} \begin{pmatrix} y_1 \\ \vdots \\ y_n \end{pmatrix} + \begin{pmatrix} 0 \\ \vdots \\ 0 \\ f(x) \end{pmatrix}$$
$$\tag{4.14}$$

という 1 階線形連立方程式に帰着できます. 今後一々このように成分表示していてはスペースの消費がたまらないので, 普通はベクトルと行列の略記号

4.2　1階線形微分方程式系の解

$$\vec{y} := \begin{pmatrix} y_1 \\ \vdots \\ y_n \end{pmatrix}, \quad A(x) := \begin{pmatrix} a_{11}(x) & \cdots & a_{1n}(x) \\ \vdots & \cdots & \vdots \\ a_{n1}(x) & \cdots & a_{nn}(x) \end{pmatrix}, \quad \vec{f}(x) := \begin{pmatrix} f_1(x) \\ \vdots \\ f_n(x) \end{pmatrix} \tag{4.15}$$

を導入することにより，(4.10) を

$$\vec{y}' = A(x)\vec{y} + \vec{f}(x) \tag{4.16}$$

のように記します．

(4.10) については次が基本的です：

定理 4.4　斉次方程式 $\vec{y}' = A(x)\vec{y}$（すなわち (4.10) で $f_1(x) \equiv \cdots \equiv f_n(x) \equiv 0$ の場合）の解は n 次元の線形空間を成し，解にその初期値を対応させる写像

$$\begin{pmatrix} y_1 \\ \vdots \\ y_n \end{pmatrix} \mapsto \begin{pmatrix} y_1(0) \\ \vdots \\ y_n(0) \end{pmatrix} = \begin{pmatrix} c_1 \\ \vdots \\ c_n \end{pmatrix}$$

は線形同型となる．解空間の基底

$$\vec{\varphi}_1 = \begin{pmatrix} \varphi_{11} \\ \vdots \\ \varphi_{n1} \end{pmatrix}, \quad ..., \quad \vec{\varphi}_n = \begin{pmatrix} \varphi_{1n} \\ \vdots \\ \varphi_{nn} \end{pmatrix}$$

を一つ選び，これらを列ベクトルとして作った関数の行列 $\varPhi(x) = (\varphi_{ij})$ の行列式 $W(x) := \det \varPhi(x)$ は 1 階の微分方程式

$$\frac{d}{dx}W(x) = \operatorname{tr} A(x)\, W(x) \tag{4.17}$$

を満たす．更に，$\varPhi(x)$ は可逆で，非斉次方程式の一つの解が

$$\vec{y} = \varPhi(x) \int^x \varPhi(s)^{-1} \vec{f}(s)\, ds \tag{4.18}$$

で与えられる（**定数変化法**）．

この概念は後でしばしば出てくるので，名前をつけておきましょう．

定義 4.1　上の $\varPhi$ を (4.10) の**解の基本系**あるいは**基本行列**と呼ぶ[1]．

---

[1] 基本解と呼ぶ人もいますが，本書ではこちらは後出（4.4 節）の別物に当てているので，ここでは使いません．

$W(x)$ の方は，Wronski 行列式に対応するものですが，これは単独線形方程式に対してのみ使われる呼称のようです．

定理 4.4 の証明 前半は初期値問題の一意可解性を主張したもので，既に第 3 章の定理 3.11 で示されている．行列式の微分は各 1 行ずつを微分したものの行列式の和となる（微積分の練習問題だが，拙著に書かれていないので， に解説しておいた）ので，

$$\frac{dW(x)}{dx} = \frac{d}{dx}\det\Phi(x) = \frac{d}{dx}\begin{vmatrix} \varphi_{11}(x) & \cdots & \varphi_{1n}(x) \\ \varphi_{21}(x) & \cdots & \varphi_{2n}(x) \\ \vdots & \cdots & \vdots \\ \varphi_{n1}(x) & \cdots & \varphi_{nn}(x) \end{vmatrix}$$

$$= \begin{vmatrix} \varphi'_{11}(x) & \cdots & \varphi'_{1n}(x) \\ \varphi_{21}(x) & \cdots & \varphi_{2n}(x) \\ \vdots & \cdots & \vdots \\ \varphi_{n1}(x) & \cdots & \varphi_{nn}(x) \end{vmatrix} + \begin{vmatrix} \varphi_{11}(x) & \cdots & \varphi_{1n}(x) \\ \varphi'_{21}(x) & \cdots & \varphi'_{2n}(x) \\ \vdots & \cdots & \vdots \\ \varphi_{n1}(x) & \cdots & \varphi_{nn}(x) \end{vmatrix} + \cdots + \begin{vmatrix} \varphi_{11}(x) & \cdots & \varphi_{1n}(x) \\ \varphi_{21}(x) & \cdots & \varphi_{2n}(x) \\ \vdots & \cdots & \vdots \\ \varphi'_{n1}(x) & \cdots & \varphi'_{nn}(x) \end{vmatrix}.$$

ここで，微分された行に (4.10) の対応する方程式（ただし今は $f_j(x) \equiv 0$）を代入し，等しい 2 行が現れる展開項を省けば，

$$= a_{11}(x)\begin{vmatrix} \varphi_{11}(x) & \cdots & \varphi_{1n}(x) \\ \varphi_{21}(x) & \cdots & \varphi_{2n}(x) \\ \vdots & \cdots & \vdots \\ \varphi_{n1}(x) & \cdots & \varphi_{nn}(x) \end{vmatrix} + a_{22}(x)\begin{vmatrix} \varphi_{11}(x) & \cdots & \varphi_{1n}(x) \\ \varphi_{21}(x) & \cdots & \varphi_{2n}(x) \\ \vdots & \cdots & \vdots \\ \varphi_{n1}(x) & \cdots & \varphi_{nn}(x) \end{vmatrix}$$

$$+ \cdots + a_{nn}(x)\begin{vmatrix} \varphi_{11}(x) & \cdots & \varphi_{1n}(x) \\ \varphi_{21}(x) & \cdots & \varphi_{2n}(x) \\ \vdots & \cdots & \vdots \\ \varphi_{n1}(x) & \cdots & \varphi_{nn}(x) \end{vmatrix}$$

$$= \operatorname{tr} A(x) W(x)$$

を得る．従って，変数分離して積分すれば，

$$W(x) = c\exp\left(\int \operatorname{tr} A(x)dx\right)$$

となり，$W(x)$ はある点，例えば初期値を与える点 $x = 0$ で 0 と異なれば，決して 0 にはならない．故に $\Phi(x)$ は至る所可逆である．今，斉次方程式の一般解 $\vec{y} = \Phi(x)\vec{c}$ において，$\vec{c}$ を x の関数だと思い，これを (4.16) に代入して非斉次項を合わせることを試みる（これは第 2 章 2.7 節で用いた定数変化法の 1 階連立版である）．Φ が $\Phi' = A(x)\Phi$ を満たすことに注意して

$$\vec{y}' = \Phi(x)'\vec{c} + \Phi(x)\vec{c}' = A(x)\Phi(x)\vec{c} + \Phi(x)\vec{c}' = A(x)\vec{y} + \Phi(x)\vec{c}'$$
$$= A(x)\vec{y} + \vec{f}.$$
$$\therefore \quad \Phi(x)\vec{c}' = \vec{f}, \qquad \vec{c} = \int \Phi(x)^{-1}\vec{f}dx.$$

これより定理に掲げた特殊解が得られる． □

問 4.1 2.7 節で扱った 2 階の単独方程式に対する定数変化法の解が，方程式を 1 階連立化して本定理の定数変化法を適用したものと一致することを確かめ，先の定数変化法で $c_1'\varphi_1 + c_2'\varphi_2 = 0$ と置いたことがそれほど恣意的ではなかったことを見よ．

■ 4.3 行列の指数関数

(4.16) のように，あたかも 1 階の単独線形方程式のように書かれてみると，1 階の単独線形方程式の求積法を形式的に適用して，簡単に解けてしまいそうな気がするかもしれませんが，行列の非可換性の問題があるため，いつでもそううまくは行きません．行列関数

$$\Phi(x) = \exp\left\{\int^x A(x)dx\right\}$$

は必ずしも

$$\frac{d}{dx}\Phi(x) = A(x)\Phi(x)$$

を満たさないのです．しかし $A = A(x)$ が定数行列のとき，すなわち，方程式が定数係数の 1 階線形系のときは，$\int^x A(x)dx = xA$ となり，行列の指数関数 e^{xA} を用いると上のような計算が正当化されます．これについては，『線形代数講義』([3]) でかなり詳しくやっていますが，微分方程式の理論としても，また解法としても重要なので，再び述べておきます．

【行列の指数関数】 n 次正方行列 A の指数関数を定義する最も簡単な方法は，無限級数

$$I + A + \frac{A^2}{2!} + \cdots + \frac{A^k}{k!} + \cdots \tag{4.19}$$

を用いるものです．ここでは単位行列を I で表しています．A の n^2 個の成分をすべて独立変数と思ったとき，この無限級数は有限近似和として得られる行列

$$E_k(A) = I + A + \frac{A^2}{2!} + \cdots + \frac{A^k}{k!} \tag{4.20}$$

のすべての成分が収束すれば，行列として収束すると定義されます．これは行列の n^2 個の成分を一列に書いておいて $\boldsymbol{R}^{n^2}$ の点列の収束の定義をそのまま適用したものです．n^2 個の成分を一々観察するのは面倒なので，普通はこの収束を**行列のノルム**というもので表現します．行列のノルムにはいろいろな定義が有りますが，主なものは

L^2 ノルム 行列を $\boldsymbol{R}^{n^2}$ の点と見てその Euclid ノルムを取ったもの：

$$\|A\| := \sqrt{\sum_{i,j=1}^{n} |a_{ij}|^2}. \tag{4.21}$$

これは，A の列ベクトルを $\vec{a}_j$ とすれば $\sqrt{\sum_{j=1}^{n} |\vec{a}_j|_2^2}$ と書き直せる．

作用素ノルム 行列を線形作用素 $A: \boldsymbol{R}^n \to \boldsymbol{R}^n$ と見て，いわゆる**作用素ノルム**を計算したもの．定義は

$$\|A\| := \sup_{\vec{x} \neq 0} \frac{|A\vec{x}|}{|\vec{x}|} \tag{4.22}$$

で，写像 A によるベクトルの長さの伸び率の最大値を表します．

作用素ノルムには更に，ベクトルの長さとしてのノルムの選択の自由性があります．定義の形から，いろんなものを評価するときの計算にとても便利ですが，具体的な値を求めにくい欠点が有るので，初等的レベルで扱うには，L^2 ノルムの方が分かりやすいでしょう．よって以下，行列のノルムとしては専らこちらを使うことにします．これに合わせて，ベクトルのノルムにも Euclid ノルムを用います．すると，L^2 ノルムでも次のように以下の計算に必要となる不等式はすべて成り立っています[2]：

補題 4.5 行列ノルム (4.21) は次の諸性質を持つ：
(1) $\|A\| \geq 0$ であり，$\|A\| = 0 \iff A = O$（零行列）．
(2) スカラー λ に対し $\|\lambda A\| = |\lambda| \|A\|$．
(3) $\|A + B\| \leq \|A\| + \|B\|$．
(4) $|A\vec{x}| \leq \|A\| |\vec{x}|$．
(5) $\|AB\| \leq \|A\| \|B\|$．

---

[2] 単位行列 I のノルムが 1 でなく $\sqrt{n}$ になってしまうのだけがいやらしい点です．なお『数値計算講義』（[4]）では，行列に作用素ノルムを用いる利点が解説されています．

4.3 行列の指数関数

この中で，(1) – (3) は第 3 章 3.4 節で論じたノルムの通常の性質です．(4) は A の作用素としてのノルムが $\|A\|$ 以下であることを示しています．(5) は乗法がこのノルムに関して良い連続性を持っていることを示しています．

補題の証明 ここでは (4) と (5) だけを示しておこう．その他の不等式の証明は練習問題とする．

まず，Schwarz の不等式より

$$|A\vec{x}|^2 = \sum_{i=1}^{n}\Big(\sum_{j=1}^{n} a_{ij}x_j\Big)^2 \leq \sum_{i=1}^{n}\Big(\sum_{j=1}^{n} a_{ij}^2 \sum_{j=1}^{n} x_j^2\Big) = \Big(\sum_{i=1}^{n}\sum_{j=1}^{n} a_{ij}^2\Big)\sum_{j=1}^{n} x_j^2$$
$$= \|A\|^2 |\vec{x}|^2$$

で (4) が示された．次に，$B = (\vec{b}_1, \ldots, \vec{b}_n)$ を行列 B の列ベクトルとすれば，今示したことから

$$\|AB\|^2 = \sum_{j=1}^{n} |A\vec{b}_j|^2 \leq \sum_{j=1}^{n} \|A\|^2 |\vec{b}_j|^2 = \|A\|^2 \sum_{j=1}^{n} |\vec{b}_j|^2 = \|A\|^2 \|B\|^2$$

で (5) が示された． □

問 4.2 上の補題の残りの不等式を証明せよ．

当然のことながら，$|a_{ij}| \leq \|A\|$ が成り立ちますので，例えば近似和の行列 (4.20) が収束することを示すには，行列ノルムの意味で Cauchy 列となっていることを言えばよい．従って，この一般項のノルムを抑えるような一般項を持ち，収束が既知である何らかの数の級数（いわゆる優級数）を見つければよい．ここでは普通の指数関数の Taylor 展開がおあつらえ向きに必要な優級数を提供します：上の補題の性質 (5) を繰り返し使うと，性質 (2) と合わせて

$$\Big\|\frac{A^k}{k!}\Big\| \leq \frac{\|A\|^k}{k!}.$$

従って，$\|A\| \leq M$ という範囲で，(4.19) は一様収束することが分かります (Weierstrass の M-判定法，cf. 補題 3.5)．

A の成分をすべて変数とみなして n^2 変数の関数と考えるのは分かり易いとは言えないので，普通は A を定数行列とし，それにスカラーの変数 x を掛けた xA の指数関数

$$e^{xA} = I + xA + \frac{x^2 A^2}{2!} + \cdots + \frac{x^k A^k}{k!} + \cdots \qquad (4.23)$$

を 1 変数 x の行列値関数として考えます．これは任意に固定した $M > 0$ について $|x| \leq M$ で一様に収束します．実は x は複素数でもよいことは普通のスカラーの指数関数の Taylor 展開のときと同様です．こうして定義した指数関数の x に関する微分も，普通のスカラーの指数関数の Taylor 展開のときと同様，項別微分で計算できます．微分の意味はもちろん成分毎の微分，すなわち行列を n^2 次元のベクトルとみなしたときの微分です．項別微分の正当化はスカラーの場合の "冪級数は収束円内で項別に微積分できる" という有名な結果（例えば[2], 定理 8.10）に帰着させて示されます．その基礎となるのは Weierstrass の定理（定理 3.3 の (2)）です．

【定数係数線形系の解】　上で求めた行列の指数関数は，

$$\frac{d}{dx} e^{xA} = A e^{xA}$$

を満たすので，e^{xA} の各列は，もとの線形微分方程式系の解ベクトルを与えます．行列式の公式（例えば[3], 系 5.24）から

$$\det e^{xA} = e^{x \operatorname{tr} A} \neq 0$$

なので，それらは 1 次独立です．すなわち e^{xA} は，線形系の一般論で述べた解の基本系を与えています．しかも好都合なことに $x = 0$ のとき $e^{xA} = e^O = I$ となるので，任意の定数ベクトル $\vec{c}$ に対して $e^{xA}\vec{c}$ は，初期条件 $\vec{y}(0) = \vec{c}$ を満たす解を与えます．更に，(4.16) の両辺に e^{-xA} を掛けると，(4.16) を

$$\frac{d}{dx} \left(e^{-xA} \vec{y} \right) = e^{-xA} \vec{f}$$

と書き直す操作も正当化されます．この両辺を 0 から x まで積分すれば

$$e^{-xA} \vec{y} - \vec{y}(0) = \int_0^x e^{-sA} \vec{f}(s) ds.$$

従って初期値を $\vec{y}(0) = \vec{c}$ と置き，両辺に e^{xA} を掛ければ

$$\vec{y} = e^{xA} \vec{c} + \int_0^x e^{(x-s)A} \vec{f}(s) ds \qquad (4.24)$$

という解の公式が得られます．(4.24) の右辺第 1 項は斉次方程式の初期値問題

の解の公式を与えています．この計算は，初期値問題の解が必然的に (4.24) で表されることを意味し，従って定数係数の線形方程式系については，第3章の一般論を援用せずとも，解がちょうど n 次元の線形空間を成すことが分かるのです．$\vec{c}$ を任意定数と思えば，$e^{xA}\vec{c}$ は斉次方程式の一般解を与えているとも解釈されます．また (4.24) の第2項は初期値が $\vec{0}$ であるような非斉次方程式の特殊解を与えていますが，これは定数変化法が与える特殊解と本質的に同じものです．このように，行列の指数関数さえ計算すれば，定数係数の1階連立系は完璧に解けてしまうのです．

【行列の指数関数の具体的計算】　さて，行列の指数関数とそれを用いた微分方程式の解の表現は定義できましたが，実際に計算できなければ実用にはなりません．定義のままで無限級数の和を求めるのは大変なので，普通は A を標準形に直して計算します．一般に $S^{-1}AS = B$ という相似変換で

$$e^B = e^{S^{-1}AS} = I + S^{-1}AS + \frac{(S^{-1}AS)^2}{2!} + \cdots + \frac{(S^{-1}AS)^k}{k!} + \cdots.$$

ここで

$$(S^{-1}AS)^k = \underbrace{S^{-1}AS \cdot S^{-1}AS \cdots\cdots S^{-1}AS}_{k \text{ 個}} = S^{-1}A^k S$$

となることに注意すれば，上は

$$= I + S^{-1}AS + \frac{S^{-1}A^2 S}{2!} + \cdots + \frac{S^{-1}A^k S}{k!} + \cdots$$
$$= S^{-1}\Big(I + A + \frac{A^2}{2!} + \cdots + \frac{A^k}{k!} + \cdots\Big)S = S^{-1}e^A S$$

と変形されます．よって，e^B の計算が簡単なら，それを用いて $e^A = Se^B S^{-1}$ が計算できます．特に B が対角型なら，

$$B = \begin{pmatrix} \lambda_1 & 0 & \cdots & 0 \\ 0 & \lambda_2 & \ddots & \vdots \\ \vdots & \ddots & \ddots & 0 \\ 0 & \cdots & 0 & \lambda_n \end{pmatrix} \implies e^B = \begin{pmatrix} e^{\lambda_1} & 0 & \cdots & 0 \\ 0 & e^{\lambda_2} & \ddots & \vdots \\ \vdots & \ddots & \ddots & 0 \\ 0 & \cdots & 0 & e^{\lambda_n} \end{pmatrix}$$

となることが定義の級数 (4.19) を直接計算して容易に確かめられ，後は行列計算だけで e^A が具体的に求まります．一般の行列 A は必ずしも対角化できませ

んが，相似変換で **Jordan**(ジョルダン) **標準形**と呼ばれる次のようなブロック対角型にできることがよく知られています（例えば『線形代数講義』[3]，第 5 章 5.5 節）：

$$B = S^{-1}AS = \begin{pmatrix} J_1 & 0 & \cdots & 0 \\ 0 & J_2 & \ddots & \vdots \\ \vdots & \ddots & \ddots & 0 \\ 0 & \cdots & 0 & J_s \end{pmatrix}, \quad \text{ここに} \quad J_k = \begin{pmatrix} \lambda_k & 1 & & 0 \\ & \lambda_k & \ddots & \\ & & \ddots & 1 \\ 0 & & & \lambda_k \end{pmatrix}.$$

ここで，λ_i は A の固有値です．同一の固有値が複数のブロックとして現れ得ますが，それらが使われる数の総計がその固有値の重複度となります．従って特に，各ブロックのサイズは固有値の重複度を越えません．対角行列はブロックサイズがすべて 1 というのに相当します．Jordan 標準形とその求め方については，線形代数の教科書に譲り，ここでは，それを仮定して議論を進めましょう．実際にも，Jordan 標準形に関しては，ここに書かれた情報だけで済むことが多いのです．また，本節の最後に，微分方程式系を消去法で直接解くことにより Jordan 標準形とそれを達成する変換行列 S を求める方法を紹介します．

ブロックに分かれた行列の指数関数はブロック毎に計算できます．微分方程式で使うため，スカラー変数 x を掛けた形でこれらを計算すれば，

$$e^{xB} = \begin{pmatrix} e^{xJ_1} & 0 & \cdots & 0 \\ 0 & e^{xJ_2} & \ddots & \vdots \\ \vdots & \ddots & \ddots & 0 \\ 0 & \cdots & 0 & e^{xJ_s} \end{pmatrix}$$

ですから，各ブロックの指数関数が計算できればよいのですが，

$$x\begin{pmatrix} \lambda_k & 1 & & 0 \\ & \lambda_k & \ddots & \\ & & \ddots & 1 \\ 0 & & & \lambda_k \end{pmatrix} = x\begin{pmatrix} \lambda_k & 0 & \cdots & 0 \\ 0 & \lambda_k & \ddots & \vdots \\ \vdots & \ddots & \ddots & 0 \\ 0 & \cdots & 0 & \lambda_k \end{pmatrix} + x\begin{pmatrix} 0 & 1 & & 0 \\ & 0 & \ddots & \\ & & \ddots & 1 \\ 0 & & & 0 \end{pmatrix}$$

において，右辺の第 1 の行列はスカラー型なので，第 2 の行列と積が可換です．一般に非可換な行列に対しては，指数法則 $e^{A+B} = e^A e^B$ は成り立ちませんが，二つの行列が可換なら成り立つことが指数関数の級数による定義から容易に分かります．微積の演習で通常の指数関数に対し，その Taylor 展開を用いて指数法則をそうやって導いたことのある人も多いでしょう．以上より各ブロック

4.3 行列の指数関数

の指数関数は上の右辺の各々について指数関数を計算したものの積でよろしい．一つ目は対角行列でその指数関数はもう計算してあるので，二つ目だけを計算すればよいのですが，この形の行列は冪乗すると肩の 1 が順に右上にずれて行き，このブロックのサイズ n_k と同じだけ冪乗すると最後にみんな消えて無くなる，いわゆる冪零行列というものなので，直接級数で計算しても有限和となり，大した手間もなく，

$$\exp\left\{x\begin{pmatrix}0 & 1 & & 0\\ & 0 & \ddots & \\ & & \ddots & 1\\ 0 & & & 0\end{pmatrix}\right\} = I + x\begin{pmatrix}0 & 1 & & 0\\ & 0 & \ddots & \\ & & \ddots & 1\\ 0 & & & 0\end{pmatrix} + \frac{x^2}{2!}\begin{pmatrix}0 & 0 & 1 & & 0\\ 0 & 0 & & \ddots & \\ \vdots & \ddots & \ddots & \ddots & 1\\ \vdots & & \ddots & \ddots & 0\\ 0 & \cdots & \cdots & 0 & 0\end{pmatrix}$$

$$+ \cdots + \frac{x^{n_k-1}}{(n_k-1)!}\begin{pmatrix}0 & \cdots & 0 & 1\\ 0 & 0 & & 0\\ \vdots & \ddots & \ddots & \vdots\\ 0 & \cdots & 0 & 0\end{pmatrix}$$

$$= \begin{pmatrix}0 & x & \frac{x^2}{2!} & \cdots & \frac{x^{n_k-1}}{(n_k-1)!}\\ 0 & 0 & \ddots & \ddots & \vdots\\ \vdots & \ddots & \ddots & \ddots & \frac{x^2}{2!}\\ \vdots & & \ddots & \ddots & x\\ 0 & \cdots & \cdots & 0 & 0\end{pmatrix}$$

従って最終的に

$$\exp\left\{x\begin{pmatrix}\lambda_k & 1 & & 0\\ & \lambda_k & \ddots & \\ & & \ddots & 1\\ 0 & & & \lambda_k\end{pmatrix}\right\} = \begin{pmatrix}e^{\lambda_k x} & xe^{\lambda_k x} & \frac{x^2}{2!}e^{\lambda_k x} & \cdots & \frac{x^{n_k-1}}{(n_k-1)!}e^{\lambda_k x}\\ 0 & \ddots & \ddots & \ddots & \vdots\\ \vdots & \ddots & \ddots & \ddots & \frac{x^2}{2!}e^{\lambda_k x}\\ \vdots & & \ddots & \ddots & xe^{\lambda_k x}\\ 0 & \cdots & \cdots & 0 & e^{\lambda_k x}\end{pmatrix}$$

となります．最終的な答はこれらを対角ブロックに置いたものです．もちろん e^{xA} はそれを更に S と S^{-1} で挟んで変換する必要があります．（ただし解の基本系を得るだけなら，S^{-1} は省略できます．）以上に計算した行列の指数関数の形から次のことが直ちに分かります．

定理 4.6 1 階の定数係数線形系の解の基底は（複素数値）指数関数多項式を要

素とするベクトルで与えられる．指数関数の指数に現れる係数は係数行列の固有値である．それに掛かる多項式の最大次数は，対応する固有値に属する Jordan ブロックの最大サイズから 1 を減じたものであり，従って最高でも固有値の重複度から 1 を減じた値を越えない．特に，係数行列が対角化可能な場合は多項式は現れず，解は指数関数だけで表される．

なお，当然のことながら，実行列 A に対しても固有値は複素数となり得るので，変換行列 S も一般には複素行列です．従って実用に供するには，指数関数を計算した最後の答の実部を取り，Euler の等式を用いて虚数の指数関数を 3 角関数で置き換えることが必要になるでしょう．

問 4.3 次の行列 A の指数関数 e^{tA} を計算せよ．

(1) $\begin{pmatrix} 3 & 2 \\ 1 & 2 \end{pmatrix}$ 　(2) $\begin{pmatrix} -5 & -3 & 4 \\ 6 & 4 & -4 \\ -6 & -3 & 5 \end{pmatrix}$ 　(3) $\begin{pmatrix} 1 & 1 & 2 \\ 3 & 1 & -3 \\ -2 & 0 & 3 \end{pmatrix}$

(4) $\begin{pmatrix} 1 & -1 & -1 \\ 0 & 7 & 6 \\ 0 & -6 & -5 \end{pmatrix}$ 　(5) $\begin{pmatrix} 1 & 0 & 1 & -4 \\ 0 & 5 & -4 & 0 \\ 0 & 4 & -3 & 0 \\ 0 & 1 & -1 & 1 \end{pmatrix}$ 　(6) $\begin{pmatrix} -2 & 1 & 2 \\ -6 & -1 & -1 \\ -5 & 3 & 6 \end{pmatrix}$．

問 4.4 定数係数の n 階線形微分方程式 (2.42) を連立化したものの係数行列 ((4.14) で a_j が定数のもの) の Jordan 標準形は (2.42) の特性方程式 (2.43) の根が (2.44) となっているとき，各固有値 λ_j に対応する Jordan ブロックは 1 個でサイズが λ_j の重複度 ν_j に等しいことを示せ．[ヒント：定理 2.1 に示した解の基底を手がかりとせよ．]

問 4.5 次の線形系の一般解を計算せよ．

(1) $\begin{cases} y_1' = y_3 + y_2 - y_1, \\ y_2' = y_3 + y_1 - y_2, \\ y_3' = y_1 + y_2 + y_3 \end{cases}$ 　(2) $\begin{cases} y_1' = y_3 - y_2, \\ y_2' = y_3, \\ y_3' = y_3 - y_1 \end{cases}$ 　(3) $\begin{cases} y_1' = y_2, \\ y_2' = y_3 - 2y_1, \\ y_3' = 2y_1 + 5y_2. \end{cases}$

問 4.6 上の線形系のそれぞれについて，初期条件 $y_1(0) = 2, y_2(0) = 0, y_3(0) = -1$ を満たす解を求めよ．

■ 4.4 定数係数 1 階線形系の実用解法

行列の指数関数を用いた解法は見通しはよく理論的にも大切なものですが，必ずしも計算は楽ではありません．ここでは，より計算が楽な，あるいはあまり頭を使わずに済む，解法を紹介します．

【演算子法】微分作用素 $\dfrac{d}{dx}$ を D という文字で表すと，定数係数の線形微分

4.4 定数係数1階線形系の実用解法

方程式は，あたかも D の多項式のように見えます．実際，定数係数の微分作用素同士の積に関する可換性から，方程式

$$D^n y + a_1 D^{n-1} y + \cdots + a_n y = 0$$

は，演算子（作用素）の記号を用いて

$$(D^n + a_1 D^{n-1} + \cdots + a_n) y = 0$$

のように書けます．（最後の定数 a_n もこれを掛け算するという立派な演算子の一種です．）もし対応する特性方程式

$$\lambda^n + a_1 \lambda^{n-1} + \cdots + a_n = 0$$

が λ_1 を ν_1-重根，…，λ_s を ν_s-重根として持てば，この多項式の因数分解が D の多項式にも適用できて，上は作用素の意味で

$$(D - \lambda_1)^{\nu_1} \cdots (D - \lambda_s)^{\nu_s} y = 0$$

と書き直せます．これから，もとの方程式は，より簡単な $(D - \lambda_s)^{\nu_s} y = 0$ という方程式の解を解の一部に含むことが分かります．そこで発見的に，指数関数に対する D の作用を見ると，

$$De^{\lambda x} = \lambda e^{\lambda x}, \quad (D - a) e^{\lambda x} = (\lambda - a) e^{\lambda x},$$

一般に D の多項式 $P(D)$ に対して $P(D) e^{\lambda x} = P(\lambda) e^{\lambda x}$.

更に，指数関数多項式に対する作用は

$$D(x^k e^{\lambda x}) = (\lambda x^k + k x^{k-1}) e^{\lambda x}, \quad 特に \quad (D - \lambda)(x^k e^{\lambda x}) = k x^{k-1} e^{\lambda x}.$$

従って，

$$(D - \lambda)^k (x^k e^{\lambda x}) = k! e^{\lambda x}, \quad (D - \lambda)^{k+1} (x^k e^{\lambda x}) = 0$$

が分かります．これから，最初に挙げた微分方程式 $(D - \lambda_s)^{\nu_s} y = 0$ は

$$e^{\lambda_s x}, x e^{\lambda_s x}, \ldots, x^{\nu_s - 1} e^{\lambda_s x}$$

という1次独立な解を持つことが直ちに分かります．積は可換なので，これは

$1 \leq j \leq s$ なる任意の j について $(D-\lambda_j)^{\nu_j} y = 0$ の解にも当てはまり，よってこれから第 2 章 2.8 節の定理 2.1 の主張が確かめられました．

演算子法は，これを更に進めて，D の多項式，あるいは有理関数を要素とする行列のの線形代数的な計算で定数係数の微分方程式系を機械的に解いてしまおうというものです．解くためには，D の多項式で割り算しないといけませんが，

$$\frac{1}{D-a} \longleftrightarrow e^{ax}, \quad 一般に \quad \frac{1}{(D-a)^k} \longleftrightarrow \frac{x^{k-1}}{(k-1)!} e^{ax} \quad (4.25)$$

という置き換えをします．特性根が虚数になってもこれらの計算は正当で，方程式が実係数なら最後の結果は自然に実数の表現になりますが，場合によっては次のような公式も便利です．

$$\frac{1}{D^2+a^2} = \frac{1}{2ai}\Big(\frac{1}{D-ai} - \frac{1}{D+ai}\Big) \longleftrightarrow \frac{1}{2ai}(e^{aix} - e^{-aix}) = \frac{1}{a}\sin ax, \quad (4.26)$$

$$\frac{1}{(D^2+a^2)^2} = -\frac{1}{2a}\frac{\partial}{\partial a}\frac{1}{D^2+a^2}$$
$$\longleftrightarrow -\frac{1}{2a}\frac{\partial}{\partial a}\Big(\frac{1}{a}\sin ax\Big) = \frac{1}{2a^3}\sin ax - \frac{x}{2a^2}\cos ax. \quad (4.27)$$

一般の冪に対する公式はきれいには書けませんが，以下同様に必要なところまで計算できます．また

$$\frac{D}{D^2+a^2} \longleftrightarrow D\Big(\frac{1}{a}\sin ax\Big) = \cos ax, \quad (4.28)$$

$$\frac{D}{(D^2+a^2)^2} \longleftrightarrow D\Big(\frac{1}{2a^3}\sin ax - \frac{x}{2a^2}\cos ax\Big) = \frac{x}{2a}\sin ax \quad (4.29)$$

等々も使えます．

例題 4.1 問 4.5 (2) の連立方程式に初期条件 $y_1(0) = 2, y_2(0) = 0, y_3(0) = -1$ をつけたものの解（問 4.6）を演算子法を用いて求めよ．

解答 この方程式を演算子を用いて書き直すと，

$$\begin{cases} Dy_1 + y_2 - y_3 = 0, \\ Dy_2 - y_3 = 0, \\ y_1 + (D-1)y_3 = 0. \end{cases}$$

4.4 定数係数 1 階線形系の実用解法

これを行列表記し，右辺に初期値ベクトルを追加する．方程式の意味が変わるので，未知関数を $\vec{y}$ から $\vec{z}$ に置き換えると，

$$\begin{pmatrix} D & 1 & -1 \\ 0 & D & -1 \\ 1 & 0 & D-1 \end{pmatrix} \begin{pmatrix} z_1 \\ z_2 \\ z_3 \end{pmatrix} = \begin{pmatrix} 2 \\ 0 \\ -1 \end{pmatrix}.$$

これを D があたかも数であるかのようにみなし，消去法で形式的に解くと，

$$\begin{pmatrix} 1 & 0 & 0 \\ 0 & 1 & 0 \\ 0 & 0 & 1 \end{pmatrix} \begin{pmatrix} z_1 \\ z_2 \\ z_3 \end{pmatrix} = \begin{pmatrix} \frac{2D-1}{D^2+1} \\ -\frac{D+2}{D^3-D^2+D-1} \\ -\frac{D(D+2)}{D^3-D^2+D-1} \end{pmatrix}$$

が得られる．(計算の詳細は練習問題とする．) 1 行目を変形し，公式を適用すれば

$$z_1 = \frac{2D-1}{D^2+1} = 2\frac{D}{D^2+1} - \frac{1}{D^2+1} \longleftrightarrow 2\cos x - \sin x = y_1.$$

同様に，$D^3 - D^2 + D - 1 = (D-1)(D^2+1)$ と因数分解されることを用いて，

$$z_2 = -\frac{D+2}{D^3-D^2+D-1} = -\frac{D+2}{2}\left(\frac{1}{D-1} - \frac{D+1}{D^2+1}\right)$$
$$= -\frac{1}{2} - \frac{3}{2}\frac{1}{D-1} + \frac{1}{2} + \frac{3D+1}{2(D^2+1)} \longleftrightarrow -\frac{3}{2}e^x + \frac{3}{2}\cos x + \frac{1}{2}\sin x = y_2,$$

$$z_3 = -\frac{D(D+2)}{D^3-D^2+D-1} = -\frac{D(D+2)}{2}\left(\frac{1}{D-1} - \frac{D+1}{D^2+1}\right)$$
$$= -\frac{D+3}{2} - \frac{3}{2}\frac{1}{D-1} + \frac{D+3}{2} + \frac{1}{2}\frac{D-3}{D^2+1}$$
$$\longleftrightarrow -\frac{3}{2}e^x + \frac{1}{2}\cos x - \frac{3}{2}\sin x = y_3.$$

問 4.7 上の行列計算を実行せよ．

次に 2 階単独方程式の初期値問題の演算子を用いた解法を示します．一般に

$$y'' + ay' + b = 0, \quad y(0) = c_0, \ y'(0) = c_1$$

の解を求めるときは，

$$(D^2 + aD + b)z = c_1 + ac_0 + c_0 D \tag{4.30}$$

という演算子方程式に置き換えればよいことが，方程式を 1 階線形系に書き直して前例題の置き換え法を適用すれば分かります．（なお，超関数を用いた直接導出法の説明を次の例題の後に与えました．）

例題 4.2 次の初期値問題を演算子法を用いて解け．
(1) $y'' - 3y' + 2y = 0$, 初期条件 $y(0) = 0, y'(0) = 1$.
(2) $y'' - 3y' + 2y = x$, 初期条件 $y(0) = y'(0) = 0$.

解答 (1) 方程式を (4.30) を用いて

$$(D^2 - 3D + 2)y = 0, \quad y(0) = 0, y'(0) = 1 \quad \longleftrightarrow \quad (D-2)(D-1)z = 1$$

と演算子で書き直すと

$$z = \frac{1}{(D-2)(D-1)} = \frac{1}{D-2} - \frac{1}{D-1} \longleftrightarrow e^{2x} - e^x = y.$$

(2) 非斉次方程式の方は，初期条件が 0 なので，翻訳対照表 (4.25) より

$$(D-2)(D-1)y = x \longleftrightarrow (D-2)(D-1)z = \frac{1}{D^2}$$

と演算子で書き直す．ここで右辺の置き換えは，(4.25) において $a = 0, k = 1$ と取ったものである．よって形式的に

$$z = \frac{1}{(D-2)(D-1)} \frac{1}{D^2}.$$

右辺を部分分数分解して再び (4.25) を適用すると，

$$z = \frac{1}{2}\frac{1}{D^2} + \frac{3}{4}\frac{1}{D} - \frac{1}{D-1} + \frac{1}{4}\frac{1}{D-2} \longleftrightarrow \frac{x}{2} + \frac{3}{4} - e^x + \frac{1}{4}e^{2x} = y.$$

□

得られた解の先頭は確かに非斉次方程式の特殊解ですが，後に続いているものは何でしょう？　これは，初期条件が満たされるように調節する役目を持つ斉次解です．こういうのが演算子法の公式 (4.25) を適用すると自然に求まる理由を別の視点から見てみましょう．Heaviside 関数

$$Y(x) = \begin{cases} 0, & x \leq 0 \text{ のとき}, \\ 1, & x > 0 \text{ のとき} \end{cases}$$

というものを用いると，上で用いた演算子用の変数は $z(x) = y(x)Y(x)$ に相当しま

4.4 定数係数 1 階線形系の実用解法

す．これを微分すると，

$$z'(x) = \{y(x)Y(x)\}' = y'(x)Y(x) + y(x)Y'(x)$$

となりますが，$Y(x)$ は原点でジャンプしているので，普通の意味ではそこで微分できません．$Y'(x) = \delta(x)$ は **Dirac**(ディラック) のデルタ関数と呼ばれる超関数になり，原点以外では普通に 0 で，$y(x)\delta(x) = y(0)\delta(x)$ となります．上の解答で右辺に書いた 1 は，実は $\delta(x)$ のことだったのです．同様に，

$$\{y(0)\delta(x)\}' = y(0)\delta'(x),$$
$$\{y'(x)Y(x)\}' = y''(x)Y(x) + y'(0)\delta(x)$$

となり，これらの記号を用いると

$$\begin{aligned}(D^2 + aD + b)z &= D\{D(yY)\} + aD(yY) + byY\\
&= D\{(Dy)Y + y(0)\delta\} + a(Dy)Y + ay(0)\delta + byY\\
&= (D^2y + aDy + by)Y + y'(0)\delta + y(0)\delta' + ay(0)\delta\\
&= f(x)Y + (y'(0) + ay(0))\delta + y(0)\delta'\end{aligned}$$

となり，$\delta' = D\delta$ なので，右辺に $c_1 + ac_0 + c_0 D$ を追加すれば，初期条件が表現できるという訳です．特に，右辺が δ（演算子表現では 1）だけのときの解は**基本解**と呼ばれます．他の場合はこれに D を何度か施したものの 1 次結合をとれば出てくるからです．ちなみに Heaviside は 1900 年前後にこのような演算子法を発明し，その後の超関数理論の発展への端緒を与えました．

問 4.8 問 4.6 の初期値問題の残りの (1), (3) を演算子法で解け．

【**消去法による解法**】　線形代数で扱う通常の連立 1 次方程式と同様，消去法により未知数を減らして，定数係数の単独高階線形方程式を導き，第 2 章 2.8 節で与えた解の公式を用いるというものです[3]．導関数が含まれることにより生ずる注意点を明らかにするため，代表的な例を実際に解きながら説明します．

例 4.2 上の問 4.5 の (1) の連立微分方程式を解いてみる．第 1 の方程式

$$y_1' = y_3 + y_2 - y_1 \tag{4.31}$$

---

[3] 他の解法として，1 階の単独方程式を必要な数だけ導く消去法の別の形や，係数行列の固有値だけ線形代数的に求めて未定係数法を用いるものなどがあります．これらの詳細は『基礎演習微分方程式』([6]) 参照．

を微分して，出てきた y_2', y_3' に第 2，第 3 の方程式を代入すると

$$y_1'' = y_3' + y_2' - y_1' = (y_1 + y_2 + y_3) + (y_3 + y_1 - y_2) - y_1' = -y_1' + 2y_1 + 2y_3. \quad (4.32)$$

これをもう一度微分して同様の代入をすれば

$$y_1''' = -y_1'' + 2y_1' + 2y_3' = -y_1'' + 2y_1' + 2y_1 + 2y_2 + 2y_3. \quad (4.33)$$

この三つの式から y_2, y_3 を消去し y_1 の 3 階単独線形微分方程式を導くと

$$y_1''' + y_1'' - 4y_1' - 4y_1 = 0. \quad (4.34)$$

この解は，第 2 章 2.8 節の定理 2.1 で述べたように，特性方程式

$$\lambda^3 + \lambda^2 - 4\lambda - 4 = 0$$

の 3 根 $\lambda = 2, -1, -2$ を求めて

$$y_1 = c_1 e^{2x} + c_2 e^{-x} + c_3 e^{-2x}$$

と定まる．従って

$$y_1' = 2c_1 e^{2x} - c_2 e^{-x} - 2c_3 e^{-2x}, \quad y_1'' = 4c_1 e^{2x} + c_2 e^{-x} + 4c_3 e^{-2x}.$$

これらを (4.32)，次いで (4.31) に代入し，y_3, y_2 を順に求めれば，

$$y_3 = \frac{1}{2}y_1'' + \frac{1}{2}y_1' - y_1 = 2c_1 e^{2x} - c_2 e^{-x},$$

$$y_2 = -y_3 + y_1' + y_1 = c_1 e^{2x} + c_2 e^{-x} - c_3 e^{-2x}$$

となる．注意すべき点は得られた y_1 を代入した後 y_2 等を求めるのに積分したりすると，任意定数が増えてしまうということである．極端な場合として，y_1，y_2, y_3 それぞれが満たす単独方程式を導くとすべて (4.34) と同じものが得られ，それらを独立に解けば 9 個の任意定数が出てしまう．しかし実際にはそれらのうちで独立な任意定数は三つだけである．

さて，上に得た解の c_1, c_2, c_3 を係数とする項をそれぞれ取って並べれば，1 次独立な 3 個の解が得られる：

$$\begin{pmatrix} y_1 \\ y_2 \\ y_3 \end{pmatrix} = \begin{pmatrix} e^{2x} \\ e^{2x} \\ 2e^{2x} \end{pmatrix}, \quad \begin{pmatrix} e^{-x} \\ e^{-x} \\ -e^{-x} \end{pmatrix}, \quad \begin{pmatrix} e^{-2x} \\ -e^{-2x} \\ 0 \end{pmatrix}. \quad (4.35)$$

4.4 定数係数 1 階線形系の実用解法

一般解はこれらの 1 次結合となっている． □

上の連立方程式の解の基本系は

$$\Phi(x) = \begin{pmatrix} e^{2x} & e^{-x} & e^{-2x} \\ e^{2x} & e^{-x} & -e^{-2x} \\ 2e^{2x} & -e^{-x} & 0 \end{pmatrix} = \begin{pmatrix} 1 & 1 & 1 \\ 1 & 1 & -1 \\ 2 & -1 & 0 \end{pmatrix} \begin{pmatrix} e^{2x} & 0 & 0 \\ 0 & e^{-x} & 0 \\ 0 & 0 & e^{-2x} \end{pmatrix}$$

です．ここで，右辺の行列を順に $S, \Lambda(x)$ と置くと，$\Phi(x)S^{-1}\vec{c} = S\Lambda S^{-1}\vec{c}$ は与えられた方程式系 $\vec{y}' = A\vec{y}$ を満たし，かつ $\vec{c}$ を $x=0$ での初期値に持つので，初期値問題の解の一意性により行列の指数関数から得た解 $e^{xA}\vec{c}$ と一致しなければなりません．$\vec{c}$ は任意ベクトルなので，これから，

$$S\Lambda S^{-1} = e^{xA}, \qquad \therefore \quad \Lambda = S^{-1}e^{xA}S = e^{xS^{-1}AS}$$

が得られ，両辺を x で微分して $x=0$ と置けば，次のことが分かります．

$$A = \begin{pmatrix} -1 & 1 & 1 \\ 1 & -1 & 1 \\ 1 & 1 & 1 \end{pmatrix}, \ S = \begin{pmatrix} 1 & 1 & 1 \\ 1 & 1 & -1 \\ 2 & -1 & 0 \end{pmatrix} \implies S^{-1}AS = \begin{pmatrix} 2 & 0 & 0 \\ 0 & -1 & 0 \\ 0 & 0 & -2 \end{pmatrix}.$$

別の説明法をすれば，${}^t(a,b,c)e^{\lambda x}$ の形のベクトルが方程式系を満たしていれば，方程式に代入すればすぐ分かるように，${}^t(a,b,c)$ が係数行列 A の固有値 λ に対応する固有ベクトルでなければなりません．よって，(4.35) から係数ベクトルを取り出したものは，A の固有ベクトルを並べたものとなり，従って対角型への相似変換行列を与えるのです．

次は，多項式が出て来る場合を取り扱います．

例 4.3 次の連立微分方程式の一般解を求めてみる．

$$\begin{cases} y_1' = 3y_1 - y_2 + 2y_3, \\ y_2' = 2y_1 - y_2 + 7y_3, \\ y_3' = y_1 - y_2 + 4y_3. \end{cases}$$

上と同様に計算する．一つ目を微分して

$$y_1'' = 3y_1' - y_2' + 2y_3' = 3y_1' - (2y_1 - y_2 + 7y_3) + 2(y_1 - y_2 + 4y_3)$$
$$= 3y_1' - y_2 + y_3,$$
$$y_1''' = 3y_1'' - y_2' + y_3' = 3y_1'' - (2y_1 - y_2 + 7y_3) + (y_1 - y_2 + 4y_3)$$
$$= 3y_1'' - y_1 - 3y_3.$$

ここで,
$$y_1' - y_1'' = 3y_1 - 3y_1' + y_3 \quad \therefore \quad y_3 = -y_1'' + 4y_1' - 3y_1.$$
これより,
$$y_1''' = 3y_1'' - y_1 - 3(-y_1'' + 4y_1' - 3y_1) = 6y_1'' - 12y_1' + 8y_1.$$
$\lambda^3 - 6\lambda^2 + 12\lambda - 8 = 0$ は 3 重根 2 を持つので,
$$y_1 = (c_1 + c_2 x + c_3 x^2)e^{2x}$$
と置く. このとき
$$y_1' = \{2c_1 + c_2 + 2(c_2 + c_3)x + 2c_3 x^2\}e^{2x},$$
$$y_1'' = \{4c_1 + 4c_2 + 2c_3 + 4(c_2 + 2c_3)x + 4c_3 x^2\}e^{2x}$$
であり,先に求めた y_3 の表現から

$$\begin{aligned}
y_3 &= -y_1'' + 4y_1' - 3y_1 \\
&= -\{4c_1 + 4c_2 + 2c_3 + 4(c_2 + 2c_3)x + 4c_3 x^2\}e^{2x} \\
&\quad + 4\{2c_1 + c_2 + 2(c_2 + c_3)x + 2c_3 x^2\}e^{2x} - 3(c_1 + c_2 x + c_3 x^2)e^{2x} \\
&= (c_1 - 2c_3 + c_2 x + c_3 x^2)e^{2x}.
\end{aligned}$$

よって,再び一つ目の方程式を用いて

$$\begin{aligned}
y_2 &= 3y_1 - y_1' + 2y_3 \\
&= 3(c_1 + c_2 x + c_3 x^2)e^{2x} - \{2c_1 + c_2 + 2(c_2 + c_3)x + 2c_3 x^2\}e^{2x} \\
&\quad + 2(c_1 - 2c_3 + c_2 x + c_3 x^2)e^{2x} \\
&= \{3c_1 - c_2 - 4c_3 + (3c_2 - 2c_3)x + 3c_3 x^2\}e^{2x}.
\end{aligned}$$

以上より,解の基底として
$$\begin{pmatrix} y_1 \\ y_2 \\ y_3 \end{pmatrix} = \begin{pmatrix} e^{2x} \\ 3e^{2x} \\ e^{2x} \end{pmatrix}, \quad \begin{pmatrix} xe^{2x} \\ (-1+3x)e^{2x} \\ xe^{2x} \end{pmatrix}, \quad \begin{pmatrix} x^2 e^{2x} \\ (-4-2x+3x^2)e^{2x} \\ (-2+x^2)e^{2x} \end{pmatrix}$$

が得られる. 一般解はこれらの 1 次結合である. □

4.4 定数係数 1 階線形系の実用解法

上で求めた解と Jordan 標準形との関係を調べましょう．最後のベクトルだけ $\frac{1}{2}$ 倍して基本行列を作ると

$$\begin{pmatrix} e^{2x} & xe^{2x} & \frac{1}{2}x^2 e^{2x} \\ 3e^{2x} & (-1+3x)e^{2x} & (-2-x+\frac{3}{2}x^2)e^{2x} \\ e^{2x} & xe^{2x} & (-1+\frac{1}{2}x^2)e^{2x} \end{pmatrix}$$

$$= \begin{pmatrix} 1 & 0 & 0 \\ 3 & -1 & -2 \\ 1 & 0 & -1 \end{pmatrix} \begin{pmatrix} e^{2x} & xe^{2x} & \frac{1}{2}x^2 e^{2x} \\ 0 & e^{2x} & xe^{2x} \\ 0 & 0 & e^{2x} \end{pmatrix}.$$

これより，先と同様の推論で

$$A = \begin{pmatrix} 3 & -1 & 2 \\ 2 & -1 & 7 \\ 1 & -1 & 4 \end{pmatrix}, \quad S = \begin{pmatrix} 1 & 0 & 0 \\ 3 & -1 & -2 \\ 1 & 0 & -1 \end{pmatrix} \quad \Longrightarrow \quad S^{-1}AS = \begin{pmatrix} 2 & 1 & 0 \\ 0 & 2 & 1 \\ 0 & 0 & 2 \end{pmatrix}$$

と分かります．

最後に，もう少しややこしい場合を考えましょう．

例 4.4 次の連立微分方程式の一般解を求めてみる．

$$\begin{cases} y_1' = 10y_1 - 4y_2 - 4y_3, & \cdots\cdots ① \\ y_2' = 2y_1 + y_2 - y_3, & \cdots\cdots ② \\ y_3' = 14y_1 - 7y_2 - 5y_3. & \cdots\cdots ③ \end{cases}$$

同様の方法で，まず y_1 の単独常微分方程式を導く．① を微分して

$$y_1'' = 10y_1' - 4y_2' - 4y_3' = 10(10y_1 - 4y_2 - 4y_3) - 4(2y_1 + y_2 - y_3)$$
$$\quad - 4(14y_1 - 7y_2 - 5y_3)$$
$$= 36y_1 - 16y_2 - 16y_3. \quad \cdots\cdots ④$$

これから ①×4 を引いて

$$\therefore \quad y_1'' - 4y_1' = -4y_1, \quad \text{i.e.} \quad y_1'' - 4y_1' + 4y_1 = 0. \quad \cdots\cdots ⑤$$

$\lambda^2 - 4\lambda + 4 = 0$ は 2 を重根として持つので，これより

$$y_1 = (c_1 + c_2 x)e^{2x} \quad \text{従って} \quad y_1' = (2c_1 + c_2 + 2c_2 x)e^{2x}$$

と置ける．これを ① に代入して

$$y_2+y_3 = \frac{1}{4}\{10(c_1+c_2x)e^{2x} - (2c_1+c_2+2c_2x)e^{2x}\} = \left\{2c_1 + \left(-\frac{1}{4}+2x\right)c_2\right\}e^{2x}.$$

これを ② に代入して

$$y_2' = 2y_1 + 2y_2 - (y_2+y_3) = 2y_2 + 2(c_1+c_2x)e^{2x} - \left\{2c_1 + \left(-\frac{1}{4}+2x\right)c_2\right\}e^{2x}$$

$$\therefore \quad y_2' - 2y_2 = \frac{1}{4}c_2 e^{2x}.$$

左辺の特性多項式は $\lambda - 2$ なので，この方程式は "共振" の場合となる．よって

$$y_2 = axe^{2x}$$

と置いて特殊解を求めると，

$$a = \frac{c_2}{4}.$$

これに左辺の斉次方程式の一般解を加えて

$$y_2 = \left(\frac{1}{4}c_2 x + c_3\right)e^{2x}.$$

（ここで第 3 の任意定数が現れた．）最後に，

$$y_3 = -y_2 + \left\{2c_1 + \left(-\frac{1}{4}+2x\right)c_2\right\}e^{2x} = \left\{2c_1 + \left(-\frac{1}{4}+\frac{7}{4}x\right)c_2 - c_3\right\}e^{2x}.$$

この場合の 1 次独立な 3 個の解は，(分数を避けて，c_2 を $4c_2$ に置き換えると)，

$$\begin{pmatrix} y_1 \\ y_2 \\ y_3 \end{pmatrix} = \begin{pmatrix} e^{2x} \\ 0 \\ 2e^{2x} \end{pmatrix}, \quad \begin{pmatrix} 4xe^{2x} \\ xe^{2x} \\ (-1+7x)e^{2x} \end{pmatrix}, \quad \begin{pmatrix} 0 \\ e^{2x} \\ -e^{2x} \end{pmatrix}. \qquad (4.36)$$

一般解はこれらの 1 次結合である． □

🐰　ここでは，y_1 が満たす方程式として，サイズよりも低い 2 階の単独方程式を導きましたが，これに気づかず，y_1''' まで求めると，右辺の y_1, y_2, y_3 の 1 次式が 1 次独立でないので，3 階の単独方程式は二つ求まります．それらの特性根は，2 以外のものも含むものの，共通根は 2 しか無いので，結局上と同じ計算に帰着します．

　得られた解から，係数行列の重複固有値 2 に対する Jordan ブロックの最大サイズは 2 であることが分かり，Jordan 標準形は

$$\begin{pmatrix} 2 & 1 & 0 \\ 0 & 2 & 0 \\ 0 & 0 & 2 \end{pmatrix}$$

と決まります．ただし，前例題の後でやったようにこの三つの解をそのまま並べて解の基本行列としても，今度は Jordan 標準形への変換行列は求まりません．(4.36) の第 2 の解を

$$\begin{pmatrix} 4xe^{2x} \\ xe^{2x} \\ (-1+7x)e^{2x} \end{pmatrix} = \begin{pmatrix} 4 \\ 1 \\ 7 \end{pmatrix} xe^{2x} + \begin{pmatrix} 0 \\ 0 \\ -1 \end{pmatrix} e^{2x}$$

と書き直し，ここで xe^{2x} の係数ベクトルに e^{2x} を掛けて得られる ${}^t(4,1,7)e^{2x}$ がやはりこの方程式系の解であること（何故か？）に注意し，第 1 の解をこれで置き換えて得られる新たな基本行列を取れば，

$$\Phi = \begin{pmatrix} 4e^{2x} & 4xe^{2x} & 0 \\ e^{2x} & xe^{2x} & e^{2x} \\ 7e^{2x} & (-1+7x)e^{2x} & -e^{2x} \end{pmatrix} = \begin{pmatrix} 4 & 0 & 0 \\ 1 & 0 & 1 \\ 7 & -1 & -1 \end{pmatrix} \begin{pmatrix} e^{2x} & xe^{2x} & 0 \\ 0 & e^{2x} & 0 \\ 0 & 0 & e^{2x} \end{pmatrix}.$$

これから次の変換が読み取れます：

$$A = \begin{pmatrix} 10 & -4 & -4 \\ 2 & 1 & -1 \\ 14 & -7 & -5 \end{pmatrix}, \quad S = \begin{pmatrix} 4 & 0 & 0 \\ 1 & 0 & 1 \\ 7 & -1 & -1 \end{pmatrix} \implies S^{-1}AS = \begin{pmatrix} 2 & 1 & 0 \\ 0 & 2 & 0 \\ 0 & 0 & 2 \end{pmatrix}.$$

Jordan 標準形が同一の固有値に対して複数の Jordan ブロックを含む場合は，線形代数でも一般固有ベクトルの標準基底を決めること（すなわち標準形への変換行列を決めること）が複雑になるのでしたが，微分方程式系を用いた計算でもこれは同様です．一般に，x の多項式の最高次の係数ベクトルは固有ベクトルとなり，そのまま使えますが，それより低い次数の解を Jordan 標準形に合わせるためには，上でやったように適当な取り換えが必要となります．

問 4.9 問 4.5 (2), (3) の一般解を消去法で求め，係数行列の Jordan 標準形を示せ．

■ 4.5 境界値問題

線形微分方程式に対する境界値問題は，第 1 章 1.2 節 b) で典型的な波動方程式の例で説明したように，偏微分方程式を変数分離法により解く過程で生じるのが大半です．そこから Fourier 級数のような重要な解析の道具も誕生しま

した．ここではそういう背景は措いて，常微分方程式としての問題に直接入りましょう．背景に更に興味のある人は [16] などを見てください．簡単のため 2 階の微分方程式に話を限りますが，偶数階の微分方程式に対しても同様の議論は可能です．

【境界値問題の定義と例題】 初期値問題が独立変数の 1 点において未知関数とその導関数の値を指定するのに対し，**境界値問題**は独立変数の異なる 2 点 a, b において一つずつそれらの値を指定し（**境界条件**），これを満たす解を区間 $[a, b]$ 内で求めるものです．線形微分方程式に対しては初期値問題がいつでも一意可解なのに対し，境界値問題の方は，方程式の階数と同じ個数のデータを与えても必ずしも一意可解ではなく，いわゆる固有値問題が生じます．

2 階の微分方程式の場合，代表的な境界条件は次の通りです[4]．

Dirichlet 条件　　　$y(a) = y_a, \quad y(b) = y_b.$
Neumann 条件　　　$y'(a) = y_a, \quad y'(b) = y_b.$
第 3 種境界条件　　　$y'(a) + ky(a) = y_a, \quad y'(b) + ly(b) = y_b.$

いずれも，$y_a = y_b = 0$ のとき斉次と言います．この他，一方の端で Dirichlet 条件，他方の端で Neumann 条件を課したり（混合境界条件），両端での条件を混ぜた**非局所的境界条件**なども使われます．その中でも重要なのが

周期境界条件　　　$y(a) = y(b), \quad y'(a) = y'(b)$

です．これらを手計算で解くには，一般解に境界条件を代入して任意定数を未知数とする（一般には超越）方程式を解くしかありません．一般解が具体的に求まらないときは，関数解析などの助けを用いて理論的に研究することになります．他方，数値計算では，有限次元の行列の逆行列を求める問題や固有値問題に帰着されて直接解くことができます（[4], 第 10 章など参照）．ここではまず，最初に述べた具体的計算法を境界値問題の例についてやってみましょう．

例題 4.3　次の微分方程式の境界値問題を解け．

$$y'' + 2y' + 2y = 0, \quad y(0) = 1, \ y'(\pi) = 1.$$

---

[4] 一般に $2m$ 階の線形微分方程式に対しては，境界の端点にそれぞれ m 個ずつの境界条件を指定するのが普通ですが，そうでないような指定の仕方も可能です．

4.5 境界値問題

解答 この方程式の一般解は, 公式に当てはめて $y = (c_1 \cos x + c_2 \sin x)e^{-x}$ と求まる. よって $y' = \{-c_1(\sin x + \cos x) + c_2(\cos x - \sin x)\}e^{-x}$. これらに境界条件を適用すると,

$$y(0) = c_1 = 1, \quad y'(\pi) = (c_1 - c_2)e^{-\pi} = 1, \quad \text{よって} \quad c_2 = 1 - e^{\pi}$$

となるので, 解は $y = \{\cos x - (e^{\pi} - 1)\sin x\}e^{-x}$. □

この解法は簡単でしたが, 境界条件を両端とも Dirichlet 条件 $y(0) = y(\pi) = 1$ に替えると, 矛盾が生じて解が求まらなくなります. この理由は次の小節で調べます.

問 4.10 次の境界値問題について解けるものは解き, 解けないものはそう答えよ. 一般解は問 2.14 で求めたものを利用せよ.

(1) $y'' + 2y' - 3y = x, \quad y(0) = 0, \quad y(1) = 0$
(2) $y'' - y' - 2y = 1, \quad y'(0) = 0, \quad y'(1) = 0$
(3) $y'' + y = \cos 2x, \quad y(0) = 0, \quad y(\pi) = 0$
(4) $y'' - 2y' + y = \sin x, \quad y(0) = y(\pi), \quad y'(0) = y'(\pi)$
(5) $y'' - y = x, \quad y(-1) = 0, \quad y'(1) = 0$
(6) $y'' - 4y' + 5y = e^{2x}, \quad y(-\pi) = 0, \quad y(\pi) = 0.$

【固有値の計算例】 2 階線形微分方程式に対する斉次 Dirichlet 境界値問題

$$y'' + a(x)y' + b(x)y = \lambda y, \quad y(0) = y(1) = 0$$

には, 有限行列に対する連立 1 次方程式 $A\boldsymbol{y} = \lambda \boldsymbol{y}$ と同様の性質が有り, λ の値によって解が 0 しかない場合と, 1 次元の自由度を持つ解が存在する場合に分かれます. 後者のような λ はこの境界値問題 (正確にはこの境界条件付きの微分作用素 $\dfrac{d^2}{dx^2} + a(x)\dfrac{d}{dx} + b(x)$) の**固有値**または**スペクトル**と呼ばれ, そのとき同時に求まる非自明な解が対応する**固有関数**となります. y'' の係数が正 (負) のとき, 固有値は $-\infty$ ($+\infty$) に向かう数列を成します. (無限次元の線形空間での話なので, 固有値も無限に有り得るのです.)

λ が固有値でなければ, 方程式の右辺に任意の非斉次項 $f(x)$ を加えたものも一意に解けますが, 固有値の場合は, $f(x)$ により解けたり解けなかったりし, 解ける場合は固有関数分の自由度が有るので解は無数に存在します (後述の問 4.15 参照). これは行列の場合と同様の現象で, 解析学では Fredholm の
フレドホルム

交代定理と呼ばれるものの例となっています.

　固有値の計算による求め方は，やはり一般解に境界条件を代入してみて，0 以外の解が存在するように λ を決めればよろしい.

　以上は斉次 Neumann 条件や，その他の斉次境界条件でも同様です.

例題 4.4　次の境界値問題の固有値と固有関数を求めよ.
(1)　$-y'' = \lambda y$,　$y(0) = y(\pi) = 0$　　（Dirichlet 問題）.
(2)　$-y'' = \lambda y$,　$y'(0) = y'(\pi) = 0$　　（Neumann 問題）.

解答　(1)　まず，境界条件を無視した微分方程式の一般解は，

$$\lambda \neq 0 \text{ のとき } y = c_1 e^{\sqrt{-\lambda}x} + c_2 e^{-\sqrt{-\lambda}x}, \quad \lambda = 0 \text{ のとき } y = c_1 + c_2 x.$$

前者に境界条件を代入すると

$$c_1 + c_2 = 0, \quad c_1 e^{\sqrt{-\lambda}\pi} + c_2 e^{-\sqrt{-\lambda}\pi} = 0.$$

後の方の式は $c_1 e^{2\sqrt{-\lambda}\pi} + c_2 = 0$ と変形できるので，c_1, c_2 の連立 1 次方程式が 0 以外の解を持つための条件は，二つの方程式が 1 次独立でないこと，従って

$$e^{2\sqrt{-\lambda}\pi} = 1$$

である．ただし根号の内部が負となる複素指数関数も許容している．これは指数関数の肩が実数のときは $\lambda = 0$ しか満たさないが，ここが虚数になると，Euler の関係式 $e^{2n\pi i} = \cos 2n\pi + i\sin 2n\pi = 1$ より，$2\sqrt{-\lambda}\pi = 2n\pi i$, $n = \pm 1, \pm 2, \ldots$ も適する．これより $\lambda = n^2$, $n = 1, 2, \ldots$ が固有値と分かる．対応する固有関数は，上に示した一般解に $c_1 = -c_2 = \dfrac{1}{2i}$ を代入した $\dfrac{e^{inx} - e^{-inx}}{2i} = \sin nx$, $n = 1, 2, \ldots$ となる．なお，$\lambda = 0$ のときは，境界条件を満たすものは 0 しかないことが容易に分かり，0 は固有値ではない.

(2)　同じ一般解から

$$\lambda \neq 0 \text{ のとき } y' = c_1 \sqrt{-\lambda} e^{\sqrt{-\lambda}x} - c_2 \sqrt{-\lambda} e^{-\sqrt{-\lambda}x}, \quad \lambda = 0 \text{ のとき } y' = c_2$$

となる．前者に境界条件を適用すると

$$0 = c_1 \sqrt{-\lambda} - c_2 \sqrt{-\lambda}, \quad 0 = c_1 \sqrt{-\lambda} e^{\sqrt{-\lambda}\pi} - c_2 \sqrt{-\lambda} e^{-\sqrt{-\lambda}\pi}.$$

4.5 境界値問題

よって $\sqrt{-\lambda} \neq 0$ で割り算して

$$c_1 - c_2 = 0, \qquad c_1 e^{2\sqrt{-\lambda}\pi} - c_2 = 0.$$

これから $c_1 = c_2 = 0$ とならないためには，$e^{2\sqrt{-\lambda}\pi} = 1$, 従って $2\sqrt{-\lambda}\pi = 2n\pi i, n \in \mathbb{Z}$ となることが必要十分である．今回は $\lambda = 0$ は $c_2 = 0$ で満たされる．よって固有値はこれも含めて $\lambda = n^2, n = 0, 1, 2, \ldots$ となる．対応する固有関数は，一般解に $c_1 = c_2 = \frac{1}{2}$ を代入して

$$\frac{1}{2}(e^{inx} + e^{-inx}) = \cos nx.$$

($\lambda = 0$ のときの固有関数 1 は上で $n = 0$ としたものに含まれる．) □

 固有関数は，固有ベクトルと同様，定数倍は適当に決めればよいのです．後で内積を導入すれば，対応するノルムの値を 1 にするのが最も標準的です．

問 4.11 問 4.10 の微分方程式について，そこに書かれた境界条件を斉次にしたときの左辺の微分作用素の固有値と固有関数を求めよ．

問 4.12 第 1 章 1.2 節 c) 項で導いた 4 階の微分作用素 $\dfrac{d^4}{dx^4}$ に対し，Dirichlet 問題の固有値と固有関数を求めよ．(固有値は具体的に求まらないので存在範囲を特定せよ．)

【Sturm-Liouville 方程式の固有値理論】 ここで固有値問題の理論的背景について少し述べておきましょう．応用上重要な **Sturm-Liouville型** (ストゥルム・リューヴィル) の方程式

$$Ly := -\frac{d}{dx}\left(p(x)\frac{dy}{dx}\right) + q(x)y = \lambda r(x)y \tag{4.37}$$

に限ります．ここに，$p(x)$ は C^1 級の正値関数，$r(x)$ は正値連続関数とし，$q(x)$ は連続で符号は任意とします．考える区間は $[a, b]$ とします．最も基本的な例は $p(x) \equiv 1, q(x) \equiv 0, r(x) \equiv 1$ のときで，区間を $[0, \pi]$ に取れば，例題 4.4 (1) となります．ここで $r(x)$ があるのは，行列でいうと主行列 A に加えて正定値対称行列 B を用いた $A\vec{x} = \lambda B\vec{x}$ のような一般化固有値問題を考えていることに相当します．理論的には B が単位行列の場合の通常の固有値問題に容易に帰着できるので，線形代数では普通はあまりこういう練習はしませんが，応用ではよく出てくるので，数値計算のライブラリなどでも，固有値問題を解くサブルーチンはこの形になっていることが多いのです．以上は念頭に置

きつつも，ここでも簡単のため，$r(x) \equiv 1$ を仮定してしまいましょう．この場合への帰着の仕方は練習問題としておきます．

問 4.13 固有値問題 (4.37) を適当な変数変換により $r(x) \equiv 1$ の場合に帰着せよ．[ヒント：両辺を $r(x)$ で割り，独立変数を x から $X = \int_a^x r(s)ds$ に変換してみよ[5]．]

次の定理が基本的な結果です．以下これを微積分の範囲で示せるところまで証明しましょう．

定理 4.7 (4.37) に斉次 Dirichlet 条件を課したものは $+\infty$ に発散する可算無限個の実固有値を持つ．それらはすべて単純で，対応する固有関数で完全正規直交系が作れ，任意の関数をこれらにより展開できる．

まずは区間 $[a,b]$ 上の関数の空間に，次のような内積を導入します．

$$(\varphi, \psi) := \int_a^b \varphi(x)\psi(x)dx. \tag{4.38}$$

これは容易に分かるように，Euclid 空間の普通の内積と同様の正値性，対称性，双線形性を持ちます．このとき (4.37) の左辺の微分作用素は，斉次 Dirichlet 条件を満たす二つの関数 φ, ψ に対して等式 $(L\varphi, \psi) = (\varphi, L\psi)$ を満たす，いわゆる対称（正確には自己共役）作用素となります．これは境界条件を使って

$$(L\varphi, \psi) = \int_a^b -\left\{\frac{d}{dx}\left(p(x)\frac{d\varphi(x)}{dx}\right)\psi(x) + q(x)\varphi(x)\psi(x)\right\}dx$$

$$= -\left[p(x)\frac{d\varphi(x)}{dx}\psi(x)\right]_a^b + \int_a^b \left\{p(x)\frac{d\varphi(x)}{dx}\frac{d\psi(x)}{dx} + q(x)\varphi(x)\psi(x)\right\}dx.$$

ここで，積分で生じた境界項は境界条件により消え，残った項は φ, ψ について対称な形をしているので，$(L\psi, \varphi) = (\varphi, L\psi)$ に等しいことが分かります．固有値が実になることは，有限次の実対称行列の場合と全く同様にして示されます：まず内積を複素数値関数に対して Hermite 内積

$$(\varphi, \psi) = \int_a^b \varphi(x)\overline{\psi(x)}dx$$

---

[5] 簡単のため r は C^1 級と仮定せよ．実は固有値問題は p, r ともに連続なだけで同様の議論が可能である．

4.5 境界値問題

に拡張しておくと，$L\varphi = \lambda\varphi$ なら

$$(L\varphi, \varphi) = (\lambda\varphi, \varphi) = \lambda(\varphi, \varphi), \text{ 他方 } (L\varphi, \varphi) = (\varphi, L\varphi) = (\varphi, \lambda\varphi) = \overline{\lambda}(\varphi, \varphi).$$

$\varphi \neq 0$ より $(\varphi, \varphi) > 0$ なので，この二つが等しいためには $\overline{\lambda} = \lambda$，すなわち，$\lambda$ が実数でなければなりません．同様に，異なる固有値 $\lambda \neq \mu$ に対応する固有関数が直交することも，有限次元の場合と全く同様な形式的計算で，

$$\lambda(\varphi, \psi) = (\lambda\varphi, \psi) = (L\varphi, \psi) = (\varphi, L\psi) = (\varphi, \mu\psi) = \mu(\varphi, \psi)$$

から $(\varphi, \psi) = 0$ が出ます．

次に固有空間が 1 次元なことは，微分方程式が 2 階であることから出ます．すなわち，φ, ψ がともに境界条件を満たす $Ly = \lambda y$ の解であるとすれば，仮定により $\varphi(a) = \psi(a) = 0$ で，従ってロンスキアン $W[\varphi, \psi]$ は $x = a$ で第 1 行が 0 ベクトルとなるため 0 になります．すると補題 4.2 により φ, ψ は 1 次従属となります．

次に，$+\infty$ に向かう固有値が無限に存在することは，次の定理から出ます．

定理 4.8 (**Sturm の比較定理**) $\varphi_j, j = 1, 2$ は，それぞれ $(p_j(x)y')' + q_j y = 0, j = 1, 2$ の解とする．もし $a \leq x \leq b$ で $p_1 > p_2, q_1 < q_2$ なら，φ_2 は φ_1 の隣り合う零点の間に必ず零点を持つ．

証明 やや天下り的だが，証明を短くするため，Picone の恒等式

$$\frac{d}{dx}\left\{\frac{\varphi_1}{\varphi_2}(p_1\varphi_1'\varphi_2 - p_2\varphi_1\varphi_2')\right\} = (q_2 - q_1)\varphi_1^2 + (p_1 - p_2)\varphi_1'^2 + p_2\left(\varphi_1' - \frac{\varphi_1}{\varphi_2}\varphi_2'\right)^2 \tag{4.39}$$

を用いる．形式的な計算でこれを確かめるのは初等的なので練習問題とする．この式は分母の φ_2 が 0 になるときは使えない．そこで今 $a \leq x_1 < x_2 \leq b$ を φ_1 の隣り合う零点とし，背理法により，φ_2 は開区間 (x_1, x_2) で 0 にならないと仮定して矛盾を導く．ただし，φ_2 は区間の端点では 0 でもそうでなくても構わない．そこでは φ_1 が 0 になっており，φ_2 がそこで 0 になったとしても，単純零点となる（さもなければ，2 階微分方程式の初期値問題の解の一意性に反する）ので，$\dfrac{\varphi_1}{\varphi_2}$ は零点がキャンセルし，そこで連続となる．このとき左辺の微分が普通の意味でできることも容易に確認できる．

(4.39) を区間 $[x_1, x_2]$ 上で積分すると，右辺は明らかに正となるが，左辺は

φ_1 に対する仮定から
$$\left[\frac{\varphi_1}{\varphi_2}(p_1\varphi_1'\varphi_2 - p_2\varphi_1\varphi_2')\right]_{x_1}^{x_2} = 0$$
となる．これは矛盾なので，φ_2 は開区間 (x_1, x_2) 内に零点を持つ． □

Sturm の比較定理を $ky'' + k\left(\dfrac{m^2\pi^2}{(b-a)^2}\right)y = 0$ と $(p(x)y')' + (\lambda - q)y = 0$ について適用してみましょう．前者はもちろん $\varphi_1(x) = \sin m\pi\left(\dfrac{x-a}{b-a}\right)$ という，区間 $[a, b]$ の両端点と内部に $m-1$ 個の零点を持つ解を有します．よって，定数 k と m を $[a, b]$ 上 $p(x) < k$，かつ $\lambda - q > k\left(\dfrac{m^2\pi^2}{(b-a)^2}\right)$ に選べば（これは λ を十分大きくとれば常に可能です），Sturm の比較定理により $(p(x)y')' + (\lambda - q)y = 0$ の任意の解 φ_2 は少なくとも m 個の零点を開区間 (a, b) に持つことになります．これは φ_2 を初期条件 $\varphi_2(a) = 0$, $\varphi_2'(a) = 1$ を満たす解にとっても成り立ちます．

さて，λ を大きくしてゆくと，そのような解 φ_2 は λ について連続的に変化しつつ，$[a, b]$ 内の零点が次第に増えてゆきます．しかし零点は単純なので，何も無かったところにある λ の値で突然零点が新たに生ずることは不可能です．（そのような零点は重複零点となってしまうから．）故に，b より右に存在した φ_2 の零点が λ の増加とともに左方に押し寄せてきて b を越えて区間の内部に入り込む以外に可能性はありません．すると，零点がちょうど b に来たときの λ が固有値となります．これは零点が一つ増えるときに必ず生じるので，固有値は $+\infty$ に向かってどこまでも存在します．以上の初等的論法は一般に**射撃法** (shooting method) と呼ばれています．無限に振動する関数の遠くの零点を狙って原点からある角度で弾丸を打つと，うまく当たれば固有関数になる，という発想ですが，定数係数の方程式以外では $\varphi'(0)$ を変化させるのと区間を縮めるのとに明白な対応は無いので，ここでは精神的背景と言ったところです．

問 4.14 Sturm-Liouville 問題 (4.37) の固有値の集合は下に有界なことを示せ．

最後に，正規化された（すなわち，$(\varphi_n, \varphi_n) = 1$ となるように定数因子を調節した）固有関数系 $\{\varphi_n\}_{n=1}^\infty$ で任意の関数が一意に展開できること（固有関数展開）を示すのが残っています．一般の関数 $f(x)$ は
$$c_n := \int_a^b f(x)\varphi_n(x)dx$$

4.5 境界値問題

で係数 c_n を定めると，関数

$$\widetilde{f}(x) := \sum_{n=1}^{\infty} c_n \varphi_n(x)$$

が定義できます．級数は，内積 (4.38) から定まるノルム $\|f\| = \sqrt{(f,f)}$ の意味で Cauchy 列となることが容易に確認できます．しかし，収束先が存在することを言うには，この内積で完備な空間を用意しなければなりません．これは Lebesgue（ルベーグ）積分を用いて定義される，$[a,b]$ 上の 2 乗可積分関数から作られる $L^2[a,b]$ という空間なのですが，ここではその解説は省略します．すると $\widetilde{f}$ が f と同じ展開係数を持っていることは正規直交性から直ちに分かるので，それがもとの f に等しいことを言うには次の補題が有ればよいことになります．

補題 4.9 $n = 1, 2, \ldots$ について $(f, \varphi_n) = 0$ なら，$f = 0$ となる．

この証明には関数解析的な考察が必要となるので，ここでは述べません．以上でざっとですが，常微分方程式の固有値問題の理論的背景を説明できました．代表的な例は例題 4.4 (1) に挙げたもので，Fourier 正弦級数というものに対応します．以上の議論は他の形式的に対称な（すなわち，部分積分で境界項が残らない）境界条件についても同様にゆきます．特に，同じ方程式 $-y'' = \lambda y$ に対して，斉次 Neumann 条件から Fourier 余弦級数が，周期境界条件から通常の **Fourier**（フーリエ）**級数**が得られます．

問 4.15 λ が L の固有値のとき，$Lu = \lambda u + f$ が解けるための必要十分条件は，f が対応する固有関数 φ と直交することである．固有関数展開を仮定してこれを示せ．

対称でない微分作用素の場合は，有限次元の行列でもそうであったように，一般固有ベクトルに相当するものが必要となりますが，有界区間上では，可算無限個の固有値が存在し，対応する固有空間が有限次元で，それらにより任意の関数が展開できることは関数解析におけるコンパクト作用素の理論から示すことができます．無限区間や，あるいは有限区間でも端で 2 階の微分項の係数が零点を持つような場合には，固有値だけではだめで，連続スペクトルという，真に無限次元的なものが現れます．このような一般の場合を扱ったのが Weyl（ワイル）-Stone（ストーン）-Titchmarsh（ティッチマーシュ）-小平の展開定理と呼ばれるものです．興味の有る人は [19] などを見てください．

第5章

級 数 解 法

この章では，手計算で伝統的に用いられてきた近似解法である，種々の級数を用いた解の求め方を学びます．

■ 5.1 整級数解の求め方

微分方程式が解析関数で書けているときは，解も解析関数で求めることができます．最も基本的なのは，整級数解，すなわち x の冪級数で表される解です．

【1階方程式の整級数解】 正規形の微分方程式

$$y' = f(x, y) \tag{5.1}$$

において，f が原点で収束する冪級数

$$f(x,y) = \sum_{i,j=0}^{\infty} f_{ij} x^i y^j \tag{5.2}$$

で表されるならば，解を

$$y = \sum_{n=0}^{\infty} c_n x^n \tag{5.3}$$

の形として，(5.1)–(5.2) に代入すれば，x^n の係数比較により

$$(n+1)c_{n+1} = \sum_{i=0}^{n} \sum_{j=0}^{n} f_{ij} \Phi_{j,n-i}(c_0, \ldots, c_{n-i}) \tag{5.4}$$

の形の漸化式が得られ，これから係数が下の方から順に決定されます．ここで $\Phi_{j,k}$ は $\left(\sum_{n=0}^{\infty} c_n x^n\right)^j$ を展開したときに出てくる k 次の項をまとめたもので，正係数を持つ $c_0, \ldots, c_k$ の多項式です．こうして得られた級数は正の収束半径を持つことが示せますが，その証明は後回しにして，取り敢えずは実例に

5.1 整級数解の求め方

よる計算法の解説をしましょう．

例題 5.1 微分方程式 $y' = y$ の原点における整級数解を (1) 無条件で，(2) 初期条件 $y(0) = 1$ の下で，それぞれ求めよ．

解答 (1) (5.3) をこの方程式の y に代入して

$$\sum_{n=1}^{\infty} n c_n x^{n-1} = \sum_{n=0}^{\infty} c_n x^n.$$

両辺の和の指数を適当にずらすと，

$$\sum_{n=0}^{\infty} (n+1) c_{n+1} x^n = \sum_{n=0}^{\infty} c_n x^n.$$

これより c_0 は無条件，すなわち任意に選べ，以下

$$\begin{aligned}
c_1 &= c_0 \quad &(\text{定数項の比較から}), \\
2c_2 &= c_1 \quad &(x \text{ の係数比較から}), \\
3c_3 &= c_2 \quad &(x^2 \text{ の係数比較から}),
\end{aligned}$$

一般に $(n+1) c_{n+1} = c_n$.

従って帰納的に

$$c_{n+1} = \frac{1}{n+1} c_n = \frac{1}{(n+1)n} c_{n-1} = \cdots = \frac{1}{(n+1)!} c_0.$$

よって求める解は

$$y = c_0 \sum_{n=0}^{\infty} \frac{1}{n!} x^n.$$

(2) 初期条件 $y(0) = 1$ の下では，$c_0 = 1$ となるので，この解は

$$y = \sum_{n=0}^{\infty} \frac{1}{n!} x^n. \quad \square$$

上で求めた解は言わずと知れた指数関数 e^x です．第 1 章の始めに微分方程式の意義について解説したとき，指数関数を知らない人には微分方程式 $y' = y$ を使って必要な性質をすべて導き出せると言いましたが，これもその続きで，指数関数の Taylor 展開が微分方程式から求まったのです．

問 5.1 次の微分方程式の原点を中心とする整級数解を求めよ．
(1) $y' = x + y$ (2) $y' = xy + 1$ (3) $y' = x^2 y$
(4) $y' = xy + x$ (5) $y' = x(y + e^{x^2})$．

次は非線形の方程式を扱ってみます．線形の場合と異なり，解の一般項の係数を決めるのは難しいのが普通です．

例題 5.2 微分方程式 $y' = 1 + y^2$ の原点における整級数解で $y(0) = 0$ となるものを x^{10} の項まで求めよ．

解答 (5.3) をこの方程式の y に代入して

$$\sum_{n=0}^{\infty} n c_n x^{n-1} = 1 + \left(\sum_{n=0}^{\infty} c_n x^n\right)^2 = 1 + \sum_{n=0}^{\infty} \left(\sum_{k=0}^{n} c_{n-k} c_k\right) x^n.$$

左辺の和の指数を一つずらして係数比較すると，

$$c_0 = 0 \qquad \text{(仮定より)},$$
$$c_1 = 1 + c_0^2 = 1 \qquad \text{(定数項の比較)},$$
$$2c_2 = c_1 c_0 + c_0 c_1 = 0 \qquad (x \text{ の係数比較}),$$
$$3c_3 = c_2 c_0 + c_1^2 + c_0 c_2 = 1 \qquad (x^2 \text{ の係数比較}).$$

よって，$c_0 = c_2 = 0, c_1 = 1, c_3 = \dfrac{1}{3}$．以下同様に

$$(n+1)c_{n+1} = c_n c_0 + c_{n-1} c_1 + c_{n-2} c_2 + \cdots + c_0 c_n$$

において，$n+1$ が偶数だと，右辺の各項の因子の一方は偶数添え字となるので，すべて 0 となる[1]．奇数の $n+1$ については

$$c_5 = \frac{1}{5}(c_3 c_1 + c_1 c_3) = \frac{1}{5} \times \frac{2}{3} = \frac{2}{15},$$
$$c_7 = \frac{1}{7}(c_5 c_1 + c_3^2 + c_1 c_5) = \frac{1}{7}\left(\frac{4}{15} + \frac{1}{9}\right) = \frac{17}{315},$$
$$c_9 = \frac{1}{9}(c_7 c_1 + c_5 c_3 + c_3 c_5 + c_1 c_7) = \frac{1}{9}\left(\frac{17}{315} + \frac{2}{45}\right) \times 2 = \frac{62}{2835}$$

---

[1] このことはこの解が $\int_0^y \dfrac{dy}{1+y^2} = x$ の逆関数として奇関数であることから，計算しなくても分かる．

5.1 整級数解の求め方

となる.ちなみに,一般項の奇数次の係数は

$$c_{2n+1} = \frac{1}{2n+1} \sum_{k=1}^{n} c_{2n-2k+1} c_{2k-1}$$

という漸化式で与えられることが分かるが,この漸化式の解は n の具体的な関数としては表せない. □

🐙 上の例題の方程式の解は,変数分離法で容易に求まり, $y = \tan x$ です. $\tan x$ の原点における Taylor 展開係数を求めるのは微積分の演習でも難しかったでしょう ([2], 例 8.8 参照).ここで導いた漸化式はこれでも簡単な方です.なお,これは

$$\tan x = \frac{\sin x}{\cos x} = \frac{\sum_{n=0}^{\infty} \frac{(-1)^n}{(2n+1)!} x^{2n+1}}{\sum_{n=0}^{\infty} \frac{(-1)^n}{(2n)!} x^{2n}}$$

と,比の形でなら一般項が陽に書けるのに,割り算を計算してしまうと難しくなるものの典型例です.一般によく分かっている級数の逆数をとると,一般項の係数を陽に書くのは難しくなります.

問 5.2 次の微分方程式の原点を中心とする整級数解を求めよ.ただし,(2) 〜 (4) については x^5 の項まで求め,一般項の係数は漸化式だけ示せ.
 (1) $y' = y^2$ (2) $y' = y^2 - 1$ (3) $y' = x - y^2$ (4) $y' = x^2 + y^2$.

なお,原点以外の点 a を中心とする整級数解のときは,解は $x - a$ の冪級数を仮定します.更に, $f(x, y)$ が y の非線形関数のときには, y の初期値が $b \neq 0$ なら, f の展開も $x - a$ と $y - b$ の級数とします.1 階連立方程式の場合は,未知関数と右辺のベクトルの成分毎にこれらの展開を仮定します.従って一般形は

$$y'_k = f_k(x, y_1, \ldots, y_n) = \sum_{i, j_1, \ldots, j_n = 0}^{\infty} f_{k i j_1 \ldots j_n} (x-a)^i (y_1 - b_1)^{j_1} \cdots (y_n - b_n)^{j_n},$$

$$y_k = \sum_{i=0}^{\infty} c_{ki} (x-a)^i, \quad k = 1, 2, \ldots, n \tag{5.5}$$

となります.分かりにくければ,変数を平行移動して,原点を通る解に帰着すればよいでしょう.これで単独高階方程式も少なくとも理論的にはカバーされます

が，実際の計算では，2 階単独線形方程式などの場合は 1 階連立に直さず，直接計算してしまうのが普通です．そこで次は 2 階線形方程式の例を示しましょう．

【2 階線形微分方程式の整級数解】 1 階のときは一般項の係数は 2 項漸化式で記述されましたが，2 階では 3 項漸化式となります．

例題 5.3 微分方程式 $y'' + y = 0$ の整級数解を求めよ．

解答 方程式を $y'' = -y$ と変形し，(5.3) をこれに代入すると

$$\sum_{n=2}^{\infty} n(n-1)c_n x^{n-2} = -\sum_{n=0}^{\infty} c_n x^n.$$

左辺の添え字を 2 個ずらして係数比較すると

$$c_0,\ c_1 \quad \text{（これらは任意）},$$
$$2 \cdot 1 c_2 = -c_0 \quad \text{（定数項の比較）},$$
$$3 \cdot 2 c_3 = -c_1 \quad \text{（x の係数比較）},$$
$$\cdots\cdots\cdots$$
$$(n+2)(n+1)c_{n+2} = -c_n \quad \text{（x^n の係数比較）}.$$

これより，

$$c_{2n} = \frac{(-1)^n}{(2n)!} c_0, \quad c_{2n+1} = \frac{(-1)^n}{(2n+1)!} c_1$$

を得，従って解は

$$y = c_0 \sum_{n=0}^{\infty} \frac{(-1)^n}{(2n)!} x^{2n} + c_1 \sum_{n=0}^{\infty} \frac{(-1)^n}{(2n+1)!} x^{2n+1}. \quad \square$$

ここでは $c_0 = y(0), c_1 = y'(0)$ が初期値に対応し，それぞれに掛かっているのは，言わずと知れた $\cos x, \sin x$ の原点における Taylor 展開です．

問 5.3 次の 2 階微分方程式の原点における整級数解を求めよ．
(1) $y'' + y = \sin \omega x$ (2) $y'' - y = x$ (3) $y'' - 2xy' - 4y = 0$.

本節の最後に，以上に求めた級数の収束証明をしておきましょう．

定理 5.1 微分方程式 (5.5) の右辺の関数の冪級数展開が正の収束半径を持つとき，上の方法で得られた冪級数解も正の収束半径を持つ．特に，線形方程式

のときは，解の収束半径は係数と非斉次項の収束半径の最小値以上となる．

証明 簡単のため単独方程式で記述する．一般の連立方程式の場合は 💻 ．また，平行移動して $a = b = 0$ としておく．収束半径の定義（あるいは Cauchy-Hadamard（アダマール）の公式）から，R を収束半径より少し小さくとれば，適当な定数 C について $f(x, y)$ の $x^i y^j$ の展開係数は $\dfrac{C}{R^i R^j}$ で上から抑えられる[2]．後者は関数 $\dfrac{C}{(1 - \frac{x}{R})(1 - \frac{y}{R})}$ の原点における展開係数であることに注意せよ．さて，解の係数 c_i を決める漸化式 (5.4) は，f の係数以外は正の係数を持つので，両辺の絶対値を取ると c_i と f_{ij} に絶対値が付くだけで，同じ形の式（ただし $=$ を $\leq$ に変えたもの）が得られる．よって，もし $|f_{ij}| \leq g_{ij}$ となるような右辺の関数 g が存在すれば，$z' = g(x, z)$ の整級数解 $z = \sum_{n=0}^{\infty} d_n x^n$ は正の係数 d_n を持ち，かつ $|c_n| \leq d_n$ を満たすことが帰納的に示される．よってこのとき z の級数が収束する範囲で y の級数も収束する．このような好都合な g は最初に述べた $g(x, y) = \dfrac{C}{(1 - \frac{x}{R})(1 - \frac{y}{R})}$ で与えられる．実際，まだ示されていないのは，この解が正の収束半径を持つことだけであるが，これは $y' = \dfrac{C}{(1 - \frac{x}{R})(1 - \frac{y}{R})}$ を求積法で解くことにより容易に確かめられる（下の問 5.4 参照）．

y につき線形のときは $g(x, y) = \dfrac{C(1 + y)}{1 - \frac{x}{R}}$ を取ることができるので，収束半径は R 以上である．R は f の収束半径にいくらでも近く取れるので，結局少なくとも同じところで収束する．□

この証明法は Cauchy が発明したもので，**優級数の方法**と呼ばれています．単独の線形方程式については，解の収束半径の最小値は係数や右辺のそれの最小値と一致することが示せます．しかし連立方程式ではすべての解の収束半径が係数のそれより大きくなることがあります（下の問 5.5 参照）．

問 5.4 方程式 $y' = \dfrac{C}{(1 - \frac{x}{R})(1 - \frac{y}{R})}$ および $y' = \dfrac{C(1 + y)}{1 - \frac{x}{R}}$ の解の原点における Taylor 展開の収束半径を確認せよ．

---

[2] 2 変数以上の冪級数の理論はそう初等的ではないが，ここは 1 変数との類似で理解されたい．2 重級数 (5.2) が $|x| < \rho, |y| < \rho$ で収束すれば，$\forall R < \rho$ に対してこのような評価が成り立つことだけなら 1 変数のときと同様にして示せる．詳細は上記 💻 を見よ．

問 5.5 n 階単独線形微分方程式 (4.12) の係数 $a_j(x)$ と右辺 $f(x)$ の収束半径の最小値が R ならば，収束半径 R の解が存在することを示せ．また一般の 1 階線形系ではこれは必ずしも成り立たないことを示せ．[ヒント：線形系 $y_1' = \frac{1}{x-1}y_1 - \frac{1}{x-1}y_2$, $y_2' = 0$ を考えよ．]

5.2 Frobenius の方法

応用上重要な 2 階線形微分方程式には，特異点を持つものが多くあります．微分方程式の係数が特異点を持つときの最も簡単な場合として，**確定特異点** (**regular singular point**) における級数解を調べましょう．特異点を原点にとったとき，これは

$$y'' + \frac{a(x)}{x}y' + \frac{b(x)}{x^2}y = 0$$

あるいは分母を払って

$$x^2 y'' + xa(x)y' + b(x)y = 0 \tag{5.6}$$

の形のもののことです[3]．係数 a, b が定数なら，これは第 2 章 2.7 節で考察した Euler 型の微分方程式で，上はその一般化とみなせます．(5.6) の主要部から作った代数方程式

$$\lambda(\lambda - 1) + a(0)\lambda + b(0) = 0 \tag{5.7}$$

を**決定方程式** (**indicial equation**)，その根 λ, μ を**特性指数**と呼びます．$\operatorname{Re}\lambda \geq \operatorname{Re}\mu$ とするとき，まず一つ目の解は

$$y = x^\lambda \sum_{n=0}^\infty c_n x^n = \sum_{n=0}^\infty c_n x^{\lambda+n} \tag{5.8}$$

の形で求まります．実際，$a(x) = \sum_{n=0}^\infty a_n x^n$, $b(x) = \sum_{n=0}^\infty b_n x^n$ と置き，(5.6) を

$$x^2 y'' + xa_0 y' + b_0 y = -x\sum_{n=1}^\infty a_n x^n y' - \sum_{n=1}^\infty b_n x^n y \tag{5.9}$$

---

[3] 連立方程式の場合も含めた確定特異点の正確な定義は，その周りで解が高々 x の逆冪程度の増大度を持つ，というものですが，単独方程式については，ここで述べたように方程式の見かけの形で判定できることが知られています．

5.2 Frobeniusの方法

と変形しておいて (5.8) と

$$y' = \sum_{n=0}^{\infty}(\lambda+n)c_n x^{\lambda+n-1}, \qquad y'' = \sum_{n=0}^{\infty}(\lambda+n)(\lambda+n-1)c_n x^{\lambda+n-2}$$

を代入すると，

$$\sum_{n=0}^{\infty}\{(\lambda+n)(\lambda+n-1)+(\lambda+n)a_0+b_0\}c_n x^{\lambda+n}$$
$$= -\sum_{n=1}^{\infty}a_n x^n \sum_{n=0}^{\infty}(\lambda+n)c_n x^{\lambda+n} - \sum_{n=1}^{\infty}b_n x^n \sum_{n=0}^{\infty}c_n x^{\lambda+n}.$$

これから，x の同じ冪の係数を下の方から順に比較すると

$$\{\lambda(\lambda-1)+\lambda a_0+b_0\}c_0 = 0,$$
$$\{(\lambda+n)(\lambda+n-1)+(\lambda+n)a_0+b_0\}c_n = F_n(c_0,c_1,\ldots,c_{n-1}),$$
$$\text{ここに}\quad F_n(c_0,c_1,\ldots,c_{n-1}) = -\sum_{k=0}^{n-1}\{(\lambda+k)a_{n-k}+b_{n-k}\}c_k$$

を得ます．ここで最初の式の左辺の { } は λ が特性指数なら消え，その結果 c_0 は任意に定められます．二つ目から先は，λ が実部最大の特性指数なら，左辺の { } が零になることは無く，従って c_1 以下がこれらの漸化式から次々に定まります．もう一つの解は，$\lambda-\mu$ が整数 ≥ 0 でなければ，上の計算で λ を μ に取り替えたものも有効です．$\lambda-\mu = m \geq 0$ が整数だと，上の計算を μ に対して行うとき，c_m の係数が零となってしまうので，

$$0 = -\sum_{k=0}^{m-1}\{(\lambda+k)a_{m-k}+b_{m-k}\}c_k \tag{5.10}$$

という関係式が生じます．ここまで求めた係数がこれを満たしていれば，c_m を任意に選んで[4] c_{m+1} から先を漸化式から求めて，もう一つの解を得ることができます．他方，これを満たすものが $c_0 = c_1 = \cdots = c_{m-1} = 0$ しか無い場合は，c_m を任意に選んで c_{m+1} から先を漸化式で求めても，x^m を括り出すと $\mu+m = \lambda$ より最初に求めた解と1次従属になってしまいます．この場合には

---

[4] $c_m = 0$ でもよい．ここは最初に求めた解の初項に相当するので，それとの1次結合を取れば任意の値にできることが納得されるでしょう．

$$y = x^\mu \sum_{n=0}^{\infty}(c_n \log x + d_n)x^n = \sum_{n=0}^{\infty} c_n x^{\mu+n} \log x + \sum_{n=0}^{\infty} d_n x^{\mu+n}$$

の形の解が存在し，係数はやはり下から順に決定されます．実際，これと

$$y' = \sum_{n=0}^{\infty}(\mu+n)c_n x^{\mu+n-1} \log x + \sum_{n=0}^{\infty}\{c_n + (\mu+n)d_n\}x^{\mu+n-1},$$

$$y'' = \sum_{n=0}^{\infty}(\mu+n)(\mu+n-1)c_n x^{\mu+n-2} \log x$$
$$+ \sum_{n=0}^{\infty}\{(2\mu+2n-1)c_n + (\mu+n)(\mu+n-1)d_n\}x^{\mu+n-2}$$

を (5.9) に代入すると，$\log x$ を因子に含む項を集めたものは，先の計算結果に $\log x$ を掛けただけで，今は $c_0 = c_1 = \cdots = c_{m-1} = 0$ となる場合なので，ここから最初に求めた解において係数の添え字番号を m だけずらしたものに $\log x$ を掛けた

$$\sum_{n=m}^{\infty} c_n x^{\mu+n} \log x = \sum_{n=0}^{\infty} c_{m+n} x^{\lambda+n} \log x$$

が得られます．c_m は取り敢えず任意ですが，後で決まります．次いでこれを基に係数 d_n を決めるのは，$\log x$ を含まない項を集めた等式

$$\sum_{n=0}^{\infty}[\{(\mu+n)(\mu+n-1)+(\mu+n)a_0+b_0\}d_n+\{2\mu+2n-1+a_0\}c_n]x^{\mu+n}$$
$$= -\sum_{n=1}^{\infty} a_n x^n \sum_{n=0}^{\infty}\{(\mu+n)d_n + c_n\}x^{\mu+n} - \sum_{n=1}^{\infty} b_n x^n \sum_{n=0}^{\infty} d_n x^{\mu+n}$$

を用います．d_0 を任意定数とし，$d_1, d_2, \ldots, d_{m-1}$ までは両辺に現れる c_n はすべて零としてこの漸化式から決めます．$n = m$ では左辺の d_m の係数は 0 となり，c_m の係数は $2\lambda - 1 + a_0$ で，決定方程式を λ で一度微分したものなので，$\lambda = \mu$ でない限り非零，従ってここから以前に保留しておいた c_m が決定されます．$n > m$ では，こうして完全に決定した c_n を用いて d_n を決めます．以上が **Frobenius の方法**(フロベニウス)と呼ばれるアルゴリズムです．著者の学生時代，同級生たちの一番やりたがらない計算が Frobenius の二つの定理でした．なの

5.2 Frobenius の方法

で次の例題では，対数項を含む解を求める別の方法も紹介します．

　高階方程式への一般化も同様で，第 2 章 2.8 節の定理 2.2 で示した Euler 型の方程式は，係数の整級数部分が定数項のみになった特殊な場合です．それからも推測されるように，整数差の根の組が大きくなれば，一般にはそれに応じて $\log x$ の高次の冪が必要となります．

例題 5.4　$\nu \geq 0$ を定数とするとき，Bessel の微分方程式
$$Ly := y'' + \frac{1}{x}y' + \left(1 - \frac{\nu^2}{x^2}\right)y = 0 \tag{5.11}$$
の原点における級数解を求めよ．

解答　方程式を $x^2 y'' + xy' + (x^2 - \nu^2)y = 0$ と書き直すと，決定方程式 $\lambda(\lambda - 1) + \lambda - \nu^2 = 0$ が得られ，この根は $\lambda = \pm \nu$．そこでまず
$$y = x^\nu \sum_{n=0}^\infty c_n x^n = \sum_{n=0}^\infty c_n x^{\nu+n}$$
と置けば，
$$y' = \sum_{n=0}^\infty (\nu+n) c_n x^{\nu+n-1}, \quad y'' = \sum_{n=0}^\infty (\nu+n)(\nu+n-1) c_n x^{\nu+n-2}.$$
以上を書き直した方の方程式に代入すると，
$$\sum_{n=0}^\infty (\nu+n)(\nu+n-1) c_n x^{\nu+n} + \sum_{n=0}^\infty (\nu+n) c_n x^{\nu+n}$$
$$+ \sum_{n=0}^\infty c_n x^{\nu+n+2} - \sum_{n=0}^\infty \nu^2 c_n x^{\nu+n} = 0.$$
2 行目の先頭の項の添え字を 2 だけずらし，全体から x^ν を括り出すと
$$\sum_{n=0}^\infty \{(\nu+n)(\nu+n-1) + (\nu+n) - \nu^2\} c_n x^n + \sum_{n=2}^\infty c_{n-2} x^n = 0.$$
ここで 1 項目の { } 内は
$$(\nu+n)^2 - \nu^2 = n(2\nu + n)$$
となる．$n = 0, 1$ は第 2 項が影響せず，従って $n = 0$ は自明となる．$n = 1$ は

144   第5章 級 数 解 法

$$(2\nu+1)c_1 = 0$$

となるが，仮定 $\nu \geq 0$ により $c_1 = 0$ でなければならない．$n \geq 2$ では

$$n(2\nu+n)c_n = -c_{n-2} \tag{5.12}$$

という漸化式を得，これから $c_{2n+1} = 0$，また

$$c_{2n} = \frac{-c_{2n-2}}{2n(2\nu+2n)} = \frac{-c_{2n-2}}{2^2 n(\nu+n)} = \cdots = \frac{(-1)^n c_0}{2^{2n} n!(\nu+n)(\nu+n-1)\cdots\nu}$$

と求まる．ちなみに，Γ 関数の記号を使うと[5]

$$(\nu+n)(\nu+n-1)\cdots\nu = \frac{\Gamma(\nu+n+1)}{\Gamma(\nu)}$$

と書ける．(この値に対しては $(\nu)_n$ という記号もよく使われる．) 以上により

$$y = \Gamma(\nu)c_0 x^\nu \sum_{n=0}^{\infty} \frac{(-1)^n}{n!\Gamma(\nu+n+1)} \left(\frac{x}{2}\right)^{2n}$$

と求まった．c_0 は任意定数なので，$\Gamma(\nu)$ をこれに吸収し

$$y = c_0 J_\nu(x), \quad \text{ここに} \quad J_\nu(x) := \left(\frac{x}{2}\right)^\nu \sum_{n=0}^{\infty} \frac{(-1)^n}{n!\Gamma(\nu+n+1)} \left(\frac{x}{2}\right)^{2n} \tag{5.13}$$

と書くことができる．

　もう一つの特性指数 $-\nu$ に対する解も ν が半整数でなければ上と全く同様の計算で，上の結果において ν を $-\nu$ と取り替えたものが得られる[6]．$\nu = \dfrac{m}{2}$ の形のときは，上の計算を $-\nu$ に対して行うと，漸化式 (5.12) は $n = m$ のところで切れてしまうが，m が奇数のときは，それでも矛盾が生じず，そこから先も $c_{2n+1} = 0$ として c_{2n} が (5.12) から矛盾無く定まり，(5.13) で ν を $-\nu$ に変えた解が得られる．ν 自身が整数 m に等しいときは，$\log x$ を含む解が必

---

[5] Γ 関数は階乗を補間する関数で，微積分では通常 $\Gamma(s) = \int_0^\infty e^{-x} x^{s-1} dx$ という積分で定義されるが，$\Gamma(1) = 1$，関数等式 $\Gamma(s+1) = s\Gamma(s)$，および $s > 0$ における凸性でも特徴付けられる．以下で用いる Γ 関数の性質については，ここに書いたことで十分であるが，更に詳しくは[2]，第8章8.4節を参照されたい．

[6] $s < 0$ に対する $\Gamma(s)$ は，$N > -s$ なる正整数を選び，Γ 関数の関数等式を用いて $\Gamma(s) = \dfrac{\Gamma(s+N)}{s(s+1)\cdots(s+N-1)}$ という式により解析接続で定義拡張する．

要となる．それは Frobenius の方法で求めてもよいが，別法として，第2章 2.7節の (2.28) で用いたのと同じアイデア，すなわち，解のパラメータに対する連続依存性を用いる方法を示す．(5.13) で $\nu \to -m$ とすると $(-1)^m J_m(x)$ と一致することから[7]，

$$\lim_{\nu \to m} \frac{J_\nu(x) - (-1)^m J_{-\nu}(x)}{\nu - m} = \left[\frac{\partial}{\partial \nu}\{J_\nu(x) - (-1)^m J_{-\nu}(x)\}\right]_{\nu \to m} \quad (5.14)$$

を計算するとよい．この計算はそう難しくはないが，2ページほどかかるので，元気な読者のために練習問題としておき，ここでは結果のみを記す．

$$2\left(\log\frac{x}{2} + \gamma\right)J_m(x) - \left(\frac{x}{2}\right)^m \sum_{n=0}^{\infty} \frac{(-1)^n \left(\sum_{k=1}^{n}\frac{1}{k} + \sum_{k=1}^{m+n}\frac{1}{k}\right)}{n!(m+n)!}\left(\frac{x}{2}\right)^{2n}$$
$$- \left(\frac{x}{2}\right)^{-m} \sum_{n=0}^{m-1} \frac{(-1)^n(m-n-1)!}{n!}\left(\frac{x}{2}\right)^{2n}.$$

ここに，$\gamma = \lim_{n\to\infty}\left(\sum_{k=1}^{n}\frac{1}{k} - \log n\right)$ は **Euler の定数**と呼ばれ，$\Gamma'(1) = -\gamma$ により現れたものである． □

🕮 上の解 $J_\nu(x)$ は ν 次の **Bessel** 関数と呼ばれ，また最後に求めた解の $\frac{1}{\pi}$ 倍は $N_m(x)$ で表され，m 次の **Neumann**（ノイマン）関数と呼ばれて，いずれも物理や工学でよく出てきます．

問 **5.6** 上の微分計算を実行せよ．［ヒント：$\frac{1}{\Gamma(\nu)}$ の導関数の値は，$\nu = m$ が整数なら具体的に求まり，$m \leq 0$ なら有理数，$m \geq 1$ なら $\Gamma'(1) = -\gamma$ を用いて表せる．］

問 **5.7** **Gauss**（ガウス）の超幾何微分方程式

$$x(1-x)y'' + \{c - (a+b+1)x\}y' - aby = 0$$

の原点における級数解を求めよ．ただし a, b, c は定数とする．［ヒント：両辺に x を一つ掛けてから決定方程式を作れ．］

以上の節で述べた議論は独立変数を複素数にし，関数論を使うと興味深い"複素領域における常微分方程式の大域理論"に繋がります．これらについては[12]，[20] などを見てください．本書で省略した，Frobenius 法の級数解が収束する

---

[7] $\Gamma(s)$ は s が負整数のとき無限大，従って逆数は 0 になることが直前の脚注から分かる．

ことの証明もこれらに書かれています．なお，本ライブラリの『関数論講義』でも少し取り上げる予定です．

問 5.8 発散級数 $y = \sum_{n=0}^{\infty}(-1)^n n! x^n$ は形式的な項別微分で $x^2 y' + (x+1)y = 1$ を満たすことを確かめよ．（これは**不確定特異点**（irregular singular point）の例である．）この微分方程式を求積法で解いて得た解とこの級数との関係を調べよ．

■ 5.3 摂動展開

　解きたいが解けない方程式を解を知っている方程式からのわずかな変化，すなわち**摂動**とみなして，既知の解からの差を微小パラメータ（**摂動パラメータ**）の級数（**摂動級数**）として表現する，という思想は，天体力学などで伝統的に使われてきました．例えば，地球の運動は2体問題として解けるとして，細かくみると，その軌道は巨大惑星である木星に影響されて微妙に変わっているとき，木星も入れた3体問題は解けないので，この影響は小さいと見て摂動法を使うという具合です．例として，線形系に微小な非線形摂動を加えた方程式

$$\vec{y}' = A(x)\vec{y} + \varepsilon \vec{f}(x, \vec{y}), \quad \vec{y}(0) = \vec{c} \tag{5.15}$$

を考えます．もとの線形系の同じ初期値を持つ解 $\vec{y}_0$ が既知とし，摂動系の解を

$$\vec{y} = \vec{y}_0 + \varepsilon \vec{y}_1 + \varepsilon^2 \vec{y}_2 + \cdots \tag{5.16}$$

と置きます．これを方程式に代入する前に，摂動項を既知の右辺のようにみなして，定数変化法のところでやったのと同様の計算で積分方程式に直しておきます．この変形は理論的にしばしば有効なので，定理として書いておきましょう．

定理 5.2 線形系 $\vec{y}' = A(x)\vec{y}$ の解の基本系を $\Phi(x)$ とするとき，(5.15) は次のような積分方程式に変換される．

$$\vec{y} = \vec{y}_0 + \varepsilon \Phi(x) \int_0^x \Phi(s)^{-1} \vec{f}(s, \vec{y}(s)) ds. \tag{5.17}$$

証明 (5.15) の両辺に $\Phi(x)^{-1}$ を掛けると，スカラー ε は移動自由なので，

$$\Phi(x)^{-1} \vec{y}' - \Phi(x)^{-1} A \vec{y} = \varepsilon \Phi(x)^{-1} \vec{f}(x, \vec{y}(x)) \tag{5.18}$$

となる．この左辺は，$\{\Phi(x)^{-1}\vec{y}\}'$ に等しい．実際，

5.3 摂動展開

$$\{\Phi(x)^{-1}\vec{y}\}' = \Phi(x)^{-1}\vec{y}' + \{\Phi(x)^{-1}\}'\vec{y}$$

であるが，逆行列の微分公式（下の問 5.9 参照）

$$\frac{d}{dx}\Phi(x)^{-1} = -\Phi(x)^{-1}\Big(\frac{d}{dx}\Phi(x)\Big)\Phi(x)^{-1} \tag{5.19}$$

により，$\Phi(x)' = A(x)\Phi(x)$ を思い出すと，右辺の第 2 項は

$$\{\Phi(x)^{-1}\}'\vec{y} = -\Phi(x)^{-1}\Big(\frac{d}{dx}\Phi(x)\Big)\Phi(x)^{-1}\vec{y} = -\Phi(x)^{-1}A(x)\Phi(x)\Phi(x)^{-1}\vec{y}$$
$$= -\Phi(x)^{-1}A(x)\vec{y}$$

となるからである．(5.18) の両辺を x で積分すれば，左辺は $\Phi(x)^{-1}\vec{y} - \Phi(0)^{-1}\vec{y}(0)$ となる．両辺に $\Phi(x)$ を掛ければ，$\Phi(x)\Phi(0)^{-1}\vec{y}(0)$ は初期値 $\vec{y}(0)$ を持つ線形系の解，すなわち $\vec{y}_0$ に等しいから，(5.17) が得られる． □

漸近展開 (5.16) を (5.17) に代入し，ε の等しい冪の係数を比較すれば，展開係数が下の方から求まります．

$$\vec{f}(x,\vec{y}_0+\varepsilon\vec{y}_1+\varepsilon^2\vec{y}_2+\cdots) = \vec{g}_0(x,\vec{y}_0)+\varepsilon\vec{g}_1(x,\vec{y}_0,\vec{y}_1)+\varepsilon^2\vec{g}_2(x,\vec{y}_0,\vec{y}_1,\vec{y}_2)+\cdots \tag{5.20}$$

とすれば，ε の 0 次の項は最初から一致しており，

$$\varepsilon \text{ の 1 次の項：} \quad \vec{y}_1 = \Phi(x)\int_0^x \Phi(s)^{-1}g_0(s,\vec{y}_0(s))ds,$$

$$\varepsilon \text{ の 2 次の項：} \quad \vec{y}_2 = \Phi(x)\int_0^x \Phi(s)^{-1}g_1(s,\vec{y}_0(s),\vec{y}_1(s))ds,$$

....

といった感じです．実際には，非線形の関数に対して (5.20) のような展開を計算するのは大変ですが，実用的には最初の 2, 3 項で有用な近似が得られることを期待する訳です．

問 5.9 公式 (5.19) を証明せよ．[ヒント：$\Phi(x)\cdot\Phi(x)^{-1} = I$（単位行列）の両辺を微分してみよ．]

例題 5.5 次の方程式（van der Pol 方程式，第 7 章 7.5 節参照）の解を微小パラメータ ε に関する摂動級数として求めよ．ただし，$O(\varepsilon^2)$ の項まででよい．

$$x' = y, \quad y' = -x + \varepsilon(1-x^2)y, \quad x(0) = 1, \quad y(0) = 0.$$

解答 上の処方に従う．もとの線形系の基本行列は $\Phi = \begin{pmatrix} \cos t & \sin t \\ -\sin t & \cos t \end{pmatrix}$ であり，$\Phi^{-1} = {}^t\Phi = \begin{pmatrix} \cos t & -\sin t \\ \sin t & \cos t \end{pmatrix}$ に注意すると，積分方程式は

$$\begin{pmatrix} x \\ y \end{pmatrix} = \begin{pmatrix} \cos t & \sin t \\ -\sin t & \cos t \end{pmatrix} \begin{pmatrix} 1 \\ 0 \end{pmatrix}$$

$$+ \varepsilon \begin{pmatrix} \cos t & \sin t \\ -\sin t & \cos t \end{pmatrix} \int_0^t \begin{pmatrix} \cos s & -\sin s \\ \sin s & \cos s \end{pmatrix} \begin{pmatrix} 0 \\ \varepsilon(1-x^2)y \end{pmatrix} ds$$

$$= \begin{pmatrix} \cos t \\ -\sin t \end{pmatrix} + \int_0^t \begin{pmatrix} \cos(t-s) & \sin(t-s) \\ -\sin(t-s) & \cos(t-s) \end{pmatrix} \begin{pmatrix} 0 \\ \varepsilon(1-x^2)y \end{pmatrix} ds$$

$$= \begin{pmatrix} \cos t \\ -\sin t \end{pmatrix} + \varepsilon \int_0^t \begin{pmatrix} \sin(t-s) \\ \cos(t-s) \end{pmatrix} (1-x^2)y \, ds.$$

これに，

$$x^2 = (x_0 + x_1\varepsilon + x_2\varepsilon^2 + \cdots)^2 = x_0^2 + 2x_0x_1\varepsilon + (2x_0x_2 + x_1^2)\varepsilon^2 + \cdots,$$
$$y = y_0 + y_1\varepsilon + y_2\varepsilon^2 + \cdots$$

を代入し ε の等冪の係数を比較すると，

$$\begin{pmatrix} x_0 \\ y_0 \end{pmatrix} = \begin{pmatrix} \cos t \\ -\sin t \end{pmatrix},$$

$$\begin{pmatrix} x_1 \\ y_1 \end{pmatrix} = \int_0^t \begin{pmatrix} \sin(t-s) \\ \cos(t-s) \end{pmatrix} (1 - x_0(s)^2) y_0(s) ds$$

$$= \begin{pmatrix} \frac{3}{8}t\cos t + \frac{1}{32}\sin 4t \cos t - \frac{1}{4}\cos^4 t \sin t - \frac{1}{4}\sin t \\ -\frac{3}{8}t\sin t - \frac{1}{32}\sin 4t \sin t - \frac{1}{4}\cos^5 t + \frac{1}{4}\cos t \end{pmatrix},$$

$$\begin{pmatrix} x_2 \\ y_2 \end{pmatrix} = \int_0^t \begin{pmatrix} \sin(t-s) \\ \cos(t-s) \end{pmatrix} \{(1-x_0(s)^2)y_1(s) - 2x_0(s)x_1(s)y_0(s)\} ds$$

$$= \begin{pmatrix} \frac{5}{48}t\sin t - \frac{1}{72}\cos^5 t + \frac{19}{144}\cos^3 t - \frac{2}{9}\cos^2 t + \frac{47}{144}\cos t - \frac{2}{9} \\ \left(-\frac{1}{18}\cos^6 t - \frac{1}{2}\cos^2 t + \frac{4}{9}\cos t - \frac{2}{9}\right)\sin t \end{pmatrix}.$$

積分計算の詳細はスペースが無いので問に回す． □

問 5.10 上で省略した積分計算を確かめよ．

解を直接点 $(1,0)$ で級数展開してしまうと，その点の近傍での局所的な近似

計算はできても，閉軌道全体の摂動によるずれを見るのは難しいのですが，摂動展開による計算法はこれを可能にするという意味で優れています．上の例題で計算した展開項の和を初期点 (1,0) として $0 \leq t \leq 2\pi$ において描画したものと，摂動された方程式をまるごと 4 次の Runge-Kutta（ルンゲクッタ）公式（『数値計算講義』[4] の第 8 章 8.3 節参照）で数値計算したものの図を以下に示しますので，比較してみてください．（いずれも，点線は摂動前の円軌道です．）摂動パラメータは $\varepsilon = 0.1$ ですが，これくらいまでは 1 項だけ使ってもかなり近い図になっていますね．

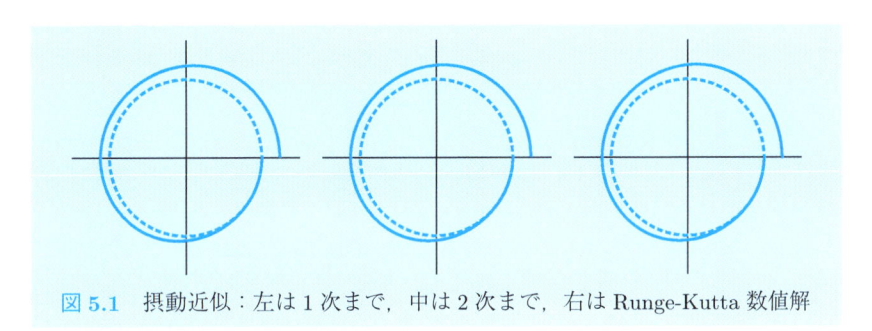

図 5.1 摂動近似：左は 1 次まで，中は 2 次まで，右は Runge-Kutta 数値解

5.4 特異摂動と WKB 法

摂動法は，付け加わる微小項が微分方程式の中では比較的存在感が薄い項になっていることが成功の大前提です．たといパラメータが微小でも，それが最高階の微分の項にかかっていたら，パラメータが零になったときの極限で方程式の形はすっかり変わってしまうため，状況は全く異なります．しかし世の中にはこのような**特異摂動**と呼ばれる現象が結構現れます．代表的なものに，Planck（プランク）定数を零に近づけたときの量子力学から古典力学への移行過程（準古典近似），流体中の物体表面近くにできる境界層の流体内での振舞，弾性体の板を薄くしていったときの 3 次元から 2 次元への極限移行などが代表的な例です．ここでは，物理的な内容には深入りしないで，抽象的に次のような微分方程式の特異摂動問題を考えます．

$$-h^2 y'' + q(x)y = \lambda y. \tag{5.21}$$

これは第 4 章で論じた固有値問題の一種ですが，微小パラメータ h を Planck

定数だと思うと，ポテンシャル場が $q(x)$ で与えられた 1 次元空間の素粒子の運動を記述する Schrödinger 方程式というもので，固有値が離散的に現れます．しかし，$h \to 0$ の極限[8]では，微分項はなくなり，方程式 $(q(x) - \lambda)y = 0$ は $y = 0$ しか解を持たなくなります．ただし，λ が関数 $q(x)$ の値域にあれば，$q(x) - \lambda$ は一瞬 0 となるので，ほんの少しの可能性が生じ，そこから $q(x)$ の値域を覆う連続スペクトルが出てきます．これでは，極限方程式を手掛かりに普通の摂動法の考えを使うことは絶望的ですが，H. Jeffreys (1924)，G. Wentzel，H. Kramers，L. Brillouin (1926) は独立に次のような解の近似法を発見しました[9]．

$$y = \left\{ y_0(x) + h y_1(x) + \cdots \right\} \exp \frac{i}{h} \left(\int_{x_0}^{x} \sqrt{\lambda - q(x)} dx \right)$$

と置くと

$$hy' = \left[i\sqrt{\lambda - q(x)} y_0(x) + \{i\sqrt{\lambda - q(x)} y_1(x) + y_0'(x)\} h \right. $$
$$\left. + \{i\sqrt{\lambda - q(x)} y_2(x) + y_1'(x)\} h^2 + \cdots \right] \exp \frac{i}{h} \left(\int_{x_0}^{x} \sqrt{\lambda - q(x)} dx \right),$$

$$h^2 y''(x) = \left[-(\lambda - q(x)) y_0(x) \right.$$
$$+ \left\{ -(\lambda - q(x)) y_1(x) + 2i\sqrt{\lambda - q(x)} y_0'(x) - \frac{q'(x)}{2\sqrt{\lambda - q(x)}} i y_0(x) \right\} h$$
$$+ \left\{ -(\lambda - q(x)) y_2(x) + 2i\sqrt{\lambda - q(x)} y_1'(x) + y_0''(x) \right.$$
$$\left. \left. - \frac{q'(x)}{2\sqrt{\lambda - q(x)}} i y_1(x) \right\} h^2 + \cdots \right] \exp \frac{i}{h} \left(\int_{x_0}^{x} \sqrt{\lambda - q(x)} dx \right).$$

これらを (5.21) に代入すると，打ち消しあう項を省略して，

$$-h^2 y'' + (q(x) - \lambda) y$$
$$= \left[\left\{ -2i y_0'(x) \sqrt{\lambda - q(x)} + \frac{q'(x)}{2\sqrt{\lambda - q(x)}} i y_0(x) \right\} h \right.$$
$$\left. + \left\{ -2i y_1'(x) \sqrt{\lambda - q(x)} + \frac{q'(x)}{2\sqrt{\lambda - q(x)}} i y_1(x) - y_0''(x) \right\} h^2 + \cdots \right]$$

---

[8] Planck 定数は "定数" だから，0 に近づけるなどけしからんと思わないでください．これは，Planck 定数をそのままにして空間のスケールを大きくしてゆく極限の簡便表現法です．

[9] Jeffreys の方が論文は早かったのですが，後 3 人の頭文字 WKB で呼ばれる習慣が付いてしまいました．

5.4 特異摂動とWKB法

$$\times \exp \frac{i}{h}\left(\int_{x_0}^x \sqrt{\lambda - q(x)}dx\right)$$

という h の漸近級数が得られ，これから 1 階線形微分方程式を求積することにより展開係数が順に求められます．特に，初項の y_0 は

$$\frac{y_0'(x)}{y_0(x)} = \frac{q'(x)}{4(\lambda - q(x))}, \quad \log y_0(x) = -\frac{1}{4}\log(\lambda - q(x)) + c$$

より，定数因子を略して $y_0(x) = \dfrac{1}{\sqrt[4]{\lambda - q(x)}}$ と求まります．

今までのところは，単に局所的な漸近解の面倒な求め方というだけですが，物理では大域的な固有関数の挙動が必要となります．$\boldsymbol{R}$ 上の固有関数は方程式 (5.21) を満たす 2 乗可積分関数のことで，そのようなものが存在するとき λ は (5.21) の左辺の作用素の固有値と呼ばれます．$q(x)$ のグラフが凸で，$\lambda - q(x)$ が 2 点 a, b で零になるとき，(5.21) は一般に $\pm\infty$ の近傍で指数減少する解を持ちますが，固有関数はこれらを間でうまくつなげられるときに生じます．古典的には，$a \le x \le b$ で求めた解と繋ぎ目（転移点）でいわゆる**接続問題**を解くことにより固有関数が求められてきました．1950 年代末に，J. B. Keller（ケラー）と V. P. Maslov（マスロフ）は独立に，相空間の古典軌道上での作用関数の一価性を追求することにより，古典力学的領域 $a \le x \le b$ の中だけの議論で固有値を近似計算する新しい方法を開発しました．これらの計算から

$$2\int_a^b \sqrt{\lambda - q(x)}dx = 2\pi\left(n + \frac{1}{2}\right)h, \quad n = 0, 1, 2, \ldots$$

という条件が得られ，ここから h が微小なときの固有値の第 1 近似値が得られます．特に，Schrödinger 方程式の場合は，有名な Bohr-Sommerfeld（ボーア・ゾンマーフェルト）の修正量子化条件が出てきます．この詳細を論ずるには，複素領域における接続問題か，あるいは振動積分の漸近形に関する知識が必要となるので，ここでは紹介だけに止めます．一つだけ有名な例として，ポテンシャルが x^2 のとき（いわゆる量子力学的調和振動子）に知られている具体的な解を問の形で挙げておきましょう．これは数学よりはむしろ量子力学の演習で馴染のものです．

問 5.11 $H_n(x) = (-1)^n e^{x^2} \frac{d^n}{dx^n} e^{-x^2}$ は多項式となる（Hermite（エルミート）多項式），$\varphi_n(x) = \frac{1}{\sqrt{2^n n! \sqrt{\pi}}} H_n(x) e^{-x^2/2}$ は $\boldsymbol{R}$ 上の 2 乗可積分関数の空間 $L^2(\boldsymbol{R})$ における微分作用素 $-\frac{d^2}{dx^2} + x^2$ の正規化固有関数となる．以上を確かめ固有値を求めよ．

第6章

Peano の存在定理と一意性

この章では，初等的な常微分方程式論では究極の定理となる，Peano の存在定理を紹介します．これを証明するために，常微分方程式論を本格的にやるときには 要(かなめ) の道具となる，Ascoli-Arzelà の定理を準備します．

■ 6.1 Ascoli-Arzelà の定理

Ascoli-Arzelà(アスコリアルゼラ)の定理は，連続関数の空間 $C[a,b]$ のコンパクトな部分集合を特徴づける定理です．拙著『数理基礎論講義』[5] の第 14 章で，距離空間のコンパクト集合の例として紹介だけしました．有限次元の Euclid 空間 R^n では，有界閉集合はコンパクトとなり，有界閉集合の開集合による被覆が必ず有限個に減らせるという性質（Heine-Borel(ハイネ ボレル) の被覆定理）や，有界列から必ず収束部分列を取り出すことができるという性質（Bolzano-Weierstrass(ボルツァーノ ワイヤストラス) の定理）が有って，数学の議論に大いに役立ったのでした．しかし，連続関数の空間のような無限次元の距離空間では，有界閉というだけでは，コンパクトにはなりません．そのための十分条件を与えるのが Ascoli-Arzelà の定理です．ここでは，コンパクト集合の一般論には深入りせず，以下の議論で必要となる，Bolzano-Weierstrass の定理に対応する古典的な表現を示します．後の引用の便のため，定理で使う言葉を定義として与えておきましょう．

定義 6.1 連続関数の列 f_n が $[a,b]$ 上**一様有界**とは，n によらない定数 M で，$|f_n(x)| \leq M$ が $[a,b]$ 上すべての n について成り立つようなものが存在することをいう．これは f_n が距離空間 $C[a,b]$ の有界集合であること，すなわち，$C[a,b]$ の距離に関して原点を中心とするある半径 M の球に含まれることと言い換えられる．

定義 6.2 連続関数の列 f_n が $[a,b]$ 上**同程度連続** (**equicontinuous**) である

とは，$\forall x \in [a,b]$ と $\forall \varepsilon > 0$ に対し，n によらない $\delta > 0$ がとれて，$\forall y \in [a,b]$ について $|x-y| < \delta$ なら，$|f_n(x) - f_n(y)| < \varepsilon$ がすべての n について成り立つようにできることをいう．

これらの言葉は，より一般に，連続関数の集合 $\mathcal{K}$ に対しても全く同様に用いられます．特に重要なのは，実数の連続パラメータ $h, 0 < h < h_0$ に依存する連続関数の族 $f_h(x)$ で，後で実際に出てきます．

定理 6.1（**Ascoli-Arzelà**） 区間 $[a,b]$ 上の連続関数の列 $f_n(x)$，あるいはより一般に連続関数の無限集合 $\mathcal{K}$ が

(1) 一様有界

(2) 同程度連続

ならば，f_n，あるいは $\mathcal{K}$ は $[a,b]$ 上一様収束する部分列を含む．

証明 $\mathcal{K}$ の場合は，最初にそこから無限列 f_n を一つ取り出し，それについて論じればよいので，関数列の場合に証明しよう．

第1段 f_n から，$[a,b]$ で稠密な部分集合で各点収束する部分列を抜き出す．x を止める毎に関数値の数列 $\{f_n(x)\}$ は仮定の (1) から有界列となるので，Bolzano-Weierstrass の定理により収束部分列を含む．さて，$[a,b]$ 内の有理数の集合は可算なので，一列に並べることができる[1]．これを $\{a_k\}_{k=1}^{\infty}$ と記そう．すると，まず $\{f_{1n}(a_1)\}$ が収束数列となるような部分列 $\{f_{1n}\}$ が取れる．次に，この部分列の値を a_2 で取ったもの $\{f_{1n}(a_2)\}$ もまた有界数列だから，収束部分列 $\{f_{2n}(a_2)\}$ を含む．こうして得られた関数の部分列 $\{f_{2n}\}$ は，$x = a_1, a_2$ での値がともに収束列となっている．以下この操作を無限に続けると

$f_{11}(x), f_{12}(x), \ldots, f_{1n}(x), \ldots$ は $x = a_1$ で収束

$f_{21}(x), f_{22}(x), \ldots, f_{2n}(x), \ldots$ は $x = a_1, a_2$ で収束

$\ldots\ldots\ldots,$

$f_{k1}(x), f_{k2}(x), \ldots, f_{kk}(x), \ldots, f_{kn}(x), \ldots$ は $x = a_1, a_2, \ldots, a_k$ で収束

$\ldots\ldots\ldots,$

---

[1] もちろん大きさの順はめちゃめちゃになります．微積の講義などでこういう話を聞いたことが無い人は，例えば『数理基礎論講義』（[5]）の 10.2 節の説明を見てください．そこだけ読むことが可能です．

となる．このままずっと下にゆくと，無くなってしまう恐れがあるが，ここで，**Cantor**(カントル) の対角線論法という巧妙なアイデアで，上の 2 次元の表の対角線の上にある関数（下線を引いたもの）を取ってきて，関数列 $\{f_{nn}\}_{n=1}^{\infty}$ を作る．これは $n \geq k$ の部分が $\{f_{kn}\}$ の部分列となるので，$a_1, a_2, \ldots, a_k$ での値が収束する．k は任意なので，この部分列は結局すべての a_k で収束している．以下記号を簡単にするため，この部分列を改めて f_n で表そう．

第 2 段 上で取り出した部分列は $[a, b]$ の任意の点で値が収束することを示す．$x \in [a, b]$ を固定する．$\forall \varepsilon > 0$ に対し，まず同程度連続性により $|x - y| < \delta$ なら $|f_n(x) - f_n(y)| < \dfrac{\varepsilon}{3}$ がすべての n について成り立つように $\delta > 0$ を選んでおく．次に，有理数の稠密性により $\exists a_k$ で $|x - a_k| < \delta$ を満たすものが選べる．（例えば x の小数展開を十分先で打ち切ればよい．それは数列 $\{a_k\}$ のどこかに存在するはずである．）仮定により $f_n(a_k)$ は収束するので，それは Cauchy 列であり，従って n_0 を十分大きく選べば，$n, m \geq n_0$ のとき $|f_n(a_k) - f_m(a_k)| < \dfrac{\varepsilon}{3}$ となる．このとき 3 角不等式により

$$|f_n(x) - f_m(x)|$$
$$\leq |f_n(x) - f_n(a_k)| + |f_n(a_k) - f_m(a_k)| + |f_m(x) - f_m(a_k)|$$
$$< \frac{\varepsilon}{3} + \frac{\varepsilon}{3} + \frac{\varepsilon}{3} = \varepsilon.$$

従って数列 $\{f_n(x)\}$ も Cauchy 列となり収束する．この極限を $f(x)$ と記そう．

第 3 段 上で定まった極限関数 $f(x)$ にこの部分列は $[a, b]$ 上一様収束することを示す．$f_n(x)$ は $[a, b]$ 上各点収束し，従って x を止める毎に Cauchy 列となるので，$\forall \varepsilon > 0$ に対し $n_{x,\varepsilon}$ を適当に選べば，$n, m \geq n_{x,\varepsilon}$ なら $|f_n(x) - f_m(x)| < \dfrac{\varepsilon}{3}$ とできる．他方，同程度連続の仮定により，$\exists \delta_x > 0$ について $|x - y| < \delta_x$ なら $\forall n$ に対し $|f_n(x) - f_n(y)| < \dfrac{\varepsilon}{3}$ とできる．するとこのような y に対しても，$n, m \geq n_{x,\varepsilon}$ では

$$|f_n(y) - f_m(y)| \leq |f_n(y) - f_n(x)| + |f_n(x) - f_m(x)| + |f_m(x) - f_m(y)|$$
$$< \frac{\varepsilon}{3} + \frac{\varepsilon}{3} + \frac{\varepsilon}{3} = \varepsilon$$

が成り立つ．さて，点 x の δ_x-近傍は $x \in [a, b]$ を動かすとき $[a, b]$ の開被覆を成すので，Heine-Borel の被覆定理により，このうちの有限個 x_i, $i = 1, \ldots, N$ を適当に選ぶと，x_i の δ_{x_i}-近傍，$i = 1, \ldots, N$ で $[a, b]$ が覆える．従って，

$n_\varepsilon = \max_{1\leq i\leq N} n_{x_i,\varepsilon}$ に取れば，$x \in [a,b]$ が何であっても，それはある x_i の δ_{x_i}-近傍に含まれるので，$n,m \geq n_\varepsilon \geq n_{x_i,\varepsilon}$ では $|f_n(x) - f_m(x)| < \varepsilon$ が成り立つことになる．よって $\{f_n(x)\}$ は $[a,b]$ 上連続関数の一様 Cauchy 列となり，従って定理 3.4 により $[a,b]$ 上一様収束する．その極限はもちろん各点収束極限の $f(x)$ と一致し，定理 3.2 によりこれは連続関数となる． □

同程度連続の仮定が，証明の第 2 段から有効に働いていることに注意しましょう．第 2 段では，ε を小さくすると，$|f_n(x) - f_n(a_k)|$ を小さくするために x の代替をする a_k をより近くのものと取り替えねばなりませんが，a_k が変わると $|f_n(a_k) - f_m(a_k)|$ を小さくするために n,m をより大きくしなければならないかもしれません．このとき，もし同程度連続性が無いと，これに応じてまた a_k を x のより近くのものと取り替えねばならなくなるかもしれず，こうしていたちごっこになってしまいます．一様収束部分列を含まない有界関数列の代表的な例は $\{\sin nx\}$ です．与えられた $\varepsilon > 0$ に対して，関数値の差がこれより小さくなることを保証する $\delta > 0$ が n とともにどんどん小さくなってしまい，同程度連続ではないことがグラフを描いてみれば明らかでしょう．こんな関数列でも，上の証明の第 1 段は通用するので，有理点での値がすべて収束列となるような部分列は取り出すことができるのです！

有界閉区間 $[a,b]$ 上では，上の定理における同程度連続の条件は，次に述べる同程度一様連続で置き換えても同値です．これは後で使いませんが，その背景に有る，"連続関数が有界閉区間で一様連続になる"，という事実はしばしば使うので，その復習も兼ねて証明を与えておきましょう．

定理 6.2 有界閉区間 $[a,b]$ 上の同程度連続関数の族 $\mathcal{K}$ は，**同程度一様連続**である：$\forall \varepsilon > 0$ に対して，f と x,y によらない $\delta > 0$ が取れ，$x,y \in [a,b]$ がどこにあっても，$|x-y| < \delta$ でありさえすれば $|f(x) - f(y)| < \varepsilon$ がすべての $f \in \mathcal{K}$ について成り立つようにできる．

証明 連続関数が一つの場合の証明と同じである[2]．仮定により，各点 x を固定

---
[2] 拙著[1] では 1 年生に優しく Bolzano-Weierstrass の定理に依拠した証明を与えました．この場合もそれは通用しますが，本書ではより本質をとらえた Heine-Borel の定理を積極的に用いています．なお Heine-Borel の定理は[2]，定理 7.14 で $\boldsymbol{R}^n$ の有界閉集合について証明しており，[2]，定理 7.15 ではその上の連続関数の一様連続性を証明しています．

する毎に $\delta_x > 0$ が選べて, $|y-x| < \delta_x$ なる任意の y に対し $|f(y)-f(x)| < \frac{\varepsilon}{2}$ がすべての $f \in \mathcal{K}$ で成り立つ. 点 x の $\frac{\delta_x}{2}$-近傍は $x \in [a,b]$ を動かすとき $[a,b]$ を覆うので, Heine-Borel の被覆定理により, 有限個の $x_i, i=1,\ldots,N$ を選んで, これらの $\frac{\delta_i}{2}$-近傍で $[a,b]$ を覆える. このとき $\delta = \min_{1 \le i \le N} \frac{\delta_i}{2}$ と置けば, $\forall x, y \in [a,b]$ について, x がある x_i の $\frac{\delta_i}{2}$-近傍に含まれるとすれば,

$$|y-x_i| \le |y-x|+|x-x_i| < \delta + \frac{\delta_i}{2} \le \frac{\delta_i}{2}+\frac{\delta_i}{2} = \delta_i$$

なので, $|f(x)-f(x_i)| < \frac{\varepsilon}{2}$ とともに $|f(y)-f(x_i)| < \frac{\varepsilon}{2}$ も成り立つ. よって

$$|f(x)-f(y)| \le |f(x)-f(x_i)|+|f(y)-f(x_i)| < \frac{\varepsilon}{2}+\frac{\varepsilon}{2} = \varepsilon$$

となる. □

同程度連続の意義はよく分かりましたが, 実際に与えられた関数列について, この条件を確かめるのは大変そうですね. 実はほとんどの場合, 次のような特別の場合で済んでしまうのです.

補題 6.3 $\{f_n(x)\}$ は微分可能な関数より成る列で, 導関数の列 $\{f'_n(x)\}$ は一様有界, すなわち, 定数 M が存在し, 考えている x の範囲ですべての n について $|f'_n(x)| \le M$ が成り立つとする. このとき $\{f_n(x)\}$ は同程度連続となる.

これは, 平均値の定理一発で出てきます. 実際, x と y の間のある ξ_n について

$$|f_n(x)-f_n(y)| = |f'_n(\xi_n)(x-y)| \le M|x-y|$$

となりますから, 同程度一様 Lipsitz 連続でさえあります.

第 3 章では第 2 変数について一様 Lipschitz 連続な関数しか扱わなかったので必要にならなかったのですが, 今後微分方程式論を進めていくと頻繁に必要となる次の補題もここに入れておきましょう.

補題 6.4 $f(x,y)$ は有界閉長方形 $D := [a,b] \times [c,d]$ 上の連続関数で, 有界閉区間 $[a,b]$ 上の連続関数の列 φ_n は一様 Cauchy 列(あるいは一様収束列)ですべての n に対し $[a,b]$ 上 $c \le \varphi_n(x) \le d$ を満たすとする. このとき $f(x,\varphi_n(x))$ も $[a,b]$ 上の連続関数の一様 Cauchy 列(あるいは一様収束列)

6.1 Ascoli-Arzelà の定理

となる．この結論は f を D 上一様収束する連続関数の列 $f_n(x,y)$ で置き換えても成り立つ．

証明 まず f が一つの場合に示す．有界閉集合上連続な関数はそこで一様連続（前ページ脚注）だから，特に $\forall \varepsilon > 0$ に対し，$\delta > 0$ を選んで $|y-z| < \delta$ なら $|f(x,y) - f(x,z)| < \varepsilon$ とできる．よって，φ_n に対する仮定から n_δ を $n, m \geq n_\delta$ なら $\forall x \in [a,b]$ について $|\varphi_n(x) - \varphi_m(x)| < \delta$ が成り立つように選んでおけば，同じ番号に対して $|f(x, \varphi_n(x)) - f(x, \varphi_m(x))| < \varepsilon$ が $\forall x \in [a,b]$ について成り立つ．よって $f(x, \varphi_n(x))$ は $[a,b]$ 上一様 Cauchy 列となる．一様収束の方はこの議論において $\varphi_m(x)$ を極限関数 $\varphi(x)$ に取り替えればよい．

次に，f_n が f に D 上一様収束するときは，n_ε を $n \geq n_\varepsilon$ のとき $|f_n(x,y) - f(x,y)| < \frac{\varepsilon}{3}$ がすべての $(x,y) \in D$ について成り立つように選んでおき，また $\delta > 0$ を $|y-z| < \delta$ なら $|f(x,y) - f(x,z)| < \frac{\varepsilon}{3}$ が $\forall (x,y) \in D$ について成り立つように選んで，最後に n_δ を $n, m \geq n_\delta$ なら $\forall x \in [a,b]$ について $|\varphi_n(x) - \varphi_m(x)| < \delta$ が成り立つように選んでおけば，$n \geq \max(n_\varepsilon, n_\delta)$ のとき $\forall x \in [a,b]$ について

$$|f_n(x, \varphi_n(x)) - f_m(x, \varphi_m(x))|$$
$$\leq |f_n(x, \varphi_n(x)) - f(x, \varphi_n(x))| + |f(x, \varphi_n(x)) - f(x, \varphi_m(x))|$$
$$+ |f(x, \varphi_m(x)) - f_m(x, \varphi_m(x))|$$
$$< \frac{\varepsilon}{3} + \frac{\varepsilon}{3} + \frac{\varepsilon}{3} = \varepsilon.$$

よって $f_n(x, \varphi_n(x))$ は一様 Cauchy 列である．一様収束の方は φ_m や f_m を各々の極限関数と取り替えて論ずればよく，項が一つ減って簡単になる． □

この節で述べたことは，連続関数のベクトルの列 $\vec{f}_n \in (C[a,b])^N$ に対しても同じ形で成り立つことに注意しましょう．同程度連続の定義は成分毎に考えればよく，収束も成分毎に扱えばよいからです．次の節ではこの形で使います．なお，本書では用いませんが，以上の議論は $\mathbf{R}^n$ の有界閉集合上で定義された連続関数の列についても，ほぼそのままの形で通用します．復習として Ascoli-Arzelà の定理を自分で n 変数の場合に翻訳してみてください．

🗨 距離空間 X の部分集合 $\mathcal{K}$ が**コンパクト**とは，$\mathcal{K}$ の開集合による被覆があると

き，必ずそのうちの有限個で $\mathcal{K}$ が覆えることを言います．これは，Heine-Borel の被覆定理を一般化した性質です．他方，Bolzano-Weierstrass の定理を一般化した性質として，$\mathcal{K}$ の任意の点列が $\mathcal{K}$ 内で収束する部分列を含むとき，$\mathcal{K}$ は**点列コンパクト**であると言います．距離空間 $C[a,b]$ では，この二つは同値となり，Ascoli-Arzelà の定理は，$C[a,b]$ の閉部分集合がコンパクトとなるための必要十分条件を与えていることが知られています．本書では，コンパクトという言葉は使いませんが，[5]，14.3 節への補いとして紹介しました．

■ 6.2 Peano の存在定理

Peano（ペアノ）は 19 世紀から 20 世紀にかけて活躍したイタリアの数学者で，自然数の公理や Peano 曲線などにも名前を残していますが，Cauchy や Lipschitz の後を受けて 1886 年に常微分方程式 $y' = f(x,y)$ に対し右辺の連続性を仮定しただけの究極的な存在定理を与えました．1890 年の続きの論文では，初期値問題の一意性の反例も挙げ，以後存在と一意性は別々に研究されるべきものという原理の確立にも寄与しました．

定理 6.5 $\vec{f}(x,\vec{y})$ は，$(a,\vec{c}) \in \mathbb{R}^{n+1}$ の近傍で定義された $n+1$ 変数の連続関数とする．このとき，微分方程式系の初期値問題

$$\vec{y}' = \vec{f}(x,\vec{y}), \quad \vec{y}(a) = \vec{c}$$

は，$x = a$ の近傍で少なくとも一つ解を持つ．すなわち，右辺が連続というだけで，局所解の存在は保証される．

より精密には，$\vec{f}$ が $a \leq x \leq b$, $|\vec{y}-\vec{c}| \leq B$ で定義され，そこで $|\vec{f}(x,\vec{y})| \leq M$ が成り立っているとする．このとき $M(b-a) \leq B$ なら，$a \leq x \leq b$ 上 $|\vec{y}-\vec{c}| \leq B$ を満たす解が存在する．

純粋の局所存在定理では，解が存在する近傍の大きさを見積もらなくてもよいのですが，最後の主張はある一定の近傍での解の存在を保証するものです．このような存在定理の定式化は，**半大域的**と呼ばれます．

この定理の証明は Picard の逐次近似法を使ってもやれますが，何度も同じことをやると飽きてしまうので，今度は **Euler-Cauchy の折れ線法**を用いてみましょう．これはコンピュータなどで，近似解を計算するときよく用いられるもので，(微小な) メッシュサイズ $h > 0$ を一つ定め

6.2 Peano の存在定理

$$\vec{y}_h(x) = \begin{cases} a \leq x \leq a+h \text{ のとき,} \\ \quad \vec{c} + \vec{f}(a,\vec{c})(x-a), \\ a+h \leq x \leq a+2h \text{ のとき,} \\ \quad \vec{y}_h(a+h) + \vec{f}(a+h, \vec{y}_h(a+h))(x-a-h), \\ \cdots\cdots, \\ a+kh \leq x \leq a+(k+1)h \text{ のとき,} \\ \quad \vec{y}_h(a+kh) + \vec{f}(a+kh, \vec{y}_h(a+kh))(x-a-kh), \\ \cdots\cdots \end{cases} \tag{6.1}$$

と，幅 h の微小区間単位で，その区間の間は右辺の $\vec{f}$ が一つ手前の区間の最後の端点での値で一定であるとみなして，直線で近似するものです．特に，$n=1$ のときは $f(x,y)$ はスカラーで，解曲線の傾きを表すので，この場合は区間毎に傾きが一定の折れ線で近似することになります．

定理 6.5 の証明 まず，(6.1) で定めた折れ線状連続関数のベクトルは $a \leq x \leq b$ で定義できていることを確かめる．これには，$|\vec{y}_h(x) - \vec{c}| \leq M(x-a)$ が各点 x で成り立っていることを，各微小区間について左端から順に確かめればよい．最初の区間では，

$$|\vec{y}_h(x) - \vec{c}| = |\vec{f}(a,\vec{c})(x-a)| \leq M(x-a)$$

で確かに成り立っている．k 番目の区間まで成り立っているとすると，$k+1$ 番目では

$$|\vec{y}_h(x) - \vec{c}| = |\vec{y}_h(a+kh) - \vec{c}| + |\vec{y}_h(x) - \vec{y}_h(a+kh)|$$
$$\leq M(a+kh-a) + |\vec{f}(a+kh)|(x-a-kh).$$

ここで最後の辺の第 1 項は帰納法の仮定であり，$\vec{y}_h(a+kh)$ が一つ前の区間の右端点であることから適用できる．最後の辺の第 2 項は仮定 $|\vec{f}(x,\vec{y}_h)| \leq M$ を用いて $M(x-a-kh)$ で抑えられる．よって上から，この新しい微小区間でも $|\vec{y}_h(x) - \vec{c}| \leq M(x-a)$ となることが分かった．

次に，族 $\{\vec{y}_h(x)\}$ は（成分毎に）一様有界かつパラメータ h に関して同程度連続となることを見る．実際，$\vec{y}_h(x)$ は折れ線であって，どこでも傾き $\leq M$ だから，$|\vec{y}_h(x_1) - \vec{y}_h(x_2)| \leq M|x_1 - x_2|$ はほぼ自明であるが，後で使う表現

の準備も兼ねて厳密に証明しよう．$x \in [a+kh, a+(k+1)h]$ とするとき，定義式 (6.1) をつなげることにより

$$\begin{aligned}
\vec{y}_h(x) &= \vec{c} + \sum_{j=0}^{k-1} \vec{f}(a+jh, \vec{y}_h(a+jh))h + \vec{f}(a+kh, \vec{y}_h(a+kh))(x-a-kh) \\
&= \vec{c} + \int_a^x \overline{\vec{f}}(t, \vec{y}_h(t))dt
\end{aligned} \qquad (6.2)$$

と書けることに注意しよう．ここで $\overline{\vec{f}}$ は，x の連続関数 $\vec{f}(x, \vec{y}_h(x))$ を，各微小区間 $[a+jh, a+(j+1)h]$ 上で，この区間の左端点での値で置き換えた階段状の（区分的定数）関数である．$\vec{f}(x, \vec{y}_h(x))$ のようなものは，$\vec{y}_h$ を決めるまでは使えない記号であったが，(6.1) によりこれが定まった後は意味を持つことに注意せよ．仮定 $|f(x, \vec{y})| \leq M$ からもちろん $|\overline{\vec{f}}(x, \vec{y}_h(x))| \leq M$ も従うので，この見やすい表現を用いると，$x_1 < x_2$ とすれば

$$|\vec{y}_h(x_2) - \vec{y}_h(x_1)| = \left| \int_{x_1}^{x_2} \overline{\vec{f}}(x, \vec{y}_h(x))dx \right| \leq M(x_2 - x_1)$$

となることが容易に見て取れる．故に $\vec{y}_h$ は同程度一様 Lipschitz 連続でさえある．よって，定理 6.1（を成分毎に適用すること）により，適当な数列 $h_k \to 0$ で，$\vec{y}_{h_k}$ が $[a,b]$ 上一様収束するようなものが取れる．

最後に，見つかった一様収束列の極限を $\vec{y}$ と記すとき，これがもとの微分方程式を満たすことを示す．これはいつものように，積分方程式

$$\vec{y} = \vec{c} + \int_a^x \vec{f}(t, \vec{y}(t))dt \qquad (6.3)$$

の方で確かめる．これと (6.2) を比較してみると，異なるのは被積分関数だけなので，$k \to \infty$ のとき

$$\overline{\vec{f}}(x, \vec{y}_{h_k}(x)) \to \vec{f}(x, \vec{y}(x)) \qquad (6.4)$$

という一様収束が示せれば，一様収束と積分の順序交換定理 3.3 (1) により証明が終わる．$\vec{f}(x, \vec{y})$ は $\mathbf{R}^{n+1}$ の有界閉集合 $\{(x, \vec{y}); a \leq x \leq b, |\vec{y}| \leq B\}$ 上連続なので，そこで一様連続である（定理 6.2 およびその脚注参照）．よって $\forall \varepsilon > 0$

に対して，$\delta > 0$ を適当に選べば，この集合内で $|x_1 - x_2| < \delta$, $|\vec{y} - \vec{z}| < \delta$ のとき $|\vec{f}(x_1, \vec{y}) - \vec{f}(x_2, \vec{z})| < \dfrac{\varepsilon}{2}$ となるようにできる．他方，関数族 $\vec{y}_h$ は上で示したように同程度連続であったから，$\delta' > 0$ をうまく選べば，h が何であっても，$|x_1 - x_2| < \delta'$ なる限り $|\vec{y}_h(x_1) - \vec{y}_h(x_2)| < \delta$ となるようにできる．必要なら δ' を小さくすることにより，ここで $\delta' \leq \delta$ と仮定できる．最後に，$\vec{y}_{h_k} \to \vec{y}$ の一様収束性により，十分大きな k_0 を選べば，$k \geq k_0$ のとき $\forall x \in [a,b]$ について $|\vec{y}_{h_k}(x) - \vec{y}(x)| < \delta$ とできる．ここで，$h_{k_0} \leq \delta'$ と選べることはもちろんである．以上を総合すると，このような番号について，$x \in [a + jh_k, a + (j+1)h_k]$ とすれば[3]

$$|a + jh_k - x| \leq h_k < \delta' \leq \delta, \qquad |\vec{y}_{h_k}(a + jh_k) - \vec{y}_{h_k}(x)| < \delta$$

なので，

$$\begin{aligned}
&|\vec{f}(x, \vec{y}_{h_k}(x)) - \vec{f}(x, \vec{y}(x))| \\
&\leq |\vec{f}(x, \vec{y}_{h_k}(x)) - \vec{f}(x, \vec{y}_{h_k}(x))| + |\vec{f}(x, \vec{y}_{h_k}(x)) - \vec{f}(x, \vec{y}(x))| \\
&= |\vec{f}(a + jh_k, \vec{y}_{h_k}(a + jh_k)) - \vec{f}(x, \vec{y}_{h_k}(x))| + |\vec{f}(x, \vec{y}_{h_k}(x)) - \vec{f}(x, \vec{y}(x))| \\
&\leq \frac{\varepsilon}{2} + \frac{\varepsilon}{2} = \varepsilon.
\end{aligned}$$

よって (6.4) の一様収束が示されたので，(6.2) から極限に行けば (6.3) が得られ，$\vec{y}$ が解であることが示された． □

目標の真の解は求まりましたが，この証明法はその近似計算法も与えているので，実際に利用できないかと思う人も居るでしょう．しかし，上の証明で示されたのは，"部分列を適当に選べば" 収束するというのですから，どうやって選べばよいのか分からなければ実用にはなりません．その意味で次の定理はより実用的です．

定理 6.6 微分方程式系 $\vec{y}' = \vec{f}(x, \vec{y})$ の $\vec{y}(a) = \vec{c}$ を満たす解は高々一つしか無いとする．このとき，近似解 $\vec{y}_h$ は $h \to 0$ とするとき，そのただ一つの解に一様収束する．

証明 定理 6.5 の証明から，列 $h_k \to 0$ を任意に選ぶとき，そのある部分列

---

[3] j はもちろん k に依存する．

が真の解 $\vec{y}$ で $\vec{y}(a) = \vec{c}$ を満たすものに一様収束する．仮定によりこのような解は高々一つなので，実はこの部分列の収束先は一定である．このような場合は，$\vec{y}_h$ 全体が $h \to 0$ のときこの $\vec{y}$ に一様収束する．これは次の補題のように一般の距離空間に抽象化された形で成り立つ． □

次の補題に相当することは，X が実数の集合のときに微積で習ったことと思いますが，証明の原理はそれと全く同じです．

補題 6.7 x_n は距離空間 X の点列とし，$a \in X$ を固定した元とする．もし x_n のどんな部分列も，その更に部分列で a に収束するものを含むならば，実は x_n 全体が a に収束する．より一般に，$h \mapsto x_h$ は実軸上の線分 $(0, h_0)$，あるいは更に $\mathbf{R}^m$ の半径 h_0 の球の原点を除いたもの，から距離空間 X への写像とする．もしここから選んだ任意の点列 $h_k \to 0$ が，必ずその部分列 $h_{k'}$ で，$x_{h_{k'}} \to a$ となるものを含むならば，$h \to 0$ のとき $x_h \to a$ となる．

証明 論法はほとんど同じなので，連続パラメータ $h \in (0, h_0)$ の場合に証明しよう．背理法を用いる．結論を ε-δ 論法で書けば

$$\forall \varepsilon > 0 \ \exists h_\varepsilon > 0 \ \text{s.t.} \ 0 < h < h_\varepsilon \implies \operatorname{dis}(x_h, a) < \varepsilon$$

である．よってこれを否定すれば，

$$\exists \varepsilon > 0 \ \text{s.t.} \ \forall h_\varepsilon \ \exists h < h_\varepsilon \ \operatorname{dis}(x_h, a) \geq \varepsilon$$

となる．ここで h_ε として $1/n$ をとり，これに対して $\operatorname{dis}(x_h, a) \geq \varepsilon$ を満たすような h を h_n と記す．このとき $h_n \to 0$ であるが，最後の不等式から，$\{h_n\}$ の部分列をどのように選んでも，それは a に収束し得ない．これは仮定に反するので，$x_h \to a$ でなければならない． □

【解の延長】 一様 Lipschitz 条件を仮定すると，解の存在する範囲が見積もれますが，それが無い場合に，局所解はその後どうなるでしょうか？ これについては最低でも次のことは言えます．

定理 6.8 $\vec{f}(x, \vec{y})$ は有界閉領域 $D \subset \mathbf{R}^{n+1}$ で連続とする．このとき D 内の一点 $(a, \vec{c})$ を通る $\vec{y}' = \vec{f}(x, \vec{y})$ の局所解は，そのグラフが領域 D のある境界点に達するまで解として延長される．

6.2 Peano の存在定理

証明 **第 1 段** D は有界閉集合なので，D 上 $|\vec{f}(x,\vec{y})| \leq M$ となる定数 M が取れる．D に内接する円柱状閉領域

$$Z := \{(x,\vec{y})\,;\, a \leq x \leq b, |\vec{y} - \vec{c}| \leq B\}$$

を考える．この半径を $\delta > 0$ だけ縮めたものを Z_δ と記すとき，点 $(a,\vec{c})$ から出発した解は Z_δ の境界まで必ず連続に延長できることをまず示す．

Z_δ 内のどの点 (x_0, y_0) を取っても，それを底面（実は左横境界）の中心とする微小円柱

$$\left\{(x,\vec{y})\,;\, x_0 \leq x \leq x_0 + \frac{\delta}{M}, |\vec{y} - \vec{y_0}| \leq \delta\right\}$$

が Z 内に収まっている限りは，Peano の定理により (x_0, y_0) から出発した解は $x_0 \leq x \leq x_0 + \frac{\delta}{M}$ で存在する．故に，初期点 $(a,\vec{c})$ から出発して局所解を作ってつなげていけば，$\frac{\delta}{M}$ は一定なので，有限のステップで解は円柱の右端 $x = b$ に到達するか，さもなければ，Z_δ の側面 $|\vec{y} - \vec{c}| = B - \delta$ に到達する．これらの局所解が解として繋がることは，繋ぎ目 $(x_1, \vec{y}_1)$ において左右からの解が同一の接ベクトル $\vec{y}' = \vec{f}(x_1, \vec{y}(x_1))$ を持ち，従って C^1 級の曲線として繋がることから分かる．（一意性が無いので二つの解は一般には 1 点でしか一致しない．）

第 2 段 解が Z の境界点まで延びることを示す．δ_n, $n = 1, 2, \ldots$ を 0 に単調減少する数列とする．$\delta = \delta_1$ に対して第 1 段で構成した解の右端点を $(x_1, \vec{y}_1)$ とする．もし $x_1 = b$ なら証明は終わる．そうでなければ，次に $\delta = \delta_2 < \delta_1$ と取って，この端点から出発し同じ要領で解を作り，新たな右端点を $(x_2, \vec{y}_2)$ とする．この二つの解は，第 1 段の説明と同様，繋ぎ目 $(x_1, \vec{y}_1)$ で C^1 級の曲線としてつながり，従って $a \leq x \leq x_2$ 上に延長された解が得られる．

これを繰り返して途中で $x = b$ に達しなければ，$n = 1, 2, \ldots$ に対して点列 $(x_n, \vec{y}_n)$ と，$(a,\vec{c})$ からそこまでの解曲線が得られる．（無限点列を得るには，厳密には集合論の選択公理が必要であるが，ここでは微積でよくやるように自明なこととしておく．）

点列 x_n は単調増加で $x_n \leq b$ なので，極限 x_∞ を持つ．このとき

$$|\vec{y}_m - \vec{y}_n| \leq \left|\int_{x_n}^{x_m} f(x,\vec{y})dx\right| \leq M|x_m - x_n|$$

より，$\vec{y}_n$ も Cauchy 点列となるので，極限 $\vec{y}_\infty$ が確定する．$(x_\infty, \vec{y}_\infty)$ が求める延長の端点であり，この点では $|\vec{y}_\infty| = \lim_{n\to\infty} B - \delta_n = B$ である．

第3段 D に特定の形を仮定しない場合は，高々有限回の操作で D の境界まで達することができるかどうか全く自明ではない．そこで，やや高級だが一般に使われている証明法を紹介しておく．上のようにして作られる半大域解のうち定義域が極大のもの，すなわち，これ以上延長できないようなものをとると，その端が必然的に D の境界点になっていることを言う，というのが大方針である．ただし，局所解の一意性が無いので，まず極大のものが定まる保証はない．よって，厳密な証明には無限集合論の公理が必要となる．（応用上は第2段で示された主張で十分な場合が多いので，以下に引用する公理を習ってない人は信じて飛ばしてもよいであろう．）解関数のベクトルとその定義区間を対にした（無限）集合

$$\mathcal{X} := \{(\vec{y},[a,\xi));\, \vec{y} \text{ は } a \leq x < \xi \text{ 上 } \vec{y}' = \vec{f}(x,\vec{y}) \text{ を満たし } \vec{y}(a) = \vec{c}\}$$

を考える．この集合の二つの元 $(\vec{y}_1,[a,\xi_1)), (\vec{y}_2,[a,\xi_2))$ に対して

$$(\vec{y}_1,[a,\xi_1)) \preceq (\vec{y}_2,[a,\xi_2)) \iff \xi_1 \leq \xi_2 \text{ かつ } \vec{y}_2|_{[a,\xi_1)} = \vec{y}_1$$

という順序を入れる．すなわち，一方が他方の解の延長になっているときに大きいと定めるのである．この順序集合は最初の局所解が存在することから空集合ではなく，かつその線形順序を持つ部分集合には必ず上限が存在するという性質がある．実際，この部分集合の元の定義域の和集合の上で，解が矛盾無く繋がることは，線形順序の定義によりこれらの解が制限と整合的であることから明らかである．（和集合が再び $[a,\xi)$ の形となるよう，区間の右端を開いた形にした．）このような順序集合は**帰納的順序集合**と呼ばれ，**Zorn** の補題により極大元 $(\vec{y},[a,\xi))$ の存在が保証される．これらの概念と定理については『数理基礎論講義』([5]) の 10.6 節を見られたい．この極大元が端点を D の境界上に持つことを言えば証明が終わる．まずこの解曲線が右端点を持つこと，すなわち，$x \nearrow \xi$ のとき $\vec{y}(x)$ が確定した極限を持つことは，第2段で用いたのと同様の論法で，この関数ベクトルの値が $x \to \xi$ のとき Cauchy の判定条件を満たすことで示される．従って，$\vec{y}(x)$ は $x \leq \xi$ に連続に延長できる．こうしてみつかった端点がもし D の内部に有れば，そこで再び Peano の存在定理が適

用でき，解が少し先まで延長できてしまう．これは $(\vec{y},[a,\xi))$ が集合 $\mathcal{X}$ の極大元であったことに矛盾する．よって解曲線は D の境界に右端点を持つ． □

実は，第 2 段で暗に使ってしまった選択公理と，第 3 段で陽に頼った Zorn の補題は，同値です（[5], 10.6 節）．なので，ちゃんとやろうとすれば第 2 段で止めても初等的ということにはなりません．(^^;

6.3 比較定理

Ascoli-Arzelà の定理を使うと，いろんな主張がすっきりと証明できるようになります．ここでは比較定理を究極の形に一般化してみましょう．準備として，まずパラメータに関する連続性の定理が，解の一意性さえあれば右辺が連続なだけで成り立つことを示します．

定理 6.9 R^m の部分集合 Λ を動くパラメータ λ を含む $n+1$ 変数の関数ベクトル $\vec{f}(x,\vec{y};\lambda)$ は，ある領域 $D \times \Lambda \subset R^{n+1+m}$ で $x,\vec{y},\lambda$ につき連続とする．このとき，微分方程式

$$\frac{d\vec{y}}{dx} = \vec{f}(x,\vec{y};\lambda) \tag{6.5}$$

の解に局所一意性が有れば，解が D に収まっている限り，パラメータに対する解の連続性が成り立つ．

次の補題のようにより強い形で証明しておくと，役に立つことがあるかもしれません．上の定理の主張は，各固定した μ に対して $\varepsilon = \lambda - \mu$ としてこの補題を適用すれば出ます．

補題 6.10 $\vec{f}_k(x,\vec{y})$ は $D := \{(x,\vec{y}) ; a \leq x \leq b, |\vec{y}| \leq B\} \subset R^{n+1}$ で定義された連続関数の列で，$\vec{y}_k$ は微分方程式の初期値問題

$$\vec{y}' = \vec{f}_k(x,\vec{y}), \qquad \vec{y}(a) = \vec{c} \tag{6.6}$$

の一つの解とする．$\vec{f}_k$ は D 上 $\vec{f}(x,\vec{y})$ に一様収束するとし，上の初期値問題において $\vec{f}_k$ を $\vec{f}$ で置き換えたものは一意な解 $\vec{y}$ を持つとする．このとき，$[a,b]$ 上一様に $\vec{y}_k \to \vec{y}$ となる．同様の主張は連続パラメータ $\varepsilon \to 0$ に関する極限 $\vec{f}_\varepsilon \to \vec{f}$ についても成り立つ．

証明 R^{n+1} の有界閉集合 D の上で一様収束する関数列は一様有界である．

すなわち，k によらない定数 $M > 0$ が存在して，D 上 $|\vec{f}_k(x, \vec{y})| \leq M$ が成り立つ．すると (6.6) の解 $\vec{y}_k$ の列は補題 6.3 により同程度（一様 Lipschitz）連続となり，従って Ascoli-Arzelà の定理 6.1 により一様収束する部分列を持つ．(6.6) において部分列の極限をとれば，$\vec{f}_k$ を $\vec{f}$ で置き換えた方程式となり，極限関数 $\vec{y}$ はそれを満たすことは補題 6.4 により保証される．解の一意性の仮定によりこの極限関数は一つに定まっている．以上は $\vec{y}_k$ の任意の部分列についても成り立つので，補題 6.7 により列 $\vec{y}_k$ 全体がこの $\vec{y}$ に一様収束する．連続パラメータの場合は，任意の部分列 $\varepsilon_k \to 0$ について列の場合の結果を適用して一様収束極限を得るが，解の一意性の仮定により極限は列によらず一定でなければならない．すると，補題 6.7 により連続パラメータについての一様収束も言える．□

初期値はパラメータの特別な場合です．実際，3.6 節でも述べたように，

$$\vec{y}' = \vec{f}(x, \vec{y}), \quad \vec{y}(a) = \vec{c}$$

の解は，$\vec{z} = \vec{y} - \vec{c}$ と変換することにより，

$$\vec{z}' = \vec{f}(x, \vec{z} + \vec{c}), \quad \vec{z}(a) = \vec{0}$$

と，初期値が一定でパラメータ $\vec{c}$ を含む方程式に変換されます．よって上の定理からただちに次が得られます．

定理 6.11 $\vec{f}(x, \vec{y})$ は $D = \{(x, \vec{y}); a \leq x \leq b, |\vec{y}| \leq B\} \subset \mathbb{R}^{n+1}$ で連続な関数とするとき，$\vec{y}' = \vec{f}(x, \vec{y})$ の初期条件 $\vec{y}(a) = \vec{c}$ を満たす解 $\vec{y}(x, \vec{c})$ が一意ならば，それは初期値 $\vec{c}$ に連続に依存する．

最後に最も弱い仮定の下で比較定理を示します．

定理 6.12 $\vec{f}(x, \vec{y})$ は $D = \{(x, \vec{y}); a \leq x \leq b, |\vec{y}| \leq B\} \subset \mathbb{R}^{n+1}$ で連続な関数，$g(x, z)$ は $[a, b] \times [0, B] \subset \mathbb{R}^2$ で連続，かつ z につき単調非減少な関数で，これらの定義域上で常に

$$|\vec{f}(x, \vec{y})| \leq g(x, |\vec{y}|) \tag{6.7}$$

が成り立っているとする．また $z' = g(x, z)$ の初期値問題の解の一意性が成り立っているとする．このとき，$\vec{y}' = \vec{f}(x, \vec{y})$ の初期条件 $\vec{y}(a) = \vec{c}$ を満たす解

$\vec{y}$ と，$z' = g(x,z)$ の初期条件 $z(a) = |\vec{c}|$ を満たす解 z について，後者が存在する限り前者も存在して $|\vec{y}(x)| \leq z(x)$ が成り立つ．

証明 まず，(6.7) よりも強い仮定

$$|\vec{f}(x,\vec{y})| < g(x,|\vec{y}|) \tag{6.8}$$

が成り立っている場合を考える．これは始点 $x = a$ でも成り立っているので，$g(a,|\vec{c}|) - |\vec{f}(a,\vec{c})| = \varepsilon > 0$ とすれば，$\vec{f}, g$ の連続性により，$x \geq a$ が a に十分近いとき，

$$|\vec{y}(x)| < |\vec{c}| + |\vec{f}(a,\vec{c})|(x-a) + \frac{\varepsilon}{2}(x-a), \quad z(x) > |\vec{c}| + g(a,|\vec{c}|)(x-a) - \frac{\varepsilon}{2}(x-a).$$

よってこのような x については $|\vec{y}(x)| < z(x)$ が成り立つ．そこで，もしあるところでこの不等式が成り立たないとすれば，連続関数の中間値定理により

$$a \leq x \leq x_0 \quad \text{で} \quad |\vec{y}(x)| < z(x), \quad \text{かつ} \quad |\vec{y}(x_0)| = z(x_0)$$

となる点 x_0 が存在するはずである．しかし，このとき $x < x_0$ が x_0 に十分近ければ

$$|\vec{y}(x_0)| - |\vec{y}(x)| \leq |\vec{y}(x_0) - \vec{y}(x)| = \left|\int_x^{x_0} \vec{y}'(t)dt\right| = \left|\int_x^{x_0} \vec{f}(t,\vec{y}(t))dt\right|$$

$$\leq \int_x^{x_0} |\vec{f}(t,\vec{y}(t))|dt < \int_x^{x_0} g(t,|\vec{y}(t)|)dt$$

$$\leq \int_x^{x_0} g(t,z(t))dt = \int_x^{x_0} z'(t)dt = z(x_0) - z(x).$$

よって $|\vec{y}(x_0)| = z(x_0)$ を両辺から差し引くと，$z(x) < |\vec{y}(x)|$ となり不合理である．故に $x > a$ で常に $|\vec{y}(x)| < z(x)$ でなければならない．

一般の場合には，$\varepsilon > 0$ をパラメータとし，$g(x,z)$ を $g(x,z) + \varepsilon$ で置き換えると，$z' = g(x,z) + \varepsilon$ の解 z_ε に対して既に証明したことが使え，$|\vec{y}(x)| < z_\varepsilon(x)$ を得る．ここで $\varepsilon \to 0$ とすれば，一意性の仮定と補題 6.10 により一様に $z_\varepsilon \to z$ となるので，極限において等号付き不等号 $|\vec{y}(x)| \leq z(x)$ が成り立つ． □

■ 6.4 一意性定理再論

微分方程式の解の存在については，Lipschitz 条件から一気に連続まで条件

を緩められましたが，一意性の方は Lipschitz 条件から Hölder 条件に拡げただけでもう反例がありました（第 3 章問 3.10）．では一意性の成立限界はどこでしょうか？ 次の定理はその見通しを与えるものです．

定理 6.13 (**Osgood** の定理) $g(y)$ は $0 < y \leq 1$ で定義された正値連続関数で，$\lim_{y \to 0} g(y) = 0$ とし，かつ広義積分 $\int_0^1 \frac{1}{g(y)} dy$ は発散するとする．このとき，もし原点の近傍で $|f(x,y)| \leq g(|y|)$ が成り立つならば，$y' = f(x,y)$ の初期条件 $y(0) = 0$ を満たす局所解は $y = 0$ だけである．

証明 (x_0, y_0) をこの近傍内にある第 1 象限の点とする．ここを通る解から発して x の減少する向きにこれを延ばしたものが決して原点に到達できないことを示す．仮定の不等式により，この解 $\varphi(x)$ は，$\varphi(x) > 0$ なる限り次を満たす：

$$\varphi'(x) = f(x, \varphi(x)) \leq g(\varphi(x)) \quad \therefore \quad \frac{\varphi'(x)}{g(\varphi(x))} \leq 1.$$

これを $x < x_0$ から x_0 まで x について積分すれば，$\varphi(x) = y$ として

$$\int_x^{x_0} \frac{\varphi'(x)}{g(\varphi(x))} dx = \int_y^{y_0} \frac{1}{g(y)} dy \leq x_0 - x.$$

この左辺は仮定により $y \to 0$ のとき $+\infty$ となるので，x が有限のところでこれが起こることは無い．すなわち，この解は原点のみならず x 軸上のどの有限点にも到達できない．

点 (x_0, y_0) が他の象限にあるときも同様に議論できるので，練習問題とする（次の定理も参照）． □

上の定理を連立方程式に拡張しておきましょう．

定理 6.14 (**Osgood** の定理のベクトル版) $g(y)$ は前定理と同様とする．もし原点の近傍で $|\vec{f}(x, \vec{y})| \leq g(|\vec{y}|)$ が成り立つならば，$\vec{y}' = \vec{f}(x, \vec{y})$ の初期条件 $\vec{y}(0) = \vec{0}$ を満たす局所解は $\vec{y} = \vec{0}$ だけである．

証明 $(x_0, \vec{y}_0)$ をこの近傍内で $\vec{y}_0 \neq \vec{0}$ を満たす点とすれば，$x < x_0$ において $\vec{y} \neq \vec{0}$ なる限り，

$$|\vec{y}'| = |\vec{f}(x, \vec{y})| \leq g(|\vec{y}|).$$

ここで，一般に

6.4 一意性定理再論

$$|\vec{y}|' \leq |\vec{y}'| \tag{6.9}$$

に注意する．（この証明はすぐ後の補題で与える．）すると，上より

$$|\vec{y}|' \leq g(|\vec{y}|) \quad \therefore \quad \frac{|\vec{y}|'(x)}{g(|\vec{y}|(x))} \leq 1.$$

これを $x < x_0$ から x_0 まで x について積分すれば，$|\vec{y}| = y$ として

$$\int_x^{x_0} \frac{|\vec{y}|'(x)}{g(|\vec{y}|(x))} dx = \int_y^{y_0} \frac{1}{g(y)} dy \leq x_0 - x. \tag{6.10}$$

g に対する仮定から，前定理と同じ論法で，$y = |\vec{y}|$ が有限な x では零に成り得ないこと，従って $\vec{y}$ が原点に到達することはあり得ないことが分かる． □

補題 6.15 C^1 級の関数ベクトルに対して不等式 (6.9) が成り立つ．

証明 $h > 0$ のとき一般に 3 角不等式より

$$\frac{|\vec{y}(x+h)| - |\vec{y}(x)|}{h} \leq \frac{|\vec{y}(x+h) - \vec{y}(x)|}{h} = \left|\frac{\vec{y}(x+h) - \vec{y}(x)}{h}\right|$$

に注意すると，$h \searrow 0$ として形式的には (6.9) が得られる．$|\vec{y}|$ が Euclid ノルムの場合は，$|\vec{y}| = \sqrt{y_1^2 + \cdots + y_n^2}$ は，$|\vec{y}| \neq 0$ なる点で通常の意味で微分可能なので，この計算は正当である．ここでは $|\vec{y}| \neq 0$ の場合にしか不等式を使わないので，それで十分だが，実は我々は第3章で計算を簡単にするため $\boldsymbol{R}^n$ のベクトルのノルムに L_1 ノルムを用いてしまったので，$|\vec{y}| = |y_1| + \cdots + |y_n| \neq 0$ でも，ある $y_j = 0$ となる点があるかもしれず，もう少し細かい考察が必要である．C^1 級のスカラー関数 $\varphi(x)$ に対しては，上と同じ論法で，$\varphi(x) \neq 0$ なる点では $|\varphi(x)|' \leq |\varphi'(x)|$ が成り立つが，$\varphi(x) = 0$ なる点では $|\varphi(x)|$ は通常の微積の意味では微分できない．しかし，第3章で $|x|$ の微分を示したように，$|\varphi(x)|$ の導関数は測度 0 の可算集合を除いて連続な有界関数となり，それを積分すれば元の関数に戻る．これから L_1 ノルムの場合でも，成分毎に上の不等式を適用して

$$|\vec{y}|' = |y_1|' + \cdots + |y_n|' \leq |y_1'| + \cdots + |y_n'| = |\vec{y}'|$$

が成り立つのである． □

上の補題の証明では納得できない人のために，微分を用いない (6.10) の直接

証明を与えておきましょう．区間 $[x, x_0]$ を分点 $\xi_j, j = 1, \ldots, N-1$ により等分割し，$h = \dfrac{x_0 - x}{N}$ とします．簡単のため $\xi_0 = x, \xi_N = x_0$ と置けば，

$$|\vec{y}(\xi_{j+1})| - |\vec{y}(\xi_j)| \leq |\vec{y}(\xi_{j+1}) - \vec{y}(\xi_j)| = |\vec{y}'(\xi_j)h + \vec{R}_j(h)|$$
$$= |\vec{f}(\xi_j, \vec{y}(\xi_j))h + \vec{R}_j(h)| \leq g(|\vec{y}(\xi_j)|)h + |\vec{R}_j(h)|.$$

ここで，$\vec{R}_j(h)$ は微分の定義の剰余項ですが，$\vec{y}'$ の一様連続性により，微小区間に共通に $|\vec{R}_j(h)| \leq R(h) = o(h)$ の量となります．よって，

$$\frac{|\vec{y}(\xi_{j+1})| - |\vec{y}(\xi_j)|}{g(|\vec{y}(\xi_j)|)} - \frac{R(h)}{g(|\vec{y}(\xi_j)|)} \leq h$$

従って $x \leq \xi \leq x_0$ における $g(|\vec{y}(\xi)|)$ の最小値を m とすれば，

$$\sum_{j=1}^{n} \frac{|\vec{y}(\xi_{j+1})| - |\vec{y}(\xi_j)|}{g(|\vec{y}(\xi_j)|)} - \frac{NR(h)}{m} \leq Nh = x_0 - x.$$

ここで $N \to \infty$ とすれば，Riemann 積分の定義と $NR(h) = o(1)$ により，左辺は

$$\int_{|\vec{y}(x)|}^{|\vec{y}(x_0)|} \frac{1}{g(s)} ds$$

に近づきます．

なお，Osgood の定理を $y \equiv 0$ 以外の解 $y = \varphi(x)$ の一意性に適用するには，$y' = f(x, y + \varphi(x)) - \varphi'(x)$ の右辺の関数に上の定理を適用すればよろしい．連立方程式についても同様です．

さて，一様 Lipschitz 条件の場合は $g(|y|) = K|y|$ で，確かに Osgood の定理の仮定を満たしています．他方，Hölder 条件は定理の仮定を満たしていませんが，上の定理は十分条件を与えるだけなので，これから直ちに Hölder だとだめとは結論できません．次の定理は一意性の必要十分条件を与えるものです．あまり実用的とは言えないかもしれませんが，数学はこういう風に作るのだという参考例として掲げておきます．

定理 6.16（岡村博[4]） $\vec{f}(x, \vec{y})$ は $D \subset \boldsymbol{R}^{n+1}$ で連続とする．$\vec{y}' = \vec{f}(x, \vec{y})$ の

---

[4] 京大教授のとき，第 2 次大戦後の厳しい栄養状態の中，簡単な手術が元で 40 代始めの若さで亡くなられました．日本における 20 世紀後半の偏微分方程式研究に先鞭をつけた溝畑茂・山口昌哉両先生はその遺弟子です．[14] の弥永昌吉先生による序文は感慨深いものです．筆者は岡村先生以外の方々とはお話ししたことがありますが，寂しいことに今は皆故人です．

6.4 一意性定理再論

解が $\forall (x_0, \vec{c}) \in D$ で x の増加方向に局所的に一意であるための必要十分条件は，$\{(x_0, \vec{c}, \vec{c}) \in \mathbf{R}^{2n+1}; (x_0, \vec{c}) \in D\}$ のある近傍において関数 $\Phi(x, \vec{y}, \vec{z})$ で次の 2 条件を満たすものが存在することである：

(1) $\Phi(x, \vec{y}, \vec{z}) \geq 0$, 　かつ，これが 0 になる $\iff \vec{y} = \vec{z}$.
(2) $\dfrac{\partial \Phi}{\partial x} + \nabla_{\vec{y}} \Phi \cdot \vec{f}(x, \vec{y}) + \nabla_{\vec{z}} \Phi \cdot \vec{f}(x, \vec{z}) \leq 0$.

ここに，$\nabla_{\vec{y}} \Phi = \left(\dfrac{\partial \Phi}{\partial y_1}, \dots, \dfrac{\partial \Phi}{\partial y_n} \right)$ 等は，添え字で指定した変数に関する勾配ベクトルを表す．

定理の条件の十分性は初等的なので示しておきましょう．もしこのような関数 $\Phi(x, \vec{y}, \vec{z})$ が有ったとして，初期条件 $\vec{y}(x_0) = \vec{c}$ を満たす解が他にも有ったとすると，それを $\vec{z}$ としてこの関数に代入すれば，x が x_0 に十分近いところで

$$\frac{d}{dx} \Phi(x, \vec{y}(x), \vec{z}(x)) = \frac{\partial \Phi}{\partial x} + (\nabla_{\vec{y}} \Phi) \cdot \frac{d\vec{y}}{dx} + (\nabla_{\vec{z}} \Phi) \cdot \frac{d\vec{z}}{dx}$$
$$= \frac{\partial \Phi}{\partial x} + (\nabla_{\vec{y}} \Phi) \cdot f(x, \vec{y}) + (\nabla_{\vec{z}} \Phi) \cdot f(x, \vec{z}) \leq 0.$$

よって $\Phi(x, \vec{y}(x), \vec{z}(x))$ は単調減少（正確には非増加）となりますが，他方 $x = x_0$ では二つの解が同じ初期値を持っていたことから $\Phi(x_0, \vec{y}(x_0), \vec{z}(x_0)) = 0$．従って $x \geq x_0$ で $\Phi(x, \vec{y}(x), \vec{z}(x)) \leq 0$ となるので，もう一つの仮定と併せて $\Phi(x, \vec{y}(x), \vec{z}(x)) = 0$，よって $\vec{y}(x) = \vec{z}(x)$ となります．必要条件の方は，初期値問題の解の一意性を仮定して，このような関数 Φ を作らなければなりませんが，その証明はかなり大変で，岡村博先生の遺著 [14] にも書かれていません．原論文が京都大学のウェブサイトで取得可能ですので，興味のある人は調べてみてください．本書のサポートページにも解説を置く予定です．

一様 Lipschitz 条件は，解の一意性とともに，解の大域的存在も保証しましたが，こちらの方の定理 6.13 に対応する主張も最後に挙げておきましょう．

定理 6.17 $y \geq 1$ で定義された関数 $g(y)$ は $\displaystyle\int_1^\infty \frac{1}{g(y)} dy = \infty$ を満たしているとする．もし $|\vec{f}(x, \vec{y})| \leq g(|\vec{y}|)$ が $x \geq a, |\vec{y}| \geq 1$ において成り立っているなら，$\vec{y}' = \vec{f}(x, \vec{y})$ の解は $a \leq x < \infty$ で大域的に存在する．

問 6.1 Osgood の定理 6.13 の証明を真似してこの定理を証明せよ．

第 7 章

解の追跡と漸近挙動

　何度も強調して来たように，微分方程式を数学的に解く本道は，求積法などではなく，微分方程式を用いてその解の性質を解明することです．この章では，そのような方法の手掛かりとして，最初の節でまず，具体的な例に対して，微積の初等的な知識を駆使して解の性質をできるだけ初等的に調べてみます．7.2 節以降では，解の性質の中でも応用上特に重要な，解の漸近挙動を調べるための基本的手法を学びます．これは，独立変数を時間 t にとって，$t \to \infty$ のときの解の挙動を調べるもので，微分方程式系の研究の中心テーマの一つです．

■ 7.1　1 階微分方程式の解の追跡

　求積法で解が表現できても，ややこしい式の場合は，そこから直ちに解の性質が見て取れる保証はありません．逆に，もとの方程式が簡単な形をしていれば，それを直接調べることで，微積だけを用いても解の様子がかなり分かります．ここでは，求積できない方程式を具体例に取り，そのようなアプローチの仕方を説明します．

例 7.1　次の微分方程式の解の挙動を研究する．
$$y' = x - y^2. \tag{7.1}$$

以下一歩ずつこれを調べてゆきます．

　(1)　**解の存在と一意性**　まず，この方程式は，右辺の関数が局所的に一様 Lipschitz 条件を満たしているので，第 3 章の結果により，平面の任意の点を通って少なくとも局所的には解曲線がただ一つ引けることが分かります．更に，第 6 章定理 6.8 により，この解曲線は途中で途絶えてしまうようなことは無く，予め用意した xy 平面の枠の上下左右のどこかの端に達するまで必ず延長されます．ここまでは，せっかく学んできた微分方程式の一般論を適用してみた訳

ですが，本当に解きたい人には，こんなことは最初から分かってるよと言われるのが落ちですね．しかし以上は議論を進めるための安心剤として書いただけです[1]．

(2) **数値的予測** 議論の方向を間違わないために，勾配場のグラフを描いておきましょう．これは厳密なものではないので，コンピュータに描かせれば十分ですし，そう細かくなければ手でも描けます．この例については既に第1章の図1.2（左）に掲げました．そこでは右隣に解曲線のグラフも描かれていますが，これは第6章6.2節の(6.1)で厳密に定義された折れ線近似解のグラフを描いたもので，定理6.6で証明したように，これはメッシュサイズ h を 0 に近づければ真の解に近づくことが分かっていますが，あくまで近似解なので，そのまま鵜呑みにせず参考程度にしておきましょう．コンピュータが使えない場合は，勾配場に沿うように何となく曲線を描いてみて，様子を推測すれば十分です．次には，これらの図を参考とし，そこからいろんな予想を導いてはそれを微積で正当化して行きます．これからが議論の本番です．

(3) **解の増減** まず，解の増加・減少領域を判別します．すなわち，勾配場の線分が右に上がっているところと下がっているところを決定します．関数の増加・減少は導関数の符号で分かるので，

$$\frac{dy}{dx} = x - y^2 > 0 \text{ なら増加，} \quad < 0 \text{ なら減少．}$$

そして，$x - y^2 = 0$ の上では停留，すなわち接線が水平になります．以上で勾配場のグラフが定性的に確認できました．停留点では，解の関数は極大となるか極小となるか，変曲点となるかのいずれかですが，微積の知識によれば，これは大抵の場合，2階の導関数の符号を見れば決定できます．そこで次に解の2階導関数を計算しましょう．

(4) **解曲線の凹凸** 解が求まっていなくても，それは方程式(7.1)を満たしているので，これを更に微分することで，2階導関数の指定点での値が求まります：

$$\begin{aligned}\frac{d^2y}{dx^2} &= \frac{d}{dx}\left(\frac{dy}{dx}\right) = \frac{d}{dx}(x - y^2) = 1 - 2y\frac{dy}{dx} \\ &= 1 - 2y(x - y^2) = 1 - 2xy + 2y^3.\end{aligned} \quad (7.2)$$

---

[1] 数学としてはこういう保証をすることも大切です．

停留点では $x - y^2 = 0$ なので，最後から二つ目の表現より，そこでは $\dfrac{d^2y}{dx^2} = 1 > 0$，従って解はそこで極小となります．これはコンピュータで描かせた解のグラフが，横向きの放物線 $x - y^2 = 0$ を水平に横切るとき常に下に凸となっているように見えることを正当化します．(7.2) から，2 階導関数の値が 0 となる点，すなわち変曲点は

$$1 - 2xy + 2y^3 = 0 \quad \text{すなわち} \quad x = y^2 + \frac{1}{2y} \tag{7.3}$$

という曲線を成します．これは y の方を独立変数と見れば手で描画可能で，$y = 0$ を漸近線とし，$y \to +\infty$ のとき他の分枝は放物線 $x - y^2 = 0$ に下側から漸近します．$y > 0$ では

$$1 - 2xy + 2y^3 \gtreqless 0 \quad \Longleftrightarrow \quad x \lesseqgtr y^2 + \frac{1}{2y}$$

より，この曲線の外側で凸，内側で凹となります．$y < 0$ では曲線はただ 1 本の分枝を持ちますが，上の結論は不等号の向きが逆になり，従ってこの分枝の上側では凸，下側では凹となります（図 7.1 参照）．なお，$y < 0$ にある変曲点の軌跡に沿っては，解曲線の傾きは，

$$y' = x - y^2 = \frac{1}{2y} < 0,$$

また，同じ点での変曲点の軌跡の傾きは，(7.3) を y で微分して逆関数の微分公式を使うと，

$$\frac{dx}{dy} = 2y - \frac{1}{2y^2}, \quad \therefore \quad y' = \frac{1}{2y - \frac{1}{2y^2}} > \frac{1}{2y} \tag{7.4}$$

なので，解曲線の方が負で急勾配となり，変曲点の軌跡の上側から交わって下側に抜けます．

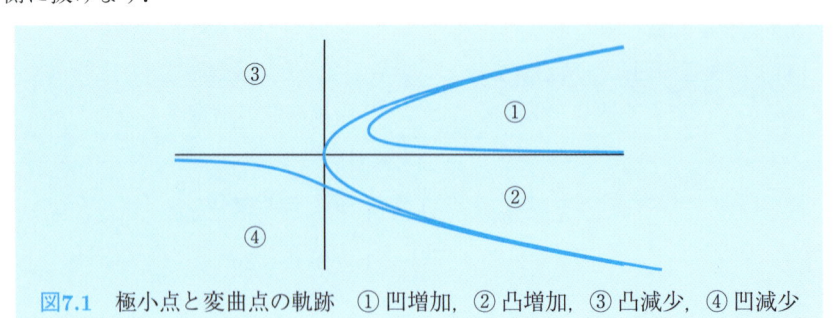

図7.1 極小点と変曲点の軌跡　①凹増加，②凸増加，③凸減少，④凹減少

7.1　1階微分方程式の解の追跡

以上の情報を手掛かりとして，領域毎に解の挙動に関して次のようないくつかの予想が立てられます．

(5)　**下方への爆発**　変曲点の軌跡の $y<0$ の分枝と交わった解曲線は，その後 x の増加とともに図の領域 ④ において，必ず有限時間で $-\infty$ に爆発します．実際，この先では解曲線は凹かつ単調減少となることが既に分かっていますが，出発点 (x_0, y_0)，ここに $x_0 = y_0^2 + \dfrac{1}{2y_0}$，で負の傾き $x_0 - y_0^2 = \dfrac{1}{2y_0}$ を持っています．解曲線は凹なので，以後少なくともこの傾きの直線 $y - y_0 = \dfrac{1}{2y_0}(x - x_0)$ よりは下に来ます．よってこれ以後 $y - y_0 \leq \dfrac{1}{2y_0}(x - x_0)$ となり，

$$\frac{dy}{dx} = x - y^2 = x - x_0 + x_0 - y^2 \leq 2y_0(y - y_0) + y_0^2 + \frac{1}{2y_0} - y^2$$

$$= -(y - y_0)^2 + \frac{1}{2y_0}.$$

$$\therefore \quad \frac{1}{(y - y_0)^2 - \frac{1}{2y_0}} \frac{dy}{dx} \leq -1$$

となるので，これを x_0 から x まで積分すると，

$$\sqrt{-2y_0} \operatorname{Arctan} \sqrt{-2y_0}(y - y_0) \leq -(x - x_0).$$

この左辺は $y < y_0$ を $-\infty$ に近づけても常に値が $\geq -\dfrac{\pi}{2}\sqrt{-2y_0}$ なので，x は高々 $x \leq x_0 + \dfrac{\pi}{2}\sqrt{-2y_0}$ までしか大きくなり得ないことが分かります．すなわち，解はこの範囲のどこかで必ず $-\infty$ に爆発します．

(6)　**上方への逆向き爆発**　③ の領域で解曲線を x の減少方向に延長したときは，必ず有限時間で $+\infty$ に発散します．これは，出発点 (x_0, y_0) が $y_0 > 0$ を満たすときは，上と同様の考察で示せますので，練習問題としておきます．

微妙なのは，この領域で ② と ④ の間の狭い帯状部分から出発した場合ですが，傾きを考えると解曲線は極小点の軌跡にも，変曲点の軌跡にも交わることも接することもできないので，結局は細い海峡を通って $x<0$ のところに到達します．今度はそこで $y \leq 0$ ですが，$y=0$ に沿って解曲線の傾き $x - y^2 = x$ は左にゆくほどどんどん負で絶対値の大きな値になるので，やはり傾きを考えると，この部分に入り込んだ解が下から x 軸に漸近することは有り得ず，従って遂には $y>0$ に出て最初に考察した場合に帰着します．

(7)　**放物線内部への包含**　③ の領域を出発した解を x の増大する方向に

延長したときは，単調減少なので，放物線 $x = y^2$ とぶつかるか，下に潜り込むかのいずれかです．ぶつかる場合は放物線の中に入ると，まず ② の領域に達し，そこでは単調増加で凸となります．しかし傾きを考えると解曲線は放物線の上側の分枝に下側からもう一度交わることはできません．放物線の上側の分枝は凹なので，この上下関係がいつまでも続くことは不可能です．従って解曲線は必ずある段階で ① の領域に入り凹となります．ここで解曲線の傾きと，変曲点の軌跡の最上位の分枝の傾きを交わったところで比べると，(7.4) と同じ不等号が得られますが，今度はどちらの傾きも正なので，解曲線の方が勾配が小さく，従って一度変曲点の軌跡と交わった解曲線はもう一度交わって上に出ることはできず，以後ずっと ① の領域に留まります．

出発点が ③ の下の方だと，x を増加させたとき，変曲点の軌跡の最下位の分枝と交わって (5) の状態となり，$-\infty$ に発散してゆきます．微妙なのはこの中間でどうなるかですが，これは新しい項目で吟味しましょう．

(8) 永遠に③に留まる解　(7) で調べた二つの場合のどちらでも無い場合，解は ③ の狭い"海峡"を無限に進行し続けますが，そのような解曲線がちょうど 1 本存在することを示します．"存在と一意性"を示すので，第 3 章で用いた程度のレベルの議論は必要となります．

まず存在です．極小点の軌跡の下の分枝 $y = -\sqrt{x}$ 上の点 $(c, -\sqrt{c})$ を初期値として x の負方向に解いて得られる解 $\varphi_c(x)$ は $c \nearrow \infty$ のとき単調減少しますが，変曲点の軌跡の最下位の分枝で下から抑えられているので，各点毎に下に有界な単調減少列となり，従って少なくとも $x \geq 0$ で極限関数 $\varphi(x)$ が定まります．この収束は**広義一様**，すなわち，任意の有界閉区間 $[0, a]$ 上で一様となります[2]．実際，$c_1 > c_2 \geq a$ を取るとき，$\varphi_{c_i}(x), i = 1, 2$ が満たす積分方程式の差を取れば，積分内の x はキャンセルして

$$\varphi_{c_1}(x) - \varphi_{c_2}(x) = \varphi_{c_1}(0) - \varphi_{c_2}(0) - \int_0^x \{\varphi_{c_1}(s)^2 - \varphi_{c_2}(s)^2\}ds$$

となります．ここで，$\varphi_{c_i}(x)$ は変曲点の軌跡の最下の分枝よりも上に有るの

---

[2] ここではできるだけ初等的に議論していますが，第 6 章の結果を使うと以下の計算は不要になります．すなわち，$f(x, y) = x - y^2$ は領域③の帯 $0 \leq x \leq a$ の部分で有界なので，φ_c とともに φ_c' はそこで一様有界，従って補題 6.3 により同程度連続となるので，Ascoli-Arzelà の定理により一様収束部分列を持ちますが，その極限は各点収束極限 $\varphi(x)$ と一致し，常に一定なので，補題 6.7 により φ_c 全体がそこに一様収束します．

7.1 1階微分方程式の解の追跡

で，$x = a$ のときのこの分枝の高さが $y = -b$ であるとすれば，$0 \leq x \leq a$ で $|\varphi_{c_i}(x)| \leq b$，従って

$$|\varphi_{c_1}(x) - \varphi_{c_2}(x)| \leq |\varphi_{c_1}(0) - \varphi_{c_2}(0)| + 2b\int_0^x |\varphi_{c_1}(s) - \varphi_{c_2}(s)|ds$$

となるので，Gronwall の補題 3.12 により

$$|\varphi_{c_1}(x) - \varphi_{c_2}(x)| \leq |\varphi_{c_1}(0) - \varphi_{c_2}(0)|e^{2bx} \leq |\varphi_{c_1}(0) - \varphi_{c_2}(0)|e^{2ba}.$$

よって $0 \leq x \leq a$ において $\varphi_c(x), c \geq a$ は一様 Cauchy 列となり，従って一様収束しこの微分方程式の解となります．a は任意なので，こうしてこの帯に留まる解が一つ見つかりました．

次に一意性です．このような解が二つ有ったとしましょう．解曲線は交わらないので，これらを $\varphi(x) > \psi(x)$ としましょう．どちらも $-\sqrt{x}$ より下にあるので，従って特に $x \geq 1$ では -1 以下です．よって

$$\begin{aligned}\varphi(x) - \psi(x) &= \varphi(1) - \psi(1) - \int_1^x (\varphi(t)^2 - \psi(t)^2)dt \\ &= \varphi(1) - \psi(1) + \int_1^x (\varphi(t) - \psi(t))|\varphi(t) + \psi(t)|dt \\ &\geq \varphi(1) - \psi(1) + 2\int_1^x (\varphi(t) - \psi(t))dt.\end{aligned}$$

Gronwall の補題と逆向きの不等式ですが，そこでの証明と同様，この不等式に自分自身を反復代入したものの極限を取ると，

$$\varphi(x) - \psi(x) \geq (\varphi(1) - \psi(1))e^{2(x-1)}$$

が得られます（下の問 7.2 参照）．これは，もし二つの解曲線が領域 ③ の狭い帯に留まり続けるならば，$x \to \infty$ のとき，両者の間隔は指数関数的に開いてゆくことを意味しますが，この帯の幅は 0 に近づくので，そんなことは不可能です．よってこのような解は一つしかあり得ません．ついでにこの帯の幅の漸近評価をしておきましょう．上の境界が $-\sqrt{x}$，また下の境界は，そこで $y < -\sqrt{x}$，すなわち $-\dfrac{1}{y} < \dfrac{1}{\sqrt{x}}$ に注意すると，$x = y^2 + \dfrac{1}{2y}$ を逆に解いて

$$
\begin{aligned}
y &= -\sqrt{x - \frac{1}{2y}} \geq -\sqrt{x + \frac{1}{2\sqrt{x}}} = -\sqrt{x}\Big(1 + \frac{1}{4x\sqrt{x}} + O\Big(\frac{1}{x^3}\Big)\Big) \\
&= -\sqrt{x} - \frac{1}{4x} + O\Big(\frac{1}{x^2\sqrt{x}}\Big)
\end{aligned}
\tag{7.5}
$$

なので，$\dfrac{1}{4x} + O\Big(\dfrac{1}{x^2\sqrt{x}}\Big)$ の幅しかありません．

(9) **変曲点の軌跡への漸近** ① の領域の解は $x \to \infty$ のとき，すべてが変曲点の軌跡の最上位の分枝に下から漸近します．これが最後の精密な考察ですが，次のようにして初等的に示せます．領域 ① では $x > y^2 + \dfrac{1}{2y}$ なので，そこに入った解は

$$
\frac{dy}{dx} = x - y^2 > y^2 + \frac{1}{2y} - y^2 = \frac{1}{2y}, \quad \therefore \quad 2y\frac{dy}{dx} > 1
$$

を満たします．出発点 (x_0, y_0) を ① の中に取り，上の不等式を $x_0 > 0$ から x まで積分すれば

$$
y^2 - y_0^2 > x - x_0. \quad \therefore \quad y > \sqrt{x + y_0^2 - x_0} = \sqrt{x}\Big(1 - \frac{x_0 - y_0^2}{2x} + O\Big(\frac{1}{x^2}\Big)\Big).
$$

変曲点の最上位の分枝は，(7.5) の計算と同様で，そこで $\sqrt{x}$ を $-\sqrt{x}$ に変えた

$$
y = \sqrt{x} - \frac{1}{4x} + O\Big(\frac{1}{x^2\sqrt{x}}\Big)
$$

が成り立ちます．従って解曲線はこれと少なくとも $O\Big(\dfrac{1}{\sqrt{x}}\Big)$ の速さでは漸近することが分かります．もう少し詳しい計算をすると，解曲線の方も上と同じ漸近評価を持ち，ほぼ完全に一致した状態に見えることが分かるのですが，ここではそれは省略します．

問 **7.1** 上の例で計算を省略したところを補え．

問 **7.2** $C, K > 0$ とするとき，正値関数 $\varphi(x)$ に対して Gronwall の逆向きの不等式
$$
\varphi(x) \geq C + K\int_a^x \varphi(s)ds \quad \Longrightarrow \quad \varphi(x) \geq Ce^{K(x-a)} \quad (x \geq a)
$$
を証明せよ．

問 **7.3** 微分方程式 $\dfrac{dy}{dx} = x^2 - y^2$ に対して，上の例 7.1 と同様の考察を行え．

問 **7.4** 微分方程式 $\dfrac{dy}{dx} = \sin y + \dfrac{1}{\log(2 + x^2)}$ の $x \to \infty$ のときの解の挙動を調べよ．

7.2 2次元自励系の軌道と特異点

以下，独立変数は再び t に取ります．**自励系**とは，独立変数 t が左辺の微分以外には含まれないような方程式系のことでしたが，これは，時間が経っても方程式が変化しないということで，時間に依存しない法則の表現であり，基本的な力学系の方程式はすべて自励系です．自励系の方程式は，常に独立変数の時刻に関する平行移動の形の任意定数を含みます：τ を任意の定数とするとき

$$\frac{d\vec{x}}{dt} = \vec{f}(\vec{x}) \implies \frac{d}{dt}\vec{x}(t+\tau) = \vec{f}(\vec{x}(t+\tau)).$$

この結果，時刻 $t=0$ で空間のある点 $\vec{x}_0$ を出発した解 $\vec{x}$ が時刻 $t=a$ で点 $\vec{x}_1$ に到達すれば，時刻 $t=0$ で $\vec{x}_1$ を出発する解は，先程ここに到達した解と以後同じ動きをし，空間に同じ軌道を描いてゆきます．従って自励系の場合は，軌道の上を動く速さや，軌道のある点をいつ通ったかを問題にせず，ただどのような軌道を描いたかだけを見たいときは，時間変数を省略して空間変数だけのグラフを見れば十分です．**解軌道**の正確な定義は，解 $\vec{x}(t)$ の $\boldsymbol{R}^{n+1}$ 次元空間におけるグラフ曲線の空間部分 $\boldsymbol{R}^n$ への正射影像のことです．特に 2 次元自励系の場合は，単なる割り算で

$$\frac{dx}{dt} = f(x,y), \quad \frac{dy}{dt} = g(x,y) \implies \frac{dy}{dx} = \frac{g(x,y)}{f(x,y)} \tag{7.6}$$

と，t を含まない方程式が得られ，その解として軌道が求まることから，このことは更に明瞭です．

自励系の解の候補として最も基本的なのは**不動点**です．これは $\vec{f}(\vec{c}) = 0$ を満たす $\vec{c}$ のことで，このとき $\vec{x} \equiv \vec{c}$ という定数ベクトルが一つの解軌道を成します．第 1 章でも解説したように，自励系の右辺 $\vec{f}$ は $\boldsymbol{R}^n$ のベクトル場を与え，その解は各点での接ベクトルがその点でのベクトル場と一致するような曲線のことでした．$\vec{f} = 0$ となる点では，粒子はどちらに進んでよいか分からないので，このような点はまたベクトル場 $\vec{f}$ の特異点とも呼ばれます．2 次元のときは，(7.6) のように x, y の方程式に変形してみると，大抵の場合，不動点は本当に右辺の関数の特異点になります[3]．

---

[3] 割り算すると消えてしまうこともあります．一般に (7.6) のように書き換えたとき分母分子の共通因子をキャンセルすると，もとの連立微分方程式と微妙に同値ではなくなります．

この節では，自励系の漸近挙動を調べる手始めとして，2次元自励系の特異点の周りでの解の漸近挙動をなるべく初等的に議論してみます．まず，自励系の解軌道について次の基本的事実に注意しましょう：

補題 7.1 Lipschitz 連続な右辺を持つ自励系の解軌道は，互いに交わることが無い．

実際，同一の自励系の二つの解 $\vec{x}_1(t)$ と $\vec{x}_2(t)$ が，それぞれ時刻 t_1, t_2 において同一の点 $\vec{x}_0$ を通ったとすれば，解軌道は時刻の平行移動で不変なので，解 $\vec{x}_1(t+t_1), \vec{x}_2(t+t_2)$ はそれぞれ対応するもとの解と同じ軌道を描き，しかも $t=0$ で同じ点を通ることになります．しかしこれは微分方程式系の初期値問題の解の一意性に反します．なお，不動点（特異点）では，いくつかの解軌道が交わっているように見えますが，不動点と，そこに到る解軌道たちは別々の軌道と見做されます．実際にも，不動点の外の解軌道から不動点に到達するには，$t \to \infty$ あるいは $t \to -\infty$ の極限を取らねばならないので，初期値問題の解の一意性とも矛盾しません．以下では，簡単のため，上の補題よりも強く，方程式の右辺は常に少なくとも C^1 級であると仮定します．

自励系が線形系で係数行列が退化していないときは，特異点は原点だけとなります．この場合の解の $t \to \infty$ における挙動は，第4章で得た解の具体形から想像されるように，係数行列の固有値の実部の大きさに深く依存します．特に2次元の線形系については，(7.6) の形に書き直したものを直接求積法で解くことができるので，原点の周りの解軌道を正確に具体的に描画できます．主な場合の図は次の通りです．ただし，(d) の結節点の場合は，$\lambda = \mu$ となったとき，原点に漸近するという挙動は同じですが，軌道の幾何学的パターンはかなり異なって見えます．

これらの図には軌道上を動く向きは書かれていませんが，負の固有値に対応する軌道は原点に吸い込まれ，正の固有値に対応する軌道は原点から離れてゆきます．もっともこの向きは時間軸を反転すれば逆になります．二つの固有値の実部がともに負のときすべての軌道が原点に吸い込まれることは，次節で一般の次元に対して示されますが，実部の符号が異なるときは，原点に吸い込まれる解は2本だけで，その他はすべて，一旦は原点の近くまで行ったとしても，最終的には無限遠に遠ざかってしまいます．高次元の場合も，固有値の実部に

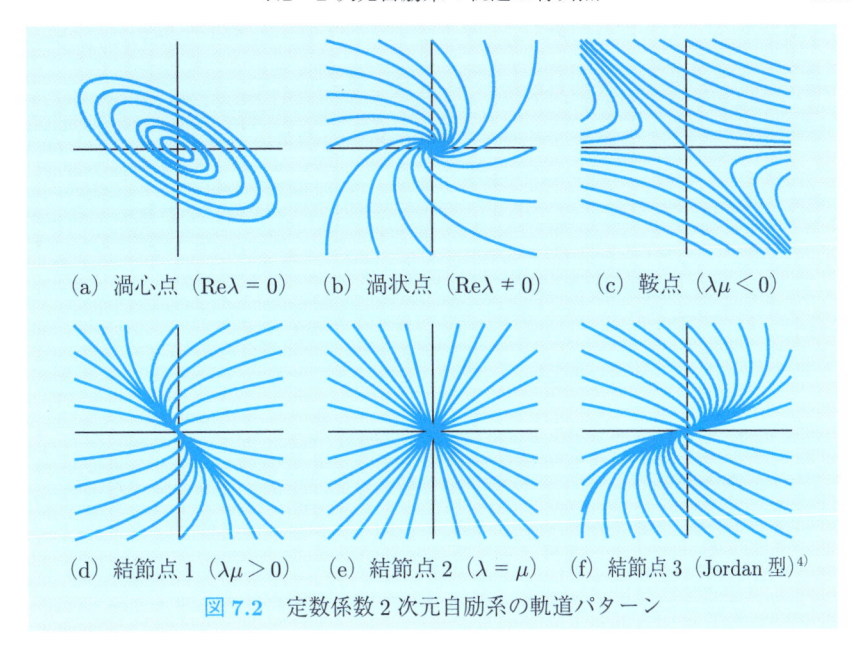

7.2 2次元自励系の軌道と特異点

(a) 渦心点 (Re λ = 0)　(b) 渦状点 (Re λ ≠ 0)　(c) 鞍点 (λμ < 0)

(d) 結節点 1 (λμ > 0)　(e) 結節点 2 (λ = μ)　(f) 結節点 3 (Jordan 型)[4]

図 **7.2** 定数係数 2 次元自励系の軌道パターン

正のものが一つでもあれば，ほとんどの軌道はやがて原点から離れて行きます．

以上の考察は初等的ですが，非線形の自励系についても，原点の十分近くでは定性的に同様のことが言えます：

定理 7.2 2 次元自励系 $\vec{x}' = \vec{f}(\vec{x})$ は原点の近くで C^1 級の右辺を持ち，原点は特異点であるとする：$\vec{f}(\vec{0}) = \vec{0}$．原点における $\vec{f}$ の Taylor 展開

$$\vec{f}(\vec{x}) = A\vec{x} + o(|\vec{x}|)$$

の 1 次の項の係数行列 A の固有値を λ, μ とするとき

(1) λ, μ は実で，$\lambda, \mu > 0$ ($\lambda, \mu < 0$) なら，原点の十分近くから出発した解は $t \to \infty$ のとき原点に指数関数的に近づく（原点から遠ざかる）．

(2) λ, μ は共役複素数で，$\mathrm{Re}\,\lambda < 0$ ($\mathrm{Re}\,\lambda > 0$) なら，原点の十分近くから出発した解は $t \to \infty$ のとき A から定まる方向 💻 におおよそ角速度 $|\mathrm{Im}\,\lambda|$ で回転しつつ原点に指数関数的に近づく（原点から遠ざかる）．

---

[4] サイズ 2 の Jordan ブロックから現れるという意味でこう呼んでおきますが，別に Jordan が研究したという訳ではありません．

(3) λ と μ が実で異符号なら，原点の十分近くから出発した解は $t \to \infty$ のとき一旦原点に近づいた後，2本の例外を除き原点から遠ざかる．

証明 いずれの場合も，1次の部分を Jordan 標準形，より正確にはその実形に変換（ただし (2) の場合は平面の向きを保つように）した後の座標系で論ずる．これを (x, y) で記せば，$r = \sqrt{x^2 + y^2}$ と置くとき，

(1), (3) の場合は $\begin{pmatrix} \lambda & 0 \\ 0 & \mu \end{pmatrix} \begin{pmatrix} x \\ y \end{pmatrix} + o(r)$,

(2) の場合は $\begin{pmatrix} a & -b \\ b & a \end{pmatrix} \begin{pmatrix} x \\ y \end{pmatrix} + o(r)$

の形となる．(1), (2) の場合には，時刻の反転で方程式の右辺にマイナスがかかり，従って固有値（の実部）の符号が逆転する．よって，固有値（の実部）が正の場合は，負の場合の軌道を時間を逆向きに辿れば良いので，以下 (1), (2) では固有値（の実部）が負の場合のみ取り扱うことにする[5]．

極座標 $x = r\cos\theta$, $y = r\sin\theta$ を導入し，方程式をこれで書き直すと，

$$\frac{dr}{dt} = \frac{d}{dt}\sqrt{x^2 + y^2} = \frac{xx' + yy'}{r},$$

$$\frac{d\theta}{dt} = \frac{d}{dt}\operatorname{Arctan}\frac{y}{x} = \frac{xy' - yx'}{x^2 + y^2}.$$

よって，まず (2) の場合は

$$\frac{dr}{dt} = \frac{(ax - by)x + (bx + ay)y + o(r)x + o(r)y}{r} = ar + o(r),$$

$$\frac{d\theta}{dt} = \frac{(bx + ay)x - (ax - by)y + o(r)x + o(r)y}{r^2} = b + o(1)$$

となる．よって，原点の十分小さい近傍では，$0 < {}^\exists\varepsilon < -a$ について

$$(a - \varepsilon)r \le \frac{dr}{dt} \le (a + \varepsilon)r, \quad b - \varepsilon \le \frac{d\theta}{dt} \le b + \varepsilon$$

が成り立ち，これから $r_0 = \sqrt{x(t_0)^2 + y(t_0)^2}$, $\theta_0 = \operatorname{Arctan}\dfrac{y(t_0)}{x(t_0)}$ として，時刻 t_0 から t まで（変数分離形の要領で）積分すると，

---

[5] この場合の漸近挙動は次節の定理 7.4 で一般次元について Lyapunov の理論を用いて議論されるが，ここでは初等的に議論することで，より詳細な解の挙動が確認できる．

7.2 2次元自励系の軌道と特異点

$$r_0 e^{(a-\varepsilon)(t-t_0)} \leq r(t) \leq r_0 e^{(a+\varepsilon)(t-t_0)},$$
$$\theta_0 + (b-\varepsilon)(t-t_0) \leq \theta(t) \leq \theta_0 + (b+\varepsilon)(t-t_0)$$

が成り立つ．ここで仮定により $a-\varepsilon < a+\varepsilon < 0$ なので，$b>0$ ($b<0$) なら偏角がほぼ角速度 b で正の ($-b$ で負の) 向きに回転しつつ，動径が時間について指数的に減少してゆくことが分かる．

次に (1) のときは，話を決めるため $\mu \leq \lambda < 0$ と仮定すると，原点の十分小さい近傍で

$$\frac{dr}{dt} = \frac{\lambda xx + \mu yy + o(r)x + o(r)y}{r} \leq \lambda r + \varepsilon r$$

となる．これを t_0 から t まで積分すると，(2) の場合の計算と同様，

$$r \leq r_0 e^{(\lambda+\varepsilon)(t-t_0)}$$

が得られる．$0 < \varepsilon < -\lambda$ に取っておけば，これから r は少なくとも絶対値が小さい方の負固有値に近い指数減少をすることが分かる．

この場合，更に $\mu < \lambda < 0$ のとき，結節点の特徴的な模様が現れることを示そう．

$$\frac{dx}{dt} = \lambda x + o(r), \qquad \frac{dy}{dt} = \mu y + o(r)$$

において，$k>0$ を任意に固定するとき，$|y| \leq kx$ なる範囲では $r \leq \sqrt{1+k^2}\,x$ となるので，

$$\frac{d}{dt}\left(\frac{y}{x}\right) = \frac{y'x - x'y}{x^2} = (\mu - \lambda)\frac{y}{x} + \frac{o(r)x - o(r)y}{x^2} = (\mu - \lambda)\frac{y}{x} + o(1).$$

よって，$\forall \delta > 0$ に対し，原点の十分近くで

$$\frac{d}{dt}\left(\frac{y}{x}\right) \leq (\mu - \lambda)\frac{y}{x} + \delta, \qquad \frac{d}{dt}\left(\frac{y}{x}e^{(\lambda-\mu)t}\right) \leq \delta e^{(\lambda-\mu)t}$$

となるから，これを積分して

$$\frac{y}{x}e^{(\lambda-\mu)t} - \frac{y(t_0)}{x(t_0)}e^{(\lambda-\mu)t_0} \leq \frac{\delta}{\lambda-\mu}\{e^{(\lambda-\mu)t} - e^{(\lambda-\mu)t_0}\},$$
$$\therefore \quad \frac{y}{x} \leq \left(\frac{y(t_0)}{x(t_0)} - \frac{\delta}{\lambda-\mu}\right)e^{-(\lambda-\mu)(t-t_0)} + \frac{\delta}{\lambda-\mu}.$$

同様に

$$\frac{d}{dt}\left(\frac{y}{x}\right) \geq (\mu-\lambda)\frac{y}{x} - \delta \quad \text{から} \quad \frac{y}{x} \geq \left(\frac{y(t_0)}{x(t_0)} - \frac{\delta}{\lambda-\mu}\right)e^{-(\lambda-\mu)(t-t_0)} - \frac{\delta}{\lambda-\mu}$$

も得られる．仮定により $\lambda - \mu > 0$ なので，$t \to \infty$ とともに $\delta \to 0$ とできることと併せて，これよりこのような範囲で $\frac{|y|}{x} \to 0$ が成り立つことが分かった．以上の考察は $|y| \leq -kx$ においても同様である．よってほとんどの解曲線は一旦 x 軸に引き寄せられてから原点に向かうパターンを成す．

なお，$\lambda = \mu$ のときは，原点に近づくとき回転し続けることもあり（下の問 7.6 参照），線形系の場合の図 7.2 (e) のような単純な模様は一般には期待できない．

最後に，(3) のときは，符号の異なる二つの固有値を $\mu < 0 < \lambda$ とするとき，(1) と同様 $k > 0$ を任意に大きく固定するとき，$y \geq \frac{1}{k}|x|$ なる範囲では，$r \leq \sqrt{1+k^2}y$ なので，この範囲で原点の十分近くでは

$$\frac{dy}{dt} = \mu y + o(r) \quad \text{から} \quad \frac{dy}{dt} \leq \mu y + \varepsilon y,$$

かつ $\mu + \varepsilon < 0$ としてよい．これから

$$y \leq y_0 e^{(\mu+\varepsilon)(t-t_0)}$$

が得られ，この範囲では y は指数的に減少する．他方，$kx \geq |y|$ なる範囲では，$r \leq \sqrt{1+k^2}x$ より

$$\frac{dx}{dt} \geq \lambda x - \varepsilon\sqrt{1+k^2}x \quad \therefore \quad x \geq Ce^{(\lambda-\varepsilon\sqrt{1+k^2})x}$$

だから x 座標は指数的に増加する．$-kx \geq |y|$ なる範囲では，同様に x は負の方向に減少する．以上によりこの場合の解曲線が原点の十分近くでは，y 軸の細い近傍を除くと，一旦 x 軸に近づいた後原点から遠ざかるという，図 7.2 (c) のようなパターンを成すことが分かる．最後に，この除外された領域において，原点に吸い込まれる解軌道が x 軸の上下からそれぞれちょうど 1 本ずつ存在することを示すことが残っている．これは前節の例 7.1 において，③ の帯状領域に留まる解の一意存在を示したのと同様の論法で示すことができるが，既に大分長くなってしまったので練習問題としておく（下の問 7.8 参照）． □

問 7.5 2次元自励系 $x' = -x, y' = -3y + x^2$ においては,原点に漸近する解軌道のうち 2 本を除き $|y|$ の減少速度は $O(e^{-3t})$ よりは遅いことを示し,それを求めよ.

問 7.6 2次元自励系 $x' = -x + \dfrac{y}{\log r}, y' = -y - \dfrac{x}{\log r}$ においては,原点に漸近する解は上の定理 7.2 の (2) の場合よりはゆっくりだが t の増加とともにいつまでも回転することを示し,回転の速さを見積もれ.

問 7.7 2次元自励系 $x' = -x + f_1(x,y), y' = -y + g_1(x,y)$ において,非線形の摂動項 $f_1(x,y), g_1(x,y)$ がともに $O\left(\dfrac{r}{(\log r)^2}\right)$ であれば,原点に漸近する解の傾きは $t \to \infty$ のとき一定の値に近づき,従って遂には回転を止めることを示せ.(この仮定は方程式が C^2 級であれば,非線形摂動項 f_1, g_1 が $O(r^2)$ となるので自動的に満たされる.)

問 7.8 上の定理 7.2 の証明の最後に練習問題として述べたことを示せ.
[ヒント:$y = \delta$ と右に遠ざかる解軌道が交わる点の下限,および左に遠ざかる解軌道が交わる点の上限を考えると,これらから出発した解軌道は原点に収束せざるを得ないことをまず示せ.次いでこれらが $y = \delta$ 上で異なる点だとすると,$t \to \infty$ のとき両者の x 座標の差が指数増大することを示して矛盾を導け.]

2次元自励系の局所理論に限っても,まだ解明されていないことが残されています.原点の近傍で適当に座標変換して右辺を線形にしてしまったらと思う人がいるかもしれませんが,ただの関数とは違うので,C^∞ 級の右辺を持つ方程式に対しても一般にはそんなことはできません.ただ,標準形の分類はある程度できています.

問 7.9 2次元自励系 $x' = f(x,y), y' = g(x,y)$ において,原点の近傍で $x = \varphi(\xi,\eta), y = \psi(\xi,\eta)$ と C^1 級の座標変換をしたとき,もとの方程式の原点での 1 次の部分は相似変換を受けること,従って 1 次部分の固有値は座標変換で不変なことを確かめよ.

問 7.10 第 1 章の最後に紹介した自励系の例 (1.38), (1.41), (1.42) について,特異点を求め,その近くでの解軌道の振る舞いを調べよ.

7.3 安定性と漸近安定性

一般に解の漸近挙動を調べるのに,まず手がかりとして既知の一つの解の周りの解がどうなっているかを調べるという方法があります.前節では,既知の解として不動点を取り上げましたが,基準となる解は必ずしもよく分かっている必要は無く,周りの様子を調べることによって問題とする解自身の研究に役立

てたいという場合もあります．このような考察のための基礎理論を学びましょう．基本的な用語の準備から始めます．

定義 7.1 $\vec{y}$ が微分方程式系 $\vec{x}' = \vec{f}(t, \vec{x})$ の解として**安定**であるとは，$\forall \varepsilon > 0$ に対し，$\exists \delta > 0$ を適当に選べば，他の任意の解 $\vec{x}$ について

$$|\vec{x}(0) - \vec{y}(0)| < \delta \implies \forall t \geq 0 \text{ において } |\vec{x}(t) - \vec{y}(t)| < \varepsilon$$

となることである．

また $\vec{y}$ が**漸近安定**であるとは，安定であって更に $\exists \delta > 0$ を適当に選べば，

$$|\vec{x}(0) - \vec{y}(0)| < \delta \implies \lim_{t \to \infty} |\vec{x}(t) - \vec{y}(t)| = 0$$

となることである．更に，$\vec{y}$ が**一様漸近安定**であるとは，上の収束が初期値について一様なこと，すなわち，適当な $\delta > 0$ について，$|\vec{x}(0) - \vec{y}(0)| < \delta$ なる初期値を持つ解 $\vec{x}(t)$ はすべて，$\forall \varepsilon > 0$ に対し $\vec{x}$ によらない $\exists t_\varepsilon > 0$ を選んで，

$$t \geq t_\varepsilon \implies |\vec{x}(t) - \vec{y}(t)| < \varepsilon$$

とできることである．

要するに，ある特定の解が安定とはその解を中心として時間無限大まで初期値に対する解の連続依存性が成り立っているということです．漸近安定とはその上時刻無限大ではすべて同じ値に収束するということです．前章までで既に示したように，初期値問題の解の一意性が有りさえすれば，予め決められた有限の区間 $[0, T]$ では初期値に対する解の連続依存性が常に成り立っているので，上の定義が意味を持つのは時間無限大の近傍だけです．同じ根拠により，初期値を比較する時刻 $t = 0$ は任意の時点 $t = a$ に置き換えても本質は変わりません．

定数係数線形系の場合は Jordan 標準形を用いた一般解の指数関数多項式による表現から，解の漸近挙動が一通り見て取れ，漸近挙動の研究の基礎となっているので，まずこれを解説しましょう．これは前節で調べた 2 次元の場合の結果の一部を，これらの用語を用いて言い換え，高次元に拡張したものです．

指数関数は多項式よりも増加や減少が強いので，$t^m e^{\lambda t}$ の $t \to \infty$ のときの様子は，$\mathrm{Re}\,\lambda$ の符号でまず決まります．すなわち m が何であっても

7.3 安定性と漸近安定性

$$\mathrm{Re}\,\lambda > 0 \text{ なら } |t^m e^{\lambda t}| \to \infty, \quad \mathrm{Re}\,\lambda < 0 \text{ なら } |t^m e^{\lambda t}| \to 0.$$

虚部 $\mathrm{Im}\,\lambda$ の符号は，絶対値が増大あるいは減少するとき，複素平面でどちら向きに回転するかを決めるだけで，その意味は副次的です．

さて，斉次線形系には零解，すなわち $\vec{y} \equiv 0$ という標準的な解が有ります．上の考察はこの特別な解の安定性を論ずるのに使えます：

定理 7.3 定数係数線形系 $\vec{x}' = A\vec{x}$ の係数行列の固有値の実部はすべて負とする．このとき零解は一様に漸近安定である．

証明は第 4 章の定理 4.6 で与えた解の基本系の形と上に述べた注意から明らかでしょう．定数係数線形系だけだと応用が限定されますが，この結果は微小摂動に対して安定です．具体的には，一般の非線形な**自励系**，すなわち，独立変数 t が左辺の微分以外には陽に含まれないような方程式系について，十分小さな初期値から出発した解に対してこれが当てはまります：

定理 7.4 微分方程式系 $\vec{x}' = \vec{f}(\vec{x})$ において $\vec{f}$ は C^1 級で $\vec{f}(0) = 0$ を満たし，かつ $\vec{f}$ の $\vec{x} = 0$ における微分（Jacobi 行列，Taylor 展開の 1 次の項の係数より成る行列）は固有値の実部がすべて負であるとする．このとき，解 $\vec{x} = 0$ は一様漸近安定である．

この定理の証明のために，やや大げさですが次の一般的補題を準備します．

定義 7.2 ベクトル場 $\vec{v}(\vec{x})$ に対し，原点のある近傍で定義された C^1 級の非負値関数 $L(\vec{x})$ が **Lyapunov 関数**[6]（リヤプノフ）であるとは，$L(\vec{x})$ は $\vec{x} = 0$ で狭義の極小値 0 を持ち，かつ

$$\vec{v}(\vec{x}) \cdot \nabla L(\vec{x}) \leq 0 \tag{7.7}$$

が常に成り立つことをいう．また $L(\vec{x})$ が更に原点以外で

$$\vec{v}(\vec{x}) \cdot \nabla L(\vec{x}) < 0 \tag{7.7'}$$

を満たしているときは，**強い意味の Lyapunov 関数** と呼ぶことにする[7]．

---

[6] Lyapunov のロシア語綴りは Ляпунов で，リャプーノフのような発音になりますが，伝統的な読み方に従っておきます．ローマ字では他に本人が帝政ロシア時代に論文で用いた Liapounoff という綴りも使われます．

[7] このような L に対する決まった述語は無いようなので，仮にこう呼んでおきます．

$L(\vec{x})$ が原点で狭義の極小値 0 を取る連続関数であるという仮定から，各 $\delta > 0$ に対し $D_\delta := \{\vec{x} \in D; L(\vec{x}) < \delta\}$ で定義した集合は，原点の十分近くで原点の基本近傍系を成します．このことは図から明らかでしょうが，厳密に証明しておきましょう．D_δ が原点を含む開集合，従って原点の近傍となることは L の連続性から従います．故に，D_δ が $\delta \to 0$ のとき原点に収縮することを示せばよろしい．L が原点で狭義の極小となることから，$R > 0$ を十分小さく選んでおけば，$\forall \varepsilon > 0$ に対し，有界閉集合 $\varepsilon \leq |\vec{x}| \leq R$ 上で L は 0 にならず，従って正の最小値 m_ε をとります．よって δ を m_ε 以下に選べば，D_δ は少なくとも $|\vec{x}| \leq R$ の範囲では $|\vec{x}| < \varepsilon$ に含まれ，従ってそこで基本近傍系を成します．

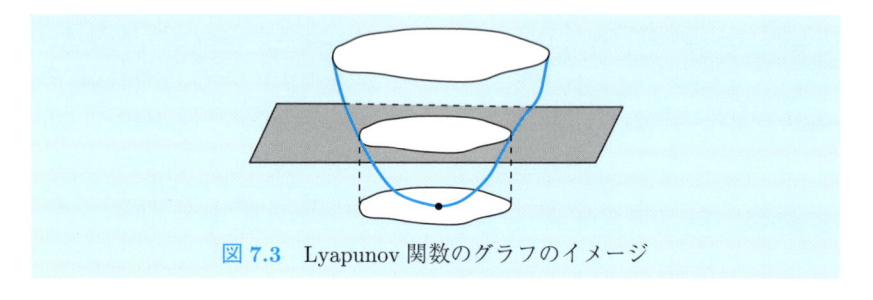

図 7.3 Lyapunov 関数のグラフのイメージ

勾配ベクトル $\nabla L(\vec{x})$ は L の等値面 $L(\vec{x}) = c$ に垂直に，L の値が増加する方向に向いており，従って Lyapunov 関数の条件 $\vec{f}(\vec{x}) \cdot \nabla L(\vec{x}) \leq 0$ はベクトル場 $\vec{f}$ が L の等値面で常に L の減る向きに向いていることを意味します（下図参照）．従ってこのようなベクトル場の積分曲線である解曲線は $L(\vec{x}) \leq c$ に閉じ込められ，これから安定性が従うことが想像できるでしょう．これを厳密に定式化したのが次の補題です：

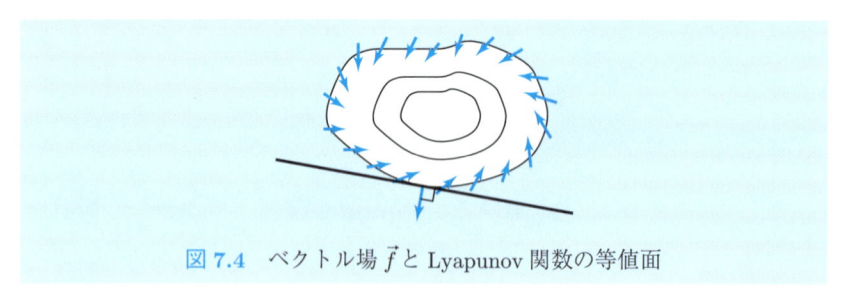

図 7.4 ベクトル場 $\vec{f}$ と Lyapunov 関数の等値面

補題 7.5 $\vec{x} = 0$ のある近傍 D で $\vec{f}(\vec{x})$ に Lyapunov 関数が存在するならば，

微分方程式系 $\vec{x}' = \vec{f}(\vec{x})$ の零解は安定である．また強い意味の Lyapunov 関数が存在するならば，漸近安定となるのみならず一様漸近安定ともなる．

証明 条件 (7.7) は領域 D 内では微分方程式系 $\vec{x}' = \vec{f}(\vec{x})$ の解軌道 $\vec{x}(t)$ に沿う L の微分が常に 0 以下であることを意味する：

$$\frac{d}{dt}L(\vec{x}(t)) = \nabla L(\vec{x}) \cdot \frac{d\vec{x}}{dt} = \nabla L(\vec{x}) \cdot \vec{f}(\vec{x}) \leq 0.$$

よって $\vec{c} \in D_\delta$ なる初期値から出発した解軌道上では $L(\vec{x}(t))$ は（広義）単調減少し，従って解軌道は常に D_δ 内に留まることになる．上述の説明によれば，$R > 0$ を十分小さく選べば，$\{|\vec{x}| \leq R\} \subset D$，かつ $\{|\vec{x}| \leq R\}$ 上では十分小さな $\delta > 0$ に対して $D_\delta \subset D$ は原点の基本近傍系を成すのであった．よって以下 $\{|\vec{x}| < R\}$ を D だと思うと，与えられた $\varepsilon > 0$ に対し $\{|\vec{x}| < \delta\} \subset \exists D_{\delta'} \subset \{|\vec{x}| < \varepsilon\}$ なる δ を取ることで安定性の条件が満たされることが分かった．

更に $L(\vec{x})$ が強い意味の Lyapunov 関数のときは一様漸近安定となることを一気に示そう．上と同様の計算で，今度は

$$\frac{d}{dt}L(\vec{x}(t)) = \nabla L(\vec{x}) \cdot \vec{f}(\vec{x}) < 0$$

となるので，解軌道は時間が経つにつれてどんどん内側の $D_{\delta'}$ に入り込んでゆくことは明らかだが，原点に到達せずに手前で収束してしまったり，あるいは原点には近づくがその速さが出発点によってばらばらであったり，ということが無いというのを保証しなければならない．D_δ は原点の基本近傍系を成すので，このためには，$\delta > 0$ を適当に固定したとき，$\forall \varepsilon > 0$ に対し t_ε を適当に選ぶと，初期時刻 t_0 に D_δ のどの点から出発した解軌道もすべて $t \geq t_\varepsilon$ で D_ε に含まれるということを言えばよい．D_δ は $\{|\vec{x}| < R\}$ との共通部分としたので有界で，従って $\overline{D_\delta} \setminus D_\varepsilon$ は有界閉集合で，原点を含まない．故に，その上で至る所負の値をとる連続関数 $\nabla L(\vec{x}) \cdot \vec{f}(\vec{x})$ は，そこで負の最大値 $-m_\varepsilon$ を持つ．よって解軌道がこの集合に含まれる限り

$$\frac{d}{dt}L(\vec{x}(t)) \leq -m_\varepsilon, \quad \text{従って} \quad L(\vec{x}(t)) \leq L(\vec{x}(t_0)) - m_\varepsilon(t - t_0)$$

という不等式が成り立つ．$L(\vec{x}(t)) \geq 0$ であるから，これは $t \leq t_0 + L(\vec{x}(t_0))/m_\varepsilon$ までしか満たし得ない．この右辺は出発点によらない値 $t_\varepsilon = t_0 + \delta/m_\varepsilon$ で上

から抑えられているので，t がこの値 t_ε 以上になれば，解はすべて D_ε 内に入り込んでいなければならない． □

定理 7.4 の証明　補題 7.5 により，強い意味の Lyapunov 関数を作ればよい．実行列 A は第 4 章 4.3 節で説明したような Jordan 標準形を持つが，一般に実固有値 λ がサイズ k の Jordan ブロック

$$\begin{pmatrix} \lambda & 1 & & 0 \\ & \lambda & \ddots & \\ & & \ddots & 1 \\ 0 & & & \lambda \end{pmatrix}$$

を持てば，この部分は

$$(A-\lambda)\vec{u}_k = \vec{u}_{k-1},\, (A-\lambda)\vec{u}_{k-1} = \vec{u}_{k-2}, \ldots, (A-\lambda)\vec{u}_2 = \vec{u}_1,\, (A-\lambda)\vec{u}_1 = 0$$

なる $\vec{u}_1, \ldots, \vec{u}_k$ を基底として実現されるのであった．ここである $\varepsilon > 0$ を用いて，これらの基底を u_2 から先次々と ε 倍することにより，上の式の代わりに

$$(A-\lambda)\vec{u}_k = \varepsilon\vec{u}_{k-1},\, (A-\lambda)\vec{u}_{k-1} = \varepsilon\vec{u}_{k-2}, \ldots, (A-\lambda)\vec{u}_2 = \varepsilon\vec{u}_1,\, (A-\lambda)\vec{u}_1 = 0$$

を満たすように取り直せることは明らかである．このような基底に対しては Jordan ブロックは

$$\begin{pmatrix} \lambda & \varepsilon & 0 & \cdots & 0 \\ 0 & \lambda & \ddots & \ddots & \vdots \\ \vdots & \ddots & \ddots & \ddots & 0 \\ \vdots & & \ddots & \ddots & \varepsilon \\ 0 & \cdots & \cdots & 0 & \lambda \end{pmatrix}$$

となることが容易に分かる．またここで λ が複素重複固有値の場合は，対応する複素一般固有ベクトルを $\vec{w} = \vec{u} + i\vec{v}$ と置いて $(A-\lambda)\vec{w}_k = \varepsilon\vec{w}_{k-1}$ 等々の実部と虚部を取れば，$\lambda = a + ib$ と置くとき

$$A\vec{u}_k = a\vec{u}_k - b\vec{v}_k + \varepsilon\vec{u}_{k-1},\ A\vec{v}_k = b\vec{u}_k + a\vec{v}_k + \varepsilon\vec{v}_{k-1}$$

等々となる．よって，この部分に対する実の基底を $\vec{u}_{k-1}, \vec{v}_{k-1}, \vec{u}_k, \vec{v}_k$ の順に並べれば，対応する標準形の部分は

7.3 安定性と漸近安定性

$$\begin{pmatrix} a & b & \varepsilon & 0 \\ -b & a & 0 & \varepsilon \\ 0 & 0 & a & b \\ 0 & 0 & -b & a \end{pmatrix}$$

となる．これらの基底を用いると，この Jordan ブロックは全体として上のパターンが対角線に沿って繰り返された形となる．今，簡単のため上のような標準形を与える実線形座標変換を行った後の新座標をもとと同じ記号 $\vec{x}$ で表すことにしよう．ただし，変数の添え字は区別のため Jordan ブロック J 毎に番号を振ることにし，このブロックのサイズを m_J，対応する固有値を λ_J あるいは a_J+ib_J で表す．このとき $\vec{f}(\vec{x})$ は原点での Taylor 展開の初項がこの標準形行列とこのように添え字付けられた $\vec{x}$ との積となり，その成分には $\lambda_J x_{J,j} + \varepsilon x_{J,j+1}$，あるいは $a_J x_{J,2j-1} + b_J x_{J,2j} + \varepsilon x_{J,2j+1}$, $-b_J x_{J,2j-1} + a_J x_{J,2j} + \varepsilon x_{J,2j+2}$ のペアが並ぶ．(ただしブロックの最後に対応する成分には ε のかかる項は無い．) また $\vec{f}$ の残りの部分は $o(|\vec{x}|)$ である．そこで新座標での Lyapunov 関数を

$$L(\vec{x}) = \frac{1}{2}|\vec{x}|^2$$

と取れば，$\nabla L(\vec{x}) = \vec{x}$ なので，

$$\vec{f}(\vec{x}) \cdot \nabla L(\vec{x})$$

$$= \sum_{\substack{J:\text{実固有値}\\ \text{のブロック}}} \left\{ \sum_{j=1}^{m_J-1} (\lambda_J x_{J,j} + \varepsilon x_{J,j+1}) x_{J,j} + \lambda_J x_{J,m_J}^2 \right\}$$

$$+ \sum_{\substack{J:\text{複素固有値}\\ \text{のブロック}}} \left\{ \sum_{j=1}^{m_J-1} \{(a_J x_{J,2j-1} + b_J x_{J,2j} + \varepsilon x_{J,2j+1}) x_{J,2j-1} \right.$$

$$+ (-b_J x_{J,2j-1} + a_J x_{J,2j} + \varepsilon x_{J,2j+2}) x_{J,2j} \}$$

$$+ (a_J x_{J,2m_J-1} + b_J x_{J,2m_J}) x_{J,2m_J-1}$$

$$\left. + (-b_J x_{J,2m_J-1} + a_J x_{J,2m_J}) x_{J,2m_J} \right\} + o(|\vec{x}|)$$

$$= \sum_{\substack{J:\text{複素固有値}\\ \text{のブロック}}} \left\{ \sum_{j=1}^{m_J-1} \{\lambda_J x_{J,j}^2 + \varepsilon x_{J,j} x_{J,j+1}\} + \lambda_J x_{J,m_J}^2 \right\}$$

$$+ \sum_{\substack{J:\text{複素固有値} \\ \text{のブロック}}} \Bigl\{ \sum_{j=1}^{m_J-1} \{ a_J(x_{J,2j-1}^2 + x_{J,2j}^2) + \varepsilon(x_{J,2j-1}x_{J,2j+1} + x_{J,2j}x_{J,2j+2}) \}$$
$$+ a_J(x_{J,2m_J-1}^2 + x_{J,2m_J}^2) \Bigr\} + o(|\vec{x}|^2)$$

となる．(b_J の掛かる項はキャンセルし合って消えた．) 従って，ある $\delta > 0$ について，すべての固有値の実部が $\leq -\delta$ と評価されるならば，

$$|x_{J,j-1}x_{J,j}| \leq \frac{1}{2}(x_{J,j-1}^2 + x_{J,j}^2)$$

等に注意すると，十分小さな $|\vec{x}|$ に対して，上より

$$\vec{f}(\vec{x}) \cdot \nabla L(\vec{x}) \leq -\delta|\vec{x}|^2 + \frac{\varepsilon}{2}|\vec{x}|^2 + \frac{\varepsilon}{2}|\vec{x}|^2 = -(\delta - \varepsilon)|\vec{x}|^2$$

となる．よって，$\varepsilon < \delta$ にとれば，L は強い意味の Lyapunov 関数の仮定を満たすから，定理が証明された． □

🐰 Jordan 標準形に関する上の考察から，Jordan 標準形の数値計算が誤差に非常に敏感であることが分かります．すなわち，重複固有値があるときは，対角線の一つ上にどんなに小さいゴミ ε が加わっても，Jordan ブロックの構造がすっかり変わってしまいます．

以上の議論は方程式の右辺に独立変数の t が含まれている場合も有る程度通用します．自励系の方程式でも，零解以外の解 $\vec{y}(t)$ の安定性を論ずるときは，$\vec{z} = \vec{x} - \vec{y}(t)$ を新しい未知関数として方程式を書き直すと，新しい右辺には t が含まれるので，このような拡張は意味があります．

定義 7.3 時間に依存するベクトル場 $\vec{v}(t,\vec{x})$ に対し，$t \geq 0$ と原点のある近傍に属する $\vec{x}$ に対して定義された C^1 級の非負値関数 $L(t,\vec{x})$ が **Lyapunov 関数**であるとは，$L(t,0) \equiv 0$，かつ $\vec{x} \neq 0$ なら $L(t,\vec{x}) > 0$ を満たし，更に

$$L_t(t,\vec{x}) + \vec{v}(t,\vec{x}) \cdot \nabla_{\vec{x}} L(t,\vec{x}) \leq 0 \tag{7.8}$$

が常に成り立つことをいう．また原点以外で 0 にならない非負値連続関数 $a(\vec{x})$ で[8]，$L(t,\vec{x}) \geq a(\vec{x})$ を常に満たすものが有るときは，L を**正定値の Lyapunov 関数**と呼ぶ．また，原点以外で 0 にならないある非負値連続関数 $b(\vec{x})$ により

---

[8] 以下このように表記される関数は t に依存しない了解とする．

7.3 安定性と漸近安定性

$$L_t(t,\vec{x}) + \vec{v}(t,\vec{x}) \cdot \nabla_{\vec{x}} L(t,\vec{x}) \leq -b(\vec{x}) \tag{7.9}$$

となるときは，L を**強い意味の Lyapunov 関数**と呼ぶことにする．最後に，原点以外で 0 にならない非負値連続関数 $B(\vec{x})$ で，$L(t,\vec{x}) \leq B(\vec{x})$ を常に満たすものが有るときは，L を**一様有界な Lyapunov 関数**と呼ぶことにする．

補題 7.6 $\vec{x} = 0$ のある近傍 D で $\vec{f}(t,\vec{x})$ に正定値の Lyapunov 関数が存在するならば，微分方程式系 $\vec{x}' = \vec{f}(t,\vec{x})$ の零解は安定である．正定値かつ強い意味の Lyapunov 関数が存在するならば，零解は漸近安定となる．また正定値かつ一様有界で強い意味の Lyapunov 関数が存在するならば，零解は一様漸近安定となる．

証明 最初の仮定の下では

$$\frac{d}{dt}L(t,\vec{x}(t)) = L_t(t,\vec{x}(t)) + \nabla_{\vec{x}} L(t,\vec{x}(t)) \cdot \frac{d\vec{x}}{dt}$$
$$= L_t(t,\vec{x}(t)) + \nabla_{\vec{x}} L(t,\vec{x}(t)) \cdot \vec{f}(t,\vec{x}(t)) \leq 0$$

なので，L の値が解曲線上で単調減少なことは先の補題 7.5 の場合と変わりない．すると正定値の仮定から，$a(\vec{x}(t)) \leq L(t,\vec{x}(t))$ の値が解曲線上初期値 $L(0,\vec{c})$ の値で抑えられることになり，軌道は集合 $\{a(\vec{x}) \leq L(0,\vec{c})\}$ 内に収まる．仮定により $L(0,\vec{c})$ は $|\vec{c}|$ に依存していくらでも小さくなるので，この集合も原点に近づくから，安定性が示された．

更に $L(t,\vec{x})$ が強い意味の Lyapunov 関数のときは，$L(t,\vec{x}(t))$ の値は狭義単調減少となる．もし $\vec{x}(t)$ が $t \to \infty$ のとき原点に収束しなければ，この解軌道は原点のある開近傍 V に決して入り込まない．すると軌道は有界閉集合 $\{a(\vec{x}) \leq L(0,\vec{c})\} \setminus V$ に含まれるが，連続関数 $b(\vec{x})$ はここで 0 にならないので，正の最小値 m を持つ．するとこの軌道上で常に

$$\frac{d}{dt}L(t,\vec{x}(t)) = L_t(t,\vec{x}(t)) + \vec{v}(t,\vec{x}(t)) \cdot \nabla_{\vec{x}} L(t,\vec{x}(t)) \leq -b(\vec{x}(t)) \leq -m$$

従ってそこで

$$L(t,\vec{x}(t)) \leq L(0,\vec{c}) - m(t-t_0)$$

となり，$t \to \infty$ としたとき L が非負値関数であることと矛盾する．よって解は漸近安定である．

最後に $L(t,\vec{x})$ に有界性を仮定する．$\delta > 0$ を任意に固定したとき，時刻 t_0 に $B(\vec{x}) < \delta$ の点から出発した解は，$\forall \varepsilon > 0$ について，ある時刻 t_ε から先は原点の開近傍 $a(\vec{x}) < \varepsilon$ に含まれることを言おう．有界閉集合 $\{B(\vec{x}) \leq \delta\} \setminus B_\varepsilon$ 上連続関数 $b(\vec{x})$ は 0 にならないので，正の最小値 m_ε を持つから，上と同様の計算で，解軌道がこの中に含まれる限り

$$\frac{d}{dt}L(t,\vec{x}(t)) \leq -m_\varepsilon \quad \text{従って} \quad L(t,\vec{x}(t)) \leq L(t_0,\vec{x}(t_0)) - m_\varepsilon(t - t_0)$$

が成り立つ．$L(t,\vec{x})$ は非負値なので，これは

$$t \leq t_0 + \frac{L(t_0,\vec{x}(t_0))}{m_\varepsilon} \leq t_0 + \frac{B(\vec{x}(t_0))}{m_\varepsilon} < t_0 + \frac{\delta}{m_\varepsilon}$$

でしか成り立たない．よってこの右辺を t_ε とすれば，解軌道はどれも少なくとも $\exists t \leq t_\varepsilon$ までには一旦は $B(\vec{x}) \leq \varepsilon$ に入る．すると，その時刻において，解は $L(t,\vec{x}(t)) \leq \varepsilon$ を満たすが，$L(t,\vec{x}(t))$ が軌道にそって単調減少なことは分かっているので，この不等式はその時刻以降（従って特に $t \geq t_\varepsilon$ において）ずっと成り立つ．従って $a(\vec{x}(t)) < \varepsilon$ も成り立つ．□

以上の準備の下で定理 7.4 は次のように時間を含む場合に一般化できます．証明は同様な（というか，Lyapunov 関数は前と同じものでそのまま通用する）ので，省略します．

定理 7.7 微分方程式系 $\vec{x}' = \vec{f}(t,\vec{x})$ において $\vec{f}$ は C^1 級で $\vec{f}(t,0) \equiv 0$ を満たし，かつ $\vec{x} = 0$ において定数行列 A が存在して $\vec{f}(t,\vec{x}) - A\vec{x}$ は t につき一様に $o(|\vec{x}|)$ となるとする．すなわち，t によらない関数 $g(\vec{x})$ が存在して

$$|\vec{f}(t,\vec{x}) - A\vec{x}| \leq g(\vec{x}), \quad g(\vec{x}) = o(|\vec{x}|)$$

が成り立つとする．もし A の固有値の実部がすべて負ならば，解 $\vec{x} = 0$ は一様漸近安定となる．

実部が正の固有値が一つでも含まれていれば，零解が安定でなくなるのはほとんど自明でしょう．固有値の実部がすべて 0 以下のときは，対角化可能なら，すなわち一般解に多項式因子が現れなければ，定数係数線形系の零解は安定となりますが，これを上の定理のように非線形摂動した方程式に一般化するのは不可能です．全く同じ理由で，実部がちょうど 0 という条件が数値計算で誤差

7.3 安定性と漸近安定性

に敏感なことも容易に想像できるでしょう．負の数は少々誤差が加わってもまだ負ですが，0 はどんなに小さな誤差でも，値を正にも負にもし得るからです．固有値の実部が 0 の方程式系の代表例として，単振動の方程式を 1 階連立化したものがあり，外力が加わったときの方程式の安定性として有名な共振現象の問題が有りました．これらについては既に第 2 章 2.7 節で具体的な計算により調べてありますが，これをより高度な一般論から眺めてみましょう．単振動の方程式 $x'' + \omega^2 x = 0, \ \omega > 0$ を $x' = y$ と置いて 1 階連立化したもの

$$x' = y, \quad y' = -\omega^2 x$$

は純虚数の固有値 $\pm i\omega$ を持ち，具体的に解いた解は閉軌道の集合となるので，零解はもちろん安定です．(Lyapunov 関数もエネルギーに当たる $L(x,y) = \omega^2 x^2 + y^2$ で存在します．) しかしこれに微小摂動を加えた $x'' + \varepsilon x' + \omega^2 x = 0$, あるいはそれを連立化した

$$x' = y, \quad y' = -\omega^2 x - \varepsilon y$$

は，$\varepsilon > 0$ なら固有値の実部が負の方に摂動を受け，減衰振動となって零解が漸近安定となるのに対し，$\varepsilon < 0$ だと，解は指数的に増大するようになります．また，右辺に非同次項を追加した方程式

$$x'' + \omega^2 x = c e^{i\mu t}$$

は，第 2 章例題 2.10 で計算したように $\mu \neq \omega$ なら解が $e^{\pm \omega t}$ と $e^{i\mu t}$ の 1 次結合で書けるので，原点から出発した解は安定ですが，$\mu = \omega$ だといわゆる共振が起こり，t の 1 次のオーダーで増大する解が生じます．ただし，差が出るのは $t \to \infty$ のときだけで，固定した有限時間区間内では，いずれの解も初期値に連続に依存しており，大した差は無いことに注意しましょう．

問 7.11 サイクロイド型の丘の頂上に向かってボールを転がし，ちょうど頂上でボールが停止するような初速度を見出すという問題に関連して，この運動を支配する微分方程式の零解の安定性を用いた解説を与えよ．[サイクロイドの代わりに円周を用いても，頂上の十分近くでは近似的に同じ 2 階の定数係数線形微分方程式が使える．]

7.4 周期係数の方程式の解の挙動

時間に依存する方程式に対する安定性や漸近安定性の統一的な議論は難しいものです．前節で述べた結果は基本的ですが，個々の方程式に当てはめてみると，あまり大した結論を保証してくれないことが多く，一般論でやるより，個別に研究した方が，よい結果が得られるのが普通です．例えば，上の定理 7.7 において，1 次近似の係数行列 A が時間に依存したりすると，その固有値の実部の正負だけでは解の漸近挙動を一般的に言うことはできません．例として，線形系

$$\frac{d}{dt}\begin{pmatrix} x \\ y \end{pmatrix} = \begin{pmatrix} -1 & 0 \\ e^{3t} & -1 \end{pmatrix}\begin{pmatrix} x \\ y \end{pmatrix}$$

の係数行列は明らかに重複固有値 -1 を持ちますが，この解

$$x = c_1 e^{-t}, \quad y = \frac{1}{3}c_1 e^{2t} + c_2 e^{-t}$$

はほとんどの初期値に対して y 座標が限りなく大きくなってしまいます．

例外的に一般論がうまくゆくクラスの一つとして，周期係数を持つ線形系に対する **Floquet**（フロケ）の理論を紹介しておきましょう．

定理 7.8 線形系 $\vec{x}' = A(t)\vec{x}$ において，係数行列 $A(t)$ は t につき周期 ω の連続な実周期関数を要素に持つとする．このとき，
(1) 解の基本系が成す行列 $\Phi(t)$ に対し，

$$\Phi(t + \omega) = \Phi(t)e^{\omega B} \tag{7.10}$$

を満たす定数行列 B が存在する．$\Phi(t)$ が実行列なら B も実にとれる．
(2) $\Psi(t) := \Phi(t)e^{-tB}$ は

$$\frac{d\Psi}{dt} = A(t)\Psi - \Psi B$$

を満たす周期 ω の周期行列となる．
(3) 未知ベクトルの変換 $\vec{y} = \Psi^{-1}\vec{x}$ により，方程式は定数係数線形系

$$\vec{y}' = B\vec{y} \tag{7.11}$$

に帰着される．

(4) 解の基本系の取り替えにより $e^{\omega B}$ は相似変換を受ける．従って B の固有値は $\mathrm{mod}\,\dfrac{2\pi i}{\omega}$ で方程式系に固有の不変量となる．これを**特性指数**と呼ぶ．

証明 (1) 与えられた方程式の周期性により $\Phi(t+\omega)$ も解の基本系となるから，この列ベクトルは $\Phi(t)$ の列ベクトルの 1 次結合で表され，従ってある定数行列 M により
$$\Phi(t+\omega) = \Phi(t)M$$
と書ける．$\Phi(t)$ の代わりに基本系 $\Phi(t)S$ で同じ計算をすると，
$$\Phi(t+\omega)S = \Phi(t)MS = \Phi(t)S \cdot S^{-1}MS \tag{7.12}$$
で，行列 M は相似変換に変わる．よって（複素数に係数拡大して）M は Jordan 標準形と仮定できる．M は正則なので，対角成分は 0 でない．このような行列は対数関数 $\log M$ の定義が意味を持つ．実際，一つの Jordan ブロックに対し，

$$\log \begin{pmatrix} \lambda & 1 & & 0 \\ & \lambda & \ddots & \\ & & \ddots & 1 \\ 0 & & & \lambda \end{pmatrix} = (\log \lambda)I + \log \left\{ I + \begin{pmatrix} 0 & \frac{1}{\lambda} & & 0 \\ & 0 & \ddots & \\ & & \ddots & \frac{1}{\lambda} \\ 0 & & & 0 \end{pmatrix} \right\}.$$

ここで二つ目の行列の対数は $\log(1+x) = x - \dfrac{x^2}{2} + \dfrac{x^3}{3} - + \cdots$ という級数を用いて計算するのだが，x のところに入る行列が冪零なので，級数は有限項で切れ，収束を問題にせずに和が計算できて $\exp(\log M) = M$ が確かめられる．こうして得られた行列 $\log M$ の $1/\omega$ 倍を B と置けば，(7.10) が成り立つ．

(7.12) と $S^{-1}e^{\omega B}S = e^{\omega S^{-1}BS}$ を合わせれば，(4) も示される．$\Phi(t)$ が実行列のとき B を実で取るにはもう少し工夫が要るが，長くなるので詳細は ．

(2) $\Psi(t)$ が周期行列となることは
$$\Psi(t+\omega) = \Phi(t+\omega)e^{-(t+\omega)B} = \Phi(t)e^{\omega B}e^{-(t+\omega)B} = \Phi(t)e^{-tB} = \Psi(t)$$
より分かる．（同じ行列のスカラー倍同士に対しては指数法則が成り立つのであった．）微分方程式の検証は，Φ の微分方程式を用いて，
$$\Psi' = \Phi'e^{-tB} + \Phi e^{-tB}(-B) = A(t)\Phi e^{-tB} - \Phi e^{-tB}B = A(t)\Psi - \Psi B.$$

(3) $\vec{x}' = A(t)\vec{x}$ とし，$\vec{x} = \Psi \vec{y}$ をこの方程式系に代入すると，(2) より

$$\Psi'\vec{y} + \Psi\vec{y}' = A(t)\Psi\vec{y} \quad \therefore \quad A(t)\Psi\vec{y} - \Psi B\vec{y} + \Psi\vec{y}' = A(t)\Psi\vec{y}.$$

これから共通項を消去し，左から Ψ^{-1} を掛ければ $\vec{y}' = B\vec{y}$ を得る． □

この定理は大変きれいですが，残念ながら B を計算するアルゴリズムは存在せず，結局は方程式を解かねば B は分かりません．以下，この B を用いて周期線型系の解の安定性を抽象的に論じましょう．基本的には上の定理を用いて前節の定理に帰着させます．

定理 7.9 (1) 周期係数の線形系 $\vec{x}' = A(t)\vec{x}$ の固有指数の実部がすべて負なら，零解は一様漸近安定である．
(2) $\vec{x}' = \vec{f}(t,\vec{x})$ の右辺は連続かつ t につき周期関数で，$\vec{x}$ につき C^1 級とする．この方程式に周期解 $\vec{x}_0(t)$ が存在し，かつ，これを中心とする $\vec{f}(t,\vec{x})$ の Taylor 展開

$$\vec{f}(t, \vec{x}_0 + \vec{z}) = \vec{f}(t, \vec{x}_0) + \nabla_{\vec{x}}\vec{f}(t, \vec{x}_0) \cdot \vec{z} + \vec{g}(t, \vec{z})$$

の剰余項は t につき一様に $\vec{g}(t,\vec{z}) = o(|\vec{z}|)$ となるものとする．もし 1 次近似 $A(t) := \nabla_{\vec{x}}\vec{f}(t,\vec{x}_0)$ を係数行列とする周期線形系の固有指数の実部がすべて負なら，周期解 $\vec{x}_0(t)$ は一様漸近安定である．

証明 (1) $\vec{y} = \Psi(t)^{-1}\vec{x}$ は定数係数の線形系 (7.11) を満たすから，B の固有値に対する仮定により，$\vec{y}$ に対する零解は一様漸近安定である．$\Psi(t)$ は周期行列，従って有界だから，$\vec{x} = \Psi(t)\vec{y}$ に対する零解も一様漸近安定である．

(2) $\vec{x} = \vec{x}_0 + \vec{z}$ と置けば，$\vec{x}_0$ が元の方程式の解だから

$$\vec{x}_0{}' + \vec{z}' = \vec{f}(t,\vec{x}) = \vec{f}(t, \vec{x}_0 + \vec{z}) = \vec{f}(t, \vec{x}_0) + \nabla_{\vec{x}}\vec{f}(t,\vec{x}_0) \cdot \vec{z} + \vec{g}(t,\vec{z})$$

より，両辺から $\vec{x}_0{}' = \vec{f}(t,\vec{x}_0)$ をキャンセルすると，$\vec{z}$ は

$$\vec{z}' = A(t)\vec{z} + \vec{g}(t,\vec{z}), \quad \text{ここに} \quad A(t) := \nabla_{\vec{x}}\vec{f}(t,\vec{x}_0)$$

という方程式を満たす．ここで更に，周期線形系 $\vec{z}' = A(t)\vec{z}$ に対応する周期行列 $\Psi(t)$ を用いて (1) と同じように $\vec{y} = \Psi(t)^{-1}\vec{z}$ と変換すると，$\vec{y}$ は

$$\vec{y}' = B\vec{y} + \Psi(t)^{-1}\vec{g}(t, \Psi(t)\vec{y})$$

を満たすことが定理 7.8 の (2) を用いた簡単な計算で分かる．$\Psi(t)$ とともに $\Psi(t)^{-1}$ も周期行列で，従って有界だから，$\vec{g}$ に対する仮定により t について一様に $\Psi(t)^{-1}\vec{g}(t,\Psi(t)\vec{y}) = o(\vec{y})$ となる．故に前節の定理 7.7 により $\vec{y}$ の方程式において零解は一様漸近安定となる．よって $\vec{z} = \Psi\vec{y}$ についても零解は一様漸近安定である． □

7.5　2 次元自励系の極限閉軌道

【**ω 極限集合**】　自励系の大域理論は更に奥が深く，まだ未解決の問題も多いのですが，既に知られている結果の中で古典的な次の定理を紹介しておきましょう．

定理 7.10（**Poincaré-Bendixon**）　平面 $\boldsymbol{R}^2$ 上の 2 次元自励系のある解軌道が $t \to \infty$ のとき有界集合に留まるなら，$\forall t_0$ について解軌道の $t \geq t_0$ の部分の閉包は周期解を含む．ただし，周期 0 の不動点も周期解の仲間に含める．

以下，記述を簡潔にするため，伝統に従って次の用語を用いることにしましょう：

定義 7.4　解軌道 $\vec{x}(t)$ の $t \to \infty$ のときの極限点の成す集合を，この解軌道の **ω 極限集合**と呼ぶ．厳密には次式で定義される集合のことである：

$$\Gamma = \bigcap_{t \geq 0} \overline{\{\vec{x}(s); s \geq t\}}. \tag{7.13}$$

この集合は当然ですが，十分先の方の t に対する $\vec{x}(t)$ のみで定まり，従って共通部分の添え字は $t \geq 0$ のところを任意の t_0 について $t \geq t_0$ で置き換えることができます．また，この定義から ω 極限集合は閉集合の共通部分としてそれ自身閉集合となります．名前に付いた ω は "アルファからオメガへ" で，終局を表す洒落です．実際 $t \to -\infty$ のときの極限集合を α 極限集合と呼んで使うこともあります．

定理の証明の前にいくつか予備的考察をしておきましょう．これらは 2 次元に限らず一般に成り立つ主張なので，$\boldsymbol{R}^n$ について定式化しておきます．

補題 7.11　$\vec{x}(t), t \geq 0$ が有界集合ならば，ω 極限集合 Γ は空でない．更に，$\forall \varepsilon > 0$ に対し t_0 を十分大きく選べば，Γ の ε-近傍は $\vec{x}(t), t \geq t_0$ を含む．

実際，Γ が空でないことは，有界列が収束部分列を含むという Bolzano-

Weierstrass の定理から出てきます．極限閉軌道の定義では，Γ を軌道 $\vec{x}(t)$ の点の列の極限としているので，形式的にはいつまで経っても Γ の ε-近傍の外をさ迷う点が残り得ます．しかし，$\vec{x}(t)$ が有界集合ならば，この例外点もまた有界点列を成し，従って収束部分列を含みますが，その極限は定義により Γ に属さねばならず，不合理です．

補題 7.12 自励系 $\vec{x}' = \vec{f}(\vec{x})$ の解 $\vec{x}(t)$ が $t \to \infty$ のとき有限の点 $\vec{x}_0$ に収束すれば，$\vec{x}_0$ はベクトル場 $\vec{f}(\vec{x})$ の特異点である．

証明 もし $\vec{a}_0 := \vec{f}(\vec{x}_0) \neq 0$ なら，$\vec{f}$ の連続性により，$\vec{x}_0$ の近傍で $\vec{f}(\vec{x})$ は $\vec{a}_0$ に近い値をとる．今 $\vec{x}_0$ の δ-近傍で $|\vec{f}(\vec{x}) - \vec{a}_0| < \varepsilon$ だとしよう．問題の解 $\vec{x}(t)$ は十分大きな t_0 に対し $t \geq t_0$ でこの近傍内に収まるが，このとき

$$\vec{x}(t) - \vec{x}(t_0) = \int_{t_0}^{t} \vec{f}(\vec{x}(s))ds = \vec{a}_0(t - t_0) + \int_{t_0}^{t} \{\vec{f}(\vec{x}(s)) - \vec{a}_0\}ds.$$

$$\therefore \quad |\vec{x}(t) - \vec{x}(t_0)| \geq |\vec{a}_0|(t - t_0) - \varepsilon(t - t_0) = (|\vec{a}_0| - \varepsilon)(t - t_0).$$

よって $\varepsilon < |\vec{a}_0|$ に選べば，t を十分大きくするとき，この右辺は 2δ より大きくなるが，これは

$$|\vec{x}(t) - \vec{x}(t_0)| \leq |\vec{x}(t) - \vec{a}_0| + |\vec{x}(t_0) - \vec{a}_0| < 2\delta$$

と矛盾する．□

補題 7.13 自励系 $\vec{x}' = \vec{f}(\vec{x})$ の解 $\vec{x}(t)$ の ω 極限集合 Γ は，この自励系が定める流れで不変である．すなわち，Γ の任意の点を初期値として出発した解軌道は Γ 内に留まる．のみならず，時刻 t を固定したとき，初期値に時刻 t での解を対応させる写像 g^t は，Γ からそれ自身の上への位相同型写像（実は $\vec{f}$ と同じ滑らかさの可微分位相同型写像）となる．

力学系とは，古くは力学的運動がモデルでしたが，現在では時間発展する系を広く指す言葉となっています．ここでは狭い意味で，(自励系の) 微分方程式の解が定める写像の 1 パラメータ族 g^t を以下**力学系**と呼ぶことにします．

証明 $\vec{x}_0 \in \Gamma$ とすれば，ω 極限集合の定義により，任意の $\delta > 0$ と任意の $T > 0$ に対し，$|\vec{x}(t_0) - \vec{x}_0| < \delta$ なる時刻 $t_0 \geq T$ が存在する．今，時刻 $t = 0$

7.5 2次元自励系の極限閉軌道

に $\vec{x}_0$ から出発する解を $\vec{y}(t)$ と記せば, $t > 0$ を任意に固定したとき,初期値に関する解の連続性により,$\forall \varepsilon > 0$ に対して $\delta > 0$ を十分小さく取れば,$|\vec{x}(t_0) - \vec{x}_0| < \delta$ なら $|\vec{x}(t_0 + t) - \vec{y}(t)| < \varepsilon$ が成り立つ. t_0 は T とともにいくらでも大きく取れるから,これは $\vec{y}(t)$ が解軌道 $\vec{x}(t)$ の極限点であること,すなわち ω 極限集合 Γ に属することを意味する. 以上により Γ は時刻の正方向の流れについて不変:$g^t(\Gamma) \subset \Gamma$ であることが分かった.

実は,$\vec{x}_0$ から時間を逆に遡っても,$\vec{y}(t)$ は Γ から飛び出さない. なぜなら,上と同様の議論で,任意に固定した $a > 0$ に対し逆向きの有限時間区間に対する解の初期値連続依存性により,$\forall \varepsilon > 0$ に対して $\exists \delta > 0$ を十分小さく選べば,$\vec{x}(t_0)$ が $\vec{x}_0$ の δ-近傍内にあれば,$|\vec{y}(t) - \vec{x}(t_0 + t)| < \varepsilon$ が $-a \leq t \leq 0$ で成り立つ. 今,$t_1 \geq t_0 + a$ で $\vec{x}(t_1)$ が再び $\vec{x}_0$ の δ-近傍内に戻って来るとすれば,同様に $|\vec{y}(t) - \vec{x}(t_1 + t)| < \varepsilon$, $-a \leq t \leq 0$ も成り立つ. 以下同様に $t_n \geq t_0 + na, n = 2, 3, \ldots$ が取れ,ε は任意なので,これは $\vec{y}(t), -a \leq t \leq 0$ がすべて Γ に属することを意味する. $a > 0$ も任意なので,結局解軌道 $\vec{y}(t)$ は時間を遡っても $t \to -\infty$ までずっと Γ 内に収まる.

このことから,解が定める力学系の同相写像 $g^t, t > 0$ で Γ はそれ自身と常に一対一全射に対応していることが分かる. なぜなら,もしある時刻 t に対し $g^t(\Gamma) \subsetneq \Gamma$ となったとすると,$g^t(\Gamma)$ に属さない点は時刻を t から 0 まで遡ったとき,自分の初期値が Γ 内に有るはずなのに,すべての点は他の解の初期値として使われてしまっており,不合理となるからである. よって g^{-t} という写像も定義されるが,解の一意性により $g^{-t} \circ g^t = \mathrm{id}$. も成り立つ.

なお,g^t が連続写像であること,並びに $\vec{f}$ と同じ滑らかさを持つ可微分写像であることは,第 3 章の定理 3.13 や系 3.18 から従う. □

補題 7.14 $\vec{x}(t)$ の ω 極限集合 Γ が有界ならば,Γ に含まれる g^t-不変な閉部分集合には,包含関係について極小のもの Γ_0 が存在し,これは,次の3種類のいずれかの型となる.

(1) 不動点
(2) 周期軌道
(3) 周期軌道ではないが,**再帰的集合**(すなわち,Γ_0 の任意の点 $\vec{y}_0$ について,その任意の近傍に $g^t(\vec{y}_0)$ が無限回戻って来るようなもの)

証明 まず，極小な g^t-不変閉部分集合 $\Gamma_0 \subset \Gamma$ の存在を仮定して，それが (1) ～ (3) のいずれかの形となることを示そう．不動点と周期軌道は極小な g^t-不変閉部分集合であることに注意せよ．よって，$\vec{x}_0 \in \Gamma_0$ を任意にとるとき，もしこれが不動点，あるいは周期軌道上の一点なら，極小性の仮定により Γ_0 自身が不動点あるいは周期軌道となり，証明は終わりである．そうでないときは，ここから出発する軌道 $g^t(\vec{x}_0)$ は，Γ_0 のどの点のどんなに小さな近傍内にも無限回戻って来る．実際，もしある点 $\vec{y}_0 \in \Gamma_0$ のある開近傍 V 内には，$g^t(x_0)$ が有限回しか戻って来ないとすると，t_0 を十分大きくとれば，$g^t(x_0), t \geq t_0$ は V と交わらない．軌道 $g^t(x_0)$ の ω 極限集合は，前補題により g^t-不変な閉集合となるが，V の点を含まないので，Γ_0 より真に小さい．これは Γ_0 の極小性に反する．よってこのとき Γ_0 は (3) の型となる．

さて，極小な g^t-不変閉部分集合 Γ_0 の存在を示そう．(3) の性質を持つ閉集合も極小な g^t-不変閉部分集合となることに注意せよ．(実際，閉集合として小さくしたら g^t の作用でそこから飛び出す点ができてしまうから．) そこで $\vec{x}_0 \in \Gamma$ を任意に取り，そこから発する軌道がもし (3) の状態にはなっていないとすると，その ω 極限集合は，Γ より真に小さな g^t-不変閉部分集合となる．これが (1)～(3) のいずれかの型ならおしまいだが，もしどれでもなければ，その上の点を取ってそこから発する軌道を描き，その ω 極限集合を考える．これが有限で終わらなければ，単調減少する有界閉集合の無限列ができるが，そのすべての共通部分は空でない[9]．のみならず g^t-不変な閉部分集合となっていることも容易に分かる．これがもし (1)～(3) のいずれでも無ければ，また同じ操作を繰り返す．これを続ければ極小集合に到達できるのだが，それを保証するには無限集合論の公理が必要である．ここでは，定理 6.8 でも用いた Zorn の補題を用いて証明しよう．これを未習の読者は上の説明で納得して頂きたい．

包含関係に関して線形順序を持つ Γ の閉部分集合の族 Γ_λ は明らかに有限交差性を持つ（すなわち，有限個を取り出して共通部分をとれば，その一番小さいものと一致するので，空でない．）よって全部の共通部分も空でない．(この主張は Heine-Borel の被覆定理の補集合をとったものの対偶に相当し，$\boldsymbol{R}^n$ の有

---

[9] これはすぐ下に出てくる $\boldsymbol{R}^n$ の有界閉集合のコンパクト性の主張の特別な場合ですが，Bolzano-Weierstrass の定理を使うと容易に直接証明できます．すなわち，各有界閉集合 Γ_n から一つずつ点を取ってきたものは，Bolzano-Weierstrass の定理により収束部分列を持ちますが，その極限は Γ_n が閉で単調減少するという仮定から，すべての Γ_n に含まれます．

界閉集合のコンパクト性の一つの表現である．例えば[5], 補題 14.3 参照．）こ の集合は明らかに g^t-不変となる．従って Γ の g^t-不変な閉部分集合の全体は, 包含関係について帰納的順序集合を成すことが分かる．故に Zorn の補題により, 包含関係に関する極小元が存在する（例えば[5], 10.6 節）． □

【Poincaré-Bendixon の定理の証明】 解軌道 $\vec{x}(t)$ の ω 極限集合 Γ は, 補題 7.14 により極小な g^t-不変閉部分集合 Γ_0 を含む．それは仮定により $\vec{f}$ の特異点ではない．よって 2 次元平面の場合，それが再帰的でもないことを言えば証明が終わる．背理法により，これが再帰的であったとせよ．$\vec{y}_0 \in \Gamma_0$ を任意に取る．仮定によりこの点で $\vec{f}(\vec{y}_0) \neq 0$ なので，これと横断的な（すなわち接しない）直線 ℓ を引くことができる．（最も簡単には $\vec{f}(\vec{y}_0)$ に直角に引けばよい．）点 $\vec{y}_0$ の十分小さい近傍 V 内では，ベクトル場 $\vec{f}$ は $\vec{f}(\vec{y}_0)$ とほぼ平行なので，V の中では解軌道は層状になり，ℓ と横断的に交わっている．背理法の仮定により，$\vec{y}_0$ から発する解軌道 $\vec{y}(t)$ は V に戻って来，従って ℓ と交わる．最初に戻ってきたときの交点を $\vec{y}_1$ とせよ．図 7.5 では，話を決めるため $\vec{y}_1$ が $\vec{f}(\vec{y}_0)$ の右手に来るように描いたが，逆側でも証明は同様である．$\vec{y}(t)$ はこの後更に出発点 $\vec{y}_0$ の $\vec{y}_1$ よりも近い点 $\vec{y}_2$ に戻ってくるはずである．図 7.5 では，これが $\vec{y}_0$ と $\vec{y}_1$ の間に来るように描いたが，反対側でも議論は同様である．このとき $\vec{y}_0$ から $\vec{y}_1$ に到る軌道と V 内の線分 $\overline{\vec{y}_1 \vec{y}_0}$ を繋げたものは，単純閉曲線（すなわち，自分自身と交差しない閉曲線）C を成す．**Jordan の曲線定理**（下の問 7.12 参照）によれば，単純閉曲線は平面を二つの連結成分に分ける．さて，$\vec{y}_1$ を通った軌道が近傍 V から抜け出す点を P，$\vec{y}_2$ に達する軌道が V に入り込む点を Q とすれば，P と Q は直線 ℓ について互いに反対側にあるので，C が定める異なる連結成分に属する．従ってこれら 2 点を繋ぐ連

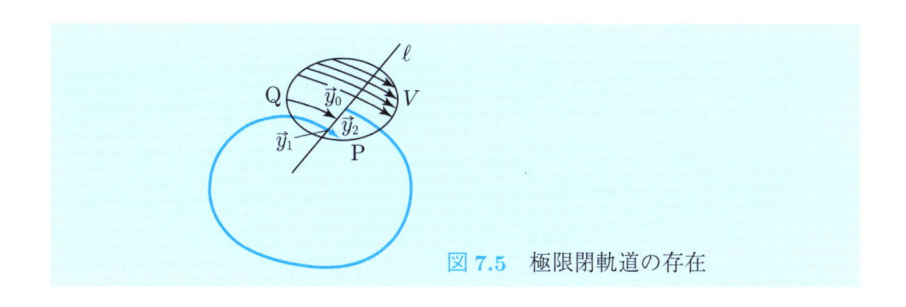

図 **7.5** 極限閉軌道の存在

続曲線弧は必ず C と交わる．P と Q は解軌道 $\vec{y}(t)$ の弧 γ で繋がっているはずだが，そうするとこの弧は C と交わらなければならない．γ は線分 $\overline{\vec{y}_1\vec{y}_0}$ とは交われないから，C の残りである $\vec{y}_0$ から $\vec{y}_1$ に到る解軌道と交わらねばならない．これは補題 7.1 に反する．よって $\vec{y}_0$ から出る解軌道は $\vec{y}_0$ に戻らなければならず，極小の仮定より Γ はこの周期軌道と一致する． □

問 7.12 Jordan の曲線定理は，単に連続な単純閉曲線に対する証明は非常にややこしいが，ここで必要となるのは，区分的に C^1 級な単純閉曲線の場合で十分であり，その場合の証明は割と簡単である．2 変数の微積分の知識を用いてこれを証明してみよ．[ヒント：例えば複素関数論の Cauchy の積分公式を知っていれば，$\dfrac{1}{2\pi i}\oint_C \dfrac{1}{\zeta - z}d\zeta$ の値が 1 か 0 かで C の内部か外部かが判定できる．この積分の実部を取って $\dfrac{1}{2\pi}\oint \dfrac{(\xi - x)d\eta - (\eta - y)d\xi}{(\xi - x)^2 + (\eta - y)^2}$ を用いれば，Green の定理に基づき微積分の範囲で同じことができる．]

実は，もっと強く，次のことを示すことができます（この形の主張を Poincaré-Bendixon の定理と呼んでいる文献もあります）：

系 7.15 ω 極限集合が不動点を含まなければ，それは周期解の軌道そのものである．

証明 上の証明で得られた周期軌道を $\vec{y}(t), 0 \leq t \leq T$ とする．$\vec{y}_0 = \vec{y}(0)$ を通って上の証明と同様，横断線 ℓ を引く．$\vec{y}_0$ はある解曲線 $\vec{x}(t)$ の ω 極限集合 Γ に属するので，$\vec{x}(t)$ の点で ℓ 上 $\vec{y}_0$ のいくらでも近くに戻ってくるものがある．初期値に対する解の連続性により，$\forall \varepsilon > 0$ に対し，$\delta > 0$ を十分小さく選べば，$\vec{x}(t_0) \in \ell$ が $\vec{y}_0$ の δ-近傍内にあれば，$0 \leq t \leq T$ なる t について $\vec{x}(t_0 + t)$ は $\vec{y}(t)$ の ε-近傍内にある．従って解軌道 $\vec{x}(t)$ は $t_0 + T$ に近い時刻で横断線 ℓ と交わるが，この点 $\vec{x}(t_1)$ は ℓ 上 $\vec{x}(t_0)$ と $\vec{y}_0$ の間に来る．実際，軌道 $\vec{x}(t)$ は周期軌道 $\vec{y}(t)$ とは交われないので，ℓ 上 $\vec{y}_0$ の反対側には来れない[10]．またもし $\vec{x}(t_0)$ よりも遠くに戻ってくれば，上の定理の証明と同様 Jordan の曲線定理により，それ以後は $\vec{x}(t_0)$ より $\vec{y}_0$ に近いところには戻れな

---

[10] ただし，すぐ下の例にも見られるように，$\vec{x}(t)$ とは別の解軌道がこの周期軌道の反対側から近づき，極限を共有することはある．

7.5 2次元自励系の極限閉軌道

くなる．すると $\vec{y}_0$ が $\vec{x}(t)$ の ω 極限集合の点ではなくなってしまい，不合理である．以上により，ℓ に当たる点を初期値として考えると，それはますます $\vec{y}_0$ に近づくので，次の 1 周も $\vec{x}(t)$ は周期軌道の ε-近傍に入り，以下同様にして，$\vec{x}(t_0+t)$ は $t\geq 0$ でずっと周期軌道の ε-近傍内を動く．$\varepsilon>0$ は任意であったから，定義により $\vec{x}(t)$ の ω 極限集合は，この周期軌道の点で尽くされる． □

このように ω 極限集合が周期軌道になるとき，これを**極限閉軌道** (**limit cycle**) と呼びます．抽象論だけではつまらないでしょうから，次の小節で具体例を見ておきましょう．

【**極限閉軌道を持つ自励系の例**】 極限閉軌道を持つ方程式の代表例は，制御振動系の **van der Pol 方程式**です．これは

$$x'' - \varepsilon(1-x^2)x' + x = 0, \quad 1 階連立化は \begin{cases} x' = y, \\ y' = -x + \varepsilon(1-x^2)y \end{cases}$$

のように渦心点を非線形摂動したもので，$|x|>1$ のときはブレーキをかけ，$|x|<1$ のときはアクセルをかけることにより，安定な閉軌道を維持させる仕組みです．この方程式の 2 次元自励系としての解軌道の図を計算機で描かせたものを下に示します．

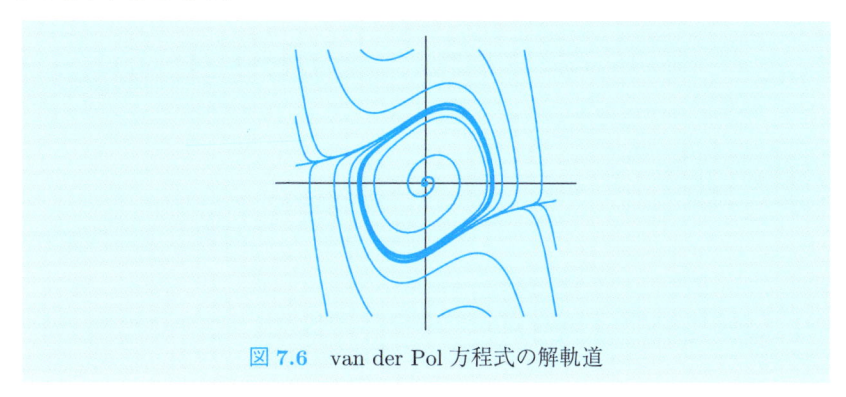

図 7.6 van der Pol 方程式の解軌道

この例を一般化した **Liénard の方程式**

$$x'' + f(x)x' + g(x) = 0 \tag{7.14}$$

について一様漸近安定な極限閉軌道の存在を示しておきましょう．ただし，係

数 $f(x), g(x)$ は以下の条件を満たすものとします：

(1) $f(x), g(x)$ は x の解析関数である．
(2) f は偶関数, i.e. $f(-x) = f(x)$, また g は奇関数, i.e. $g(-x) = -g(x)$. 更に，$f(0) < 0$, および，$x \neq 0$ で $xg(x) > 0$.
(3) $F(x) := \int_0^x f(x)dx$ は $\exists a > 0$ について $0 < x < a$ で $F(x) < 0$, $F(a) = 0$, かつ $x > a$ で単調増加．
(4) $x \to \infty$ のとき $F(x) \to \infty$.

先にあげた van der Pol 方程式では $f(x) = -\varepsilon(1-x^2), g(x) = x$ となっています．物理的には $f(x)$ が速度抵抗，$g(x)$ が復元力を表しますが，以下では技術的理由でそれとは少し違う 1 階連立化を採用します．

定理 7.16 上の仮定 (1) – (4) の下で方程式 (7.14) は一様漸近安定な周期解をただ一つ持つ．

証明 $y = x' + F(x)$ と置けば，

$$\begin{cases} x' = y - F(x), \\ y' = -g(x) \end{cases} \tag{7.15}$$

という自励系になる．これは仮定 (2) から原点に関して点対称，すなわち，$(x,y) \mapsto (-x,-y)$ という置き換えで不変である．初等的な考察で次のことが分かる．

(i) 特異点は原点のみである．実際，$g(x)$ は原点だけで 0 となるが，このとき $F(0) = 0$ なので，$y - F(x) = 0$ から $y = 0$ となる．

(ii) 軌道は原点以外で多少の後戻りは有り得るが，大域的には時計回りに回転する．これは初等的にベクトル場の方向を調べれば分かる：点対称性により $x \geq 0$ で見れば十分であるが，このとき (2) より $y' \leq 0$. 他方，$y \geq F(x)$ では $x' \geq 0$, $y \leq F(x)$ では $x' \leq 0$ なので，$0 \leq x \leq a$ で $F(x) \leq y \leq 0$ なる領域と，$x \geq a$ で $0 \leq y \leq F(x)$ なる二つの領域を除き，ベクトル場自身が時計回りの向きを持つ．この二つの領域では，ベクトル場は一時的に反時計回りになる可能性はあるが，境界線である x 軸と $y = F(x)$ 上でのベクトル場の方向が時計回りなことから，解軌道は前者では有限時間で $y = F(x)$ に交わり，後者では有限時間で x 軸に交わり，以後は時計回りの回転を続けざるを得

ない.（前者の領域では x 座標は増え続けるので，原点に収束してしまう心配は無い．また後者では x 座標は減り続けるので，無限遠点に発散してしまう心配は無い．$\forall \delta > 0$ に対し，$\delta \leq x \leq \dfrac{1}{\delta}$ 上で $-g(x)$ は負の最大値を持つので，y 座標は少なくともこの速さで減少することから，解軌道が有限時間でこれらの領域を抜け出すことが保証される.）

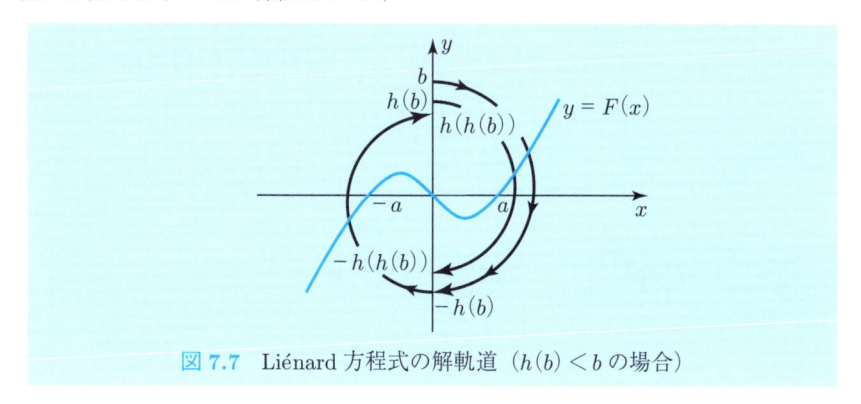

図 7.7 Liénard 方程式の解軌道（$h(b) < b$ の場合）

(iii) 以上により y 軸の正の部分の点 $(0, b)$ から出発した解軌道は，原点の周りを一周した後，必ずまた y 軸の正の部分のどこかの点に戻ってくる．すなわち y 軸は解軌道の横断線となっている．今，この解軌道が半周したところで y 軸の負の部分と交わる点を $(0, -h(b))$ と置く．このとき $h(b) < b$ か $h(b) > b$ か $h(b) = b$ かのいずれかが成り立つ．もし $h(b) < b$ なら，y 軸上の点 $(0, h(b))$ から出発した解軌道は，解の一意性により最初の軌道とは交われないので，y 軸の下方で y 軸と交わる点 $(0, -h(h(b)))$ は最初の点 $(0, -h(b))$ より上になる．後者の半周軌道を原点に関して点対称に折り返したものは，最初に注意した方程式系の点対称性により再び方程式を満たすが，y 軸でのベクトル場が水平なので，最初の半周軌道と C^1 級曲線としてつながり，y 軸の正の部分に戻ったときは $h(b)$ より更に下の $h(h(b))$ に来る．同様に，$h(b) > b$ なら解軌道は一周して b の上に戻る．また $h(b) = b$ なら周期軌道が得られる．

(iv) そこで，$h(b)$ と b の大小関係を調べるため

$$E(x, y) := \frac{y^2}{2} + G(x), \qquad \text{ここに} \quad G(x) = \int_0^x g(x) dx$$

という量を考えよう．（これは一種のエネルギーである.）$G(0) = 0$ より

$$\varphi(b):=\frac{h(b)^2}{2}-\frac{b^2}{2}=E(0,-h(b))-E(0,b)=\int_\gamma dE(x,y)=\int_\gamma ydy+g(x)dx$$

となる．ここに γ は点 $(0,b)$ から $(0,-h(b))$ に到る任意の区分的に滑らかな曲線弧であり，積分値は γ によらないが，特に γ を解軌道に取れば，連立方程式 (7.15) を使って次のように変形できる：

$$\begin{aligned} ydy+g(x)dx &= y\{-g(x)dt\}+g(x)\{y-F(x)\}dt = -F(x)g(x)dt \\ &= F(x)dy = -\frac{F(x)g(x)}{y-F(x)}dx. \end{aligned} \tag{7.16}$$

この表現を用いて $\varphi(b)$ の値の変化を見よう．周期軌道はこの関数の零点に対応する．まず半周軌道が $x \leq a$ の範囲に収まっている場合（特に原点の十分近く）では，$x = 0, a$ 以外で $-F(x)g(x) > 0$ なることから

$$\varphi(b) = \int_\gamma -F(x)g(x)dt > 0$$

となる．よってこの範囲には周期軌道は存在しない．縦線 $x = a$ と交わるところでは，ベクトル場は $y > 0$ で右下向き，$y = 0$ で真下向き，$y < 0$ で左下向きとなる．よって，$x > a$ に出るような軌道は図 7.8 の状態となる．（解軌道は x 軸の下方で $y = F(x)$ と交わることは無い．交わったらそこで接線ベクトルが真下を向かねばならないからである．）そこで今，$\varphi(b)$ を与える線積分を，図 7.8 の記号で弧 $\wideparen{PQ}$, $\wideparen{QR}$, $\wideparen{RS}$ 上のものの和に分解し，それぞれを (7.16) を用いて適当に書き直すと

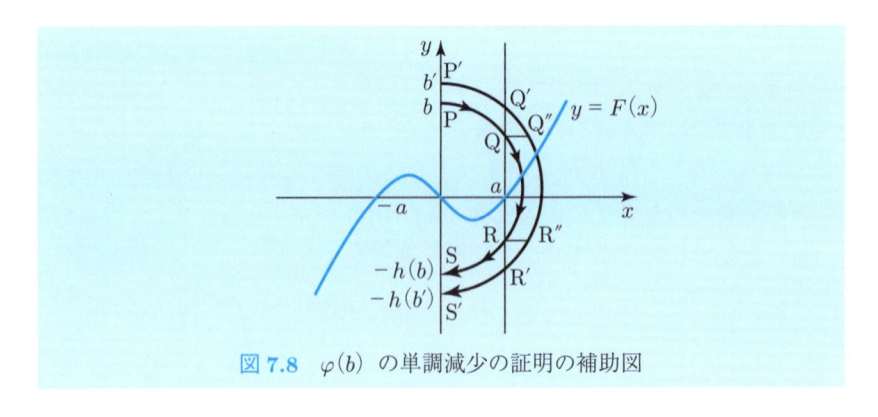

図 7.8 $\varphi(b)$ の単調減少の証明の補助図

7.5 2次元自励系の極限閉軌道

$$\int_P^S ydy + g(x)dx = \int_P^Q \frac{-F(x)g(x)}{y-F(x)}dx + \int_Q^R F(x)dy + \int_R^S \frac{-F(x)g(x)}{y-F(x)}dx$$

となる.（いずれの積分も始点と終点だけを明示しているが γ の対応する弧に沿う線積分の意味である.）これらを，外側の $b' > b$ から出る解軌道上の対応する積分と比較してみると，まず，第1の積分については

$$\int_P^Q \frac{-F(x)g(x)}{y-F(x)}dx \geq \int_{P'}^{Q'} \frac{-F(x)g(x)}{y-F(x)}dx \tag{7.17}$$

である．実際，これらの積分路上では，ベクトル場の x 成分が 0 にならないので，積分路と x 軸上の区間 $[0,a]$ は 1 対 1 に対応しており，被積分関数の分子は両端点以外で正，分母も正で，これに含まれる x の関数は両者に共通，かつ分母に含まれている y の値だけ右辺の方が大きくなっている．従って，全体として右辺の方が小さくなる．また，第3の積分については，積分路と x 軸の向きが逆なので，$y - F(x) < 0$ と併せて

$$\int_R^S \frac{-F(x)g(x)}{y-F(x)}dx = \int_S^R \frac{-F(x)g(x)}{|y-F(x)|}dx \tag{7.18}$$

と変形でき，上と同様に減少することが分かる．最後に，真ん中の積分については，この積分路上でベクトル場の y 成分は負であり，従って積分路と y 軸上の区間が1対1に対応する．ただし積分路の向きは y 軸と逆になっている．よって，

$$\int_{Q'}^{R'} F(x)dy = \int_{Q'}^{Q''} F(x)dy + \int_{Q''}^{R''} F(x)dy + \int_{R''}^{R'} F(x)dy$$

において，最初と最後の積分は負であり，また真ん中の積分は，$F(x)$ がこの領域で単調増加なので，同じ y の値に対して被積分関数に大小関係があり，積分路の向きのためにそれが逆になって

$$\int_Q^R F(x)dy \geq \int_{Q''}^{R''} F(x)dy \tag{7.19}$$

となる．

以上により半周軌道が $x = a$ を越えた後は $\varphi(b)$ は単調減少となる．そこ

でも $\varphi(b)$ の値は連続性により最初のうちは正であるが, $b \to \infty$ とすると $\varphi(b) \to -\infty$ となることを見よう. $x \to \infty$ のとき $F(x) \to \infty$ という仮定により (7.19) に対応する積分値が $\to -\infty$ となる. (7.17), (7.18) に対応する積分値だけは正だが, $b \to \infty$ とともに 0 に近づくので, 線積分は全体として $b \to \infty$ のとき $-\infty$ に発散する. 故に全体として $b \to \infty$ のとき $\varphi(b) \to -\infty$ となる. よって, 連続関数の中間値定理により, $\varphi(b) = 0$ となる b がただ一つ存在し, 既に注意したように, それが周期軌道を与える. そこでの $\varphi(b)$ の符号変化により (厳密には, Poincaré-Bendixon の定理と周期軌道が一つだけということから), この周期軌道が内側からと外側からの極限閉軌道となっていることも分かる. □

Poincaré-Bendixon の定理の証明では, 2 次元の平面上で議論しているということが最大限に利いていることに注意しましょう. 3 次元以上, あるいは 2 次元でもトーラスのような曲面の上では, Jordan の曲線定理が成り立たないので, 補題 7.1 が成り立っていても, 二つの解曲線が交わらずに位置を入れ替えるようなことができてしまい, 自励系の大域的挙動は非常に複雑なものになり得ます.

問 **7.13** 平坦トーラスは, 平面の正方形 $[0,1] \times [0,1]$ において対辺 $x=0$ と $x=1$, $y=0$ と $y=1$ をそれぞれ同一視することにより得られる. この上の関数 $f(x,y)$ は平面上の関数で x, y についてそれぞれ周期 1 のものと同一視できる. この上の自励系

$$\frac{dx}{dt} = a, \qquad \frac{dy}{dt} = b$$

の解は, 比 $a:b$ が有理数なら周期軌道となるが, 無理数ならトーラス全体で稠密となるように動く. すなわち, トーラス全体が極小不変集合となる. 以上を Weyl の定理: "無理数 λ に対し, 集合 $\{n\lambda - [n\lambda]; n \in \boldsymbol{N}\}$ は $[0,1]$ 内の稠密な集合となる[11]" を仮定して証明せよ.

なお, 2 次元平面上でも, 不動点が存在する場合の ω 極限集合はいくらでも複雑になり得ることに注意しましょう. 次の例を見てください.

例 **7.2** レムニスケートを ω 極限集合とする次図のような例を具体的に方程式として作ることができます.

$$x' = \frac{\partial H}{\partial y} - \varepsilon \frac{\partial H}{\partial x} H, \quad y' = -\frac{\partial H}{\partial x} - \varepsilon \frac{\partial H}{\partial y} H,$$

---

[11] Weyl は更にこれらが $[0,1]$ 上一様分布することまで示している.

7.5 2次元自励系の極限閉軌道

ここに，$H(x,y) = (x^2 + y^2)^2 - 2(x^2 - y^2)$ は，その零点がレムニスケートを定める多項式です．この例では原点は特異点であり，ω 極限集合のその他の分枝は原点を極限点とする開いた軌道であって，周期軌道は含まれていません．（図ではレムニスケートの外と中に合計三つの解軌道が描かれています．内側の解軌道はそれぞれレムニスケートの半分を ω 極限集合として持ちます．）

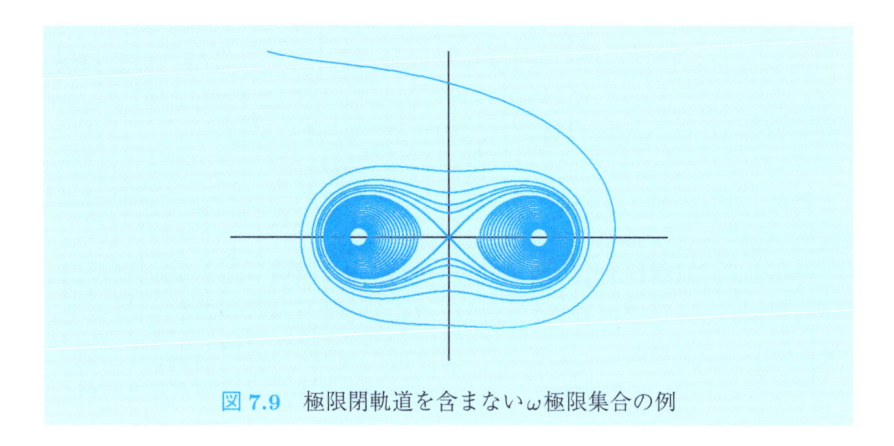

図 7.9 極限閉軌道を含まない ω 極限集合の例

問 7.14 上の図は $\varepsilon = 0.02$ に対応する．『数値計算講義』（[4]）などを参考にして，上の方程式を計算機に解かせ，ω 極限集合の図を自分でも描いてみよ．

この節の最後に 2 次元自励系の大域的性質に関する研究の歴史を概観しておきましょう．20 世紀の最初の年[12]に開かれた第 2 回国際数学者会議において，Hilbert は彼の有名な 23 個の問題を提出し，これらは 20 世紀の数学の発展に重要な意味を持つこととなりました．その第 16 番目が，2 次元自励系

$$\frac{dx}{dt} = f(x,y), \quad \frac{dy}{dt} = g(x,y)$$

の極限閉軌道の個数を，f, g が多項式のときにそれらの次数で見積もれ，という問題でした．ただし，ここでの極限閉軌道は必ずしも周期解を意味するものではなく，例えば図 7.9 の方程式では 2 個有るとカウントされます．

Petrovsky-Landis が 1950 年代に f, g の次数で極限閉軌道の個数を評価する公式を発表しました．その結論の一つは，f, g が 2 次以下の多項式のときは，極限閉軌道は高々 3 個であるというものでした．この論文は難解で，皆証明が理解できなかったのですが，1980 年に中国の Shi Songling（史松齢）が，彼らの評価よりも多い 4

---

[12] 1900 年なので，正確には 19 世紀最後の年です．

個の極限閉軌道を持つ自励系の例を数値計算で発見してしまったのです[13]．彼の与えた例は

$$\frac{dx}{dt} = \lambda x - y - 10x^2 + (5+\delta)xy + y^2, \quad \frac{dy}{dt} = x + x^2 + (-25 + 8\varepsilon - 9\delta)xy,$$

$$\delta = -10^{-13}, \quad \varepsilon = -10^{-52}, \quad \lambda = -10^{-200}$$

という非常に小さなパラメータを含むものでしたが，アメリカの L. M. Perko という人が彼の例を改良してより大きなパラメータの例を作っています．

1987 年に Ilyashenko と Ecalle-Martinet-Moussu-Ramis は独立に平面の多項式ベクトル場を右辺に持つ自励系の極限閉軌道の有限性を初めて厳密に証明しましたが，Hilbert の第 16 問題の完全な解決にはまだ程遠いものです．

7.6 高次元の力学系とアトラクタ

【アトラクタの定義】　高次元の自励系の解軌道を調べるときも，不動点や ω 極限集合は重要な手がかりを与えます．ここで，現代解析学のキーワードの一つであるアトラクタの定義を与えましょう．アトラクタとは，すべてを引き寄せるようなものという意味であり，力学系としては漸近安定な不動点を膨らませたようなものです．

定義 7.5　閉集合 A が力学系 $\vec{x}(t)$ の**アトラクタ**であるとは，
(1) A は力学系 $\vec{x}(t)$ で不変，すなわち，A の任意の点から出発した解軌道は永久に A 内に留まる．
(2) A は Lyapunov の意味で漸近安定である．すなわち，
　(a) A の任意の近傍 U に対し，A の他の近傍 V を取れば，V から出発した軌道は永久に U 内に留まる．
　(b) A に十分近い点から出発した軌道上の点 $\vec{x}(t)$ は $t \to \infty$ のとき $\mathrm{dis}(\vec{x}(t), A) \to 0$ を満たす．

容易に分かるように，漸近安定な不動点はアトラクタです．また，2 次元自励系のところで出て来た極限閉軌道も，それに漸近する軌道が両側で存在するものはアトラクタです．

---

[13] この結果をアメリカで紹介した中国の数学者が，開口一番，"ロシア人は間違っている" と言ったという話を著者は留学中に Malgrange 先生から伝え聞きました．まだ中ソ論争のなごりが感じられる時代でした．

問 7.15 極限閉軌道に対しアトラクタの条件 (2) を確認せよ.

3 次元以上の空間で軌道の追跡をするのは極めて難しいのですが，周期軌道 γ が一つ有ったときには，その安定性を見るのに理論的には次のような手法が使えます：γ 上の一点 $\vec{x}_0$ において，γ に横断的な超平面 H を取ります．初期値に対する解の連続依存性により，$\vec{x}_0$ に十分近い H 上の点 $\vec{x}$ から出発した解は，γ の近くを辿って $\vec{x}_0$ に近い H 上の点 $\varphi(\vec{x})$ に戻ります．こうして点 $\vec{x}_0$ の H におけるある近傍 U から，他の近傍 V への一対一写像 $\vec{x} \mapsto \varphi(\vec{x})$ が得られます．これを **Poincaré 写像**（ポワンカレ）と呼びます．もし $\varphi(U) \subset U$ なる $\vec{x}_0$ の近傍 U の基本系が有れば，この周期軌道は安定であること，また φ が縮小写像となっていれば，一様漸近安定となることが容易に分かります．この考えは既に 2 次元自励系のときに用いましたが，3 次元以上だと二つの解軌道が交わることなく位置を入れ換えられるので，一般には $\varphi(U)$ の追跡は困難です．実際に φ はある方向に縮小し他の方向には伸長する，しかも伸長した後で縮小する領域に入って戻って来るという場合には，周期軌道の周りで非常に複雑な振舞いが生じます．これがいわゆる **決定論的カオス** と呼ばれるものです．

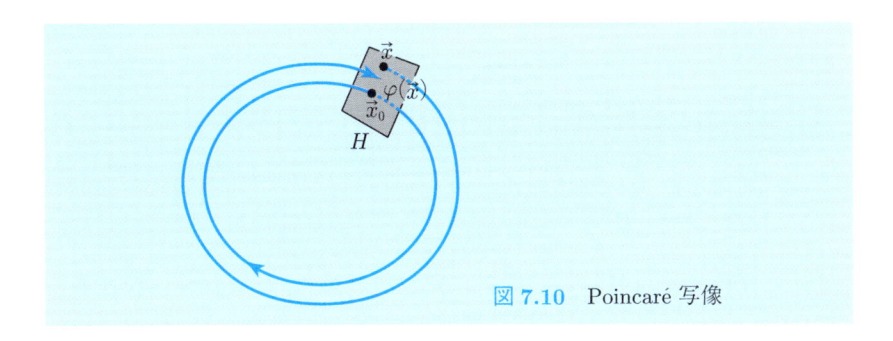

図 7.10 Poincaré 写像

【高次元の奇妙な実例】 ここではカオスの正確な定義はせず，有名な二つの例を挙げるにとどめます．

例 7.3（**Lorenz** アトラクタ）（ローレンツ）1963 年に気象学者 E. N. Lorenz が提出した方程式系で，大気の熱対流のモデルを作って天気予報に役立てようという意図からでした．大気の運動は圧縮性流体の偏微分方程式により記述され，それを解析するのは極めて難しいものです．そのような場合，適当な関数系により真

の解を展開し，その最初の有限個の係数を取り出して，それらが満たす連立常微分方程式を導き，その解の時間変化を見ることにより全体の様子を探るという手法がしばしば用いられます．Lorenz の方程式もそのようなものの一つですが，大気の乱流を彷彿とさせるような複雑な解軌道を持つため，有名になりました．方程式の具体形は

$$x' = \sigma(y-x), \quad y' = x(R-z) - y, \quad z' = xy - bz$$

で，その見掛けは，複雑なカオス的挙動が生ずるのが信じられないように簡単です．第 1 章図 1.6 に示したのは $\sigma = 10, R = 28, b = 8/3$ のときのものです．(以下，パラメータの値はすべて正で，$R > 1$ を常に仮定します．)

この図の解釈を考えましょう．まず上の方程式系の特異点は

$$\sigma(y-x) = 0, \quad x(R-z) - y = 0, \quad xy - bz = 0$$

を解いて，$(0,0,0), (\pm\sqrt{(R-1)b}, \pm\sqrt{(R-1)b}, R-1)$（複号同順）の 3 点であることが簡単な計算で分かります．原点での Taylor 展開の 1 次部分は

$$\begin{pmatrix} -\sigma & \sigma & 0 \\ R & -1 & 0 \\ 0 & 0 & -b \end{pmatrix}$$

という係数行列を持つので，正の固有値が 1 個，負の固有値が 2 個有ります．従って，原点の近くから出発した解はよほどの好運が無い限り，原点から遠ざかってゆきます．次に，$(\pm\sqrt{(R-1)b}, \pm\sqrt{(R-1)b}, R-1)$ の近くにおける 1 次近似の係数行列は

$$\begin{pmatrix} -\sigma & \sigma & 0 \\ 1 & -1 & \mp\sqrt{(R-1)b} \\ \pm\sqrt{(R-1)b} & \pm\sqrt{(R-1)b} & -b \end{pmatrix}$$

となります．こういう計算に慣れていない人のために，例として二つ目の方程式の右辺についてこの近似計算をやってみると，

$$x(R-z) - y$$
$$= (x \mp \sqrt{(R-1)b} \pm \sqrt{(R-1)b})\{R - ((z - (R-1) + R-1)\}$$
$$\quad - (y \mp \sqrt{(R-1)b} \pm \sqrt{(R-1)b})$$

7.6 高次元の力学系とアトラクタ

$$= (x \mp \sqrt{(R-1)b}) - (y \mp \sqrt{(R-1)b}) \mp \sqrt{(R-1)b}(z - (R-1)) + \cdots$$

という具合です．ここで $+\cdots$ と書いたところは高次の項です．この行列の固有多項式は

$$f(x) := x^3 + (\sigma + b + 1)x^2 - (R - \sigma - 2)bx - 2(R-1)b\sigma$$

と計算され，この3次式は $f(0) < 0$ より正根を一つは持ちますが，図 1.6 の場合のように $R > \sigma + 2$ のときは $f'(0) < 0$ なので，極大は $x > 0$ には存在せず，従って正根は一つだけで，かつ残りの2根は負実根か，あるいは実部が負の共役複素根となります．（これは，x^2 の係数が正，従って3根の和が負ということから分かります．）特に上に示したパラメータの値に対しては後者の場合となります．従って，下図のように，これらの特異点では2次元的な巻き込みと，1次元的な湧き出しが同居しています．

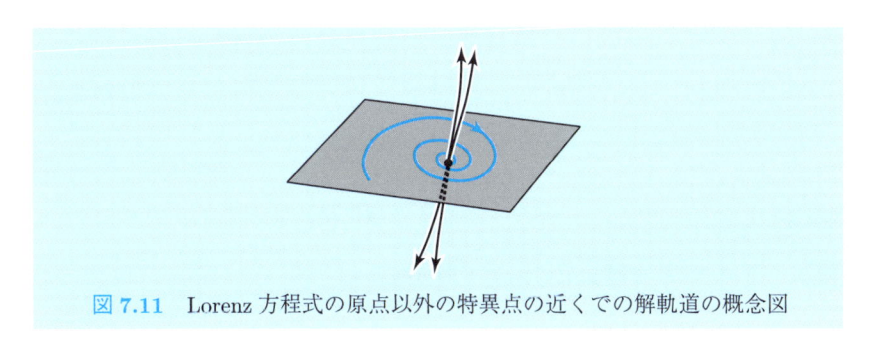

図 7.11 Lorenz 方程式の原点以外の特異点の近くでの解軌道の概念図

このような特異点では，ほとんどの軌道が無限遠に遠ざかってしまい，おかしなことが起こらないのが普通なのですが，Lorenz 方程式の場合は，大域的に軌道がこの二つの特異点のある近傍に吸い寄せられるという傾向があります．つまりアトラクタが存在するため，湧き出し口から出て行った軌道はしばらく後に巻き込み軌道に帰って来てしまい，以後永久にこれを繰り返すので，複雑な軌道パターンが構成されるのです．このようなアトラクタのことを**ストレンジアトラクタ**と呼びます．第1章の図 1.6 では解軌道が見えるように途中で描画を止めていますが，これをいつまでも続けると，下図のようにストレンジアトラクタの部分が塗りつぶされて集合として見えてきます．

Lorenz 系の解軌道が無限遠に逃げてゆかないことは次の補題が保証します：

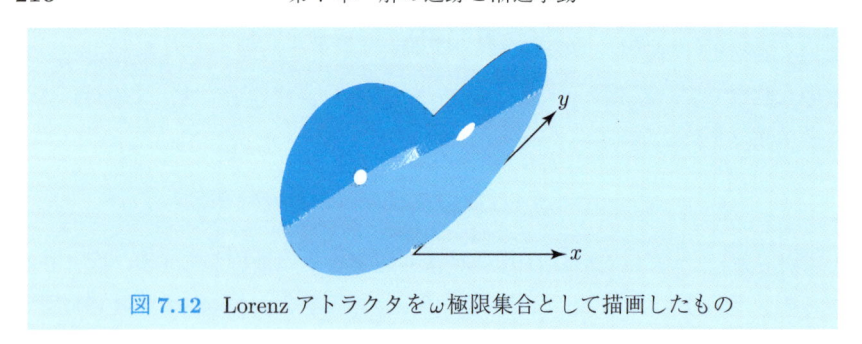

図 7.12 Lorenz アトラクタを ω 極限集合として描画したもの

補題 7.17 領域

$$\Omega_1: \quad (x-y)^2 + b\Big(z - \frac{R-1}{2}\Big)^2 > \frac{b(R-1)^2}{4}$$

において，$L(x, y, z) := x^2 + \sigma y^2 + \sigma(z - R + 1)^2$ は軌道に沿って単調減少する．また，領域

$$\Omega_2: \quad 0 \leq z \leq R-1, \quad |x-y| \leq \frac{R-1}{2}\sqrt{b}, \quad |x+y| > \sqrt{4Rb + \frac{(R-1)^2 b}{4}}$$

においては $M(x, y, z) := x^2 + \sigma y^2 + 2\sigma R(R - z)$ は単調減少で，z 座標は単調増加し，軌道はすぐに $z > R - 1$ なる領域に出，従って Ω_1 に入る．

証明 Ω_1 内で L を解軌道に沿って微分すると

$$\begin{aligned}
\frac{dL}{dt} &= 2xx' + 2\sigma yy' + 2\sigma(z - R + 1)z' \\
&= 2x\sigma(y - x) + 2\sigma y\{x(R - z) - y\} + 2\sigma(z - R + 1)(xy - bz) \\
&= -2\sigma x^2 + 2\sigma xy + 2\sigma Rxy - 2\sigma xyz - 2\sigma y^2 \\
&\quad + 2\sigma xyz - 2\sigma(R-1)xy - 2b\sigma z^2 + 2b\sigma(R-1)z \\
&= -2\sigma(x-y)^2 - 2b\sigma\Big(z - \frac{R-1}{2}\Big)^2 + \frac{b\sigma(R-1)^2}{2}.
\end{aligned}$$

よって最後の量が負なる限り，L は軌道に沿って減少する．

次に，領域 Ω_2 では

$$xy = \frac{(x+y)^2}{4} - \frac{(x-y)^2}{4} \geq Rb + \frac{(R-1)^2 b}{16} - \frac{(R-1)^2 b}{16} = Rb$$

7.6 高次元の力学系とアトラクタ

より x, y が非零で同符号なことがすぐ分かり，従って

$$\frac{dM}{dt} = 2xx' + 2\sigma yy' - 2\sigma Rz'$$
$$= 2x\sigma(y-x) + 2\sigma y\{x(R-z) - y\} - 2\sigma R(xy - bz)$$
$$= -2\sigma x^2 + 2\sigma xy - 2\sigma y^2 - 2\sigma z(xy - Rb)$$
$$\leq -2\sigma(x^2 - xy + y^2) < 0$$

となる．また

$$z' = xy - bz = x^2 + (y-x)x - bz \geq x^2 - \frac{(R-1)\sqrt{b}}{2}|x| - (R-1)b,$$

$$|x'| = \sigma|x - y| \leq \sigma \frac{R-1}{2}\sqrt{b},$$

$$|y'| = |x(R-z) - y| = |x(R-1-z) + (x-y)| \leq (R-1)|x| + \frac{R-1}{2}\sqrt{b}$$

より，z 座標の増加率は x, y 座標の増加率よりもオーダー一つ分大きい．よって遠くの方ではほとんど垂直に近い形で $z > R-1$ に，従って領域 Ω_1 に突入する． □

例 7.4（Rössler アトラクタ） Lorenz の方程式は三つの特異点の間のやりとりという，ストレンジアトラクタとしては複合的な構造をしているので，それからカオス的挙動の原因となるような純粋な一つのアトラクタを取り出せれば，事態がよりはっきりと見えるようになるでしょう．これに成功したのが Rössler の方程式です．

$$x' = -y - z, \quad y' = x + ay, \quad z' = bx + z(x-c).$$

特異点は $(0, 0, 0)$ と $\left(c - ab, b - \frac{c}{a}, \frac{c}{a} - b\right)$ の二つです．下図は $a = 0.5$，$b = 0.4$，$c = 4.5$ に対する軌道であり，$c - ab > 0$，$\frac{c}{a} - b > 0$（従って $a > 0$）の場合です．各特異点における線形近似の係数行列は

$$\begin{pmatrix} 0 & -1 & -1 \\ 1 & a & 0 \\ b & 0 & -c \end{pmatrix}, \quad \begin{pmatrix} 0 & -1 & -1 \\ 1 & a & 0 \\ \frac{c}{a} & 0 & -ab \end{pmatrix}$$

となり，下図の例を含むパラメータの範囲では，原点の方は負の実固有値が一つと，虚部正の共役複素固有値を持ち，もう一つの特異点では，正の実固有値

一つと虚部負の共役複素固有値を持ちます．これら二つの特異点が巻き込みと吹き出しを交換し合ってストレンジアトラクタを構成しています．

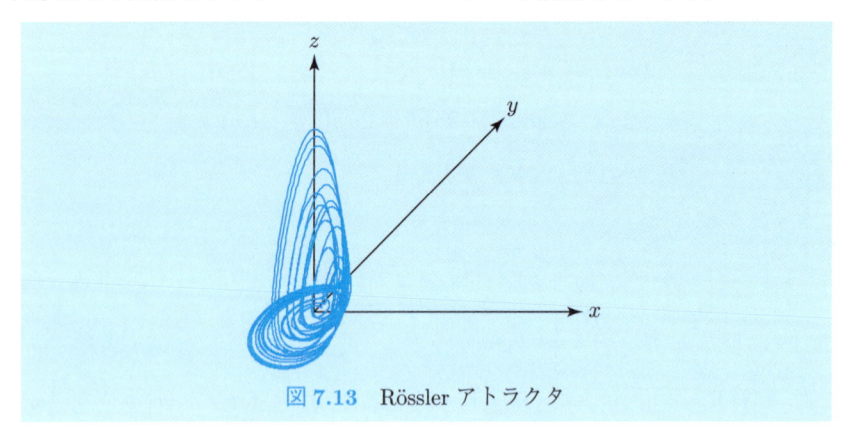

図 7.13 Rössler アトラクタ

問 7.16 Rössler 方程式に対し，上に述べたことを計算で確認し，Lorenz の方程式と同様の考察でストレンジアトラクタの存在を説明してみよ．

Rössler 方程式の第 3 式の右辺が $b+z(x-c)$ になっている文献もあります．これは上のものから簡単な変換で書き換え可能です．

問 7.17 このことを確かめよ．[ヒント：元の方程式で $X=x+ab, Y=y-b, Z=z+b$ と置換してみよ．]

問 7.18 平坦トーラスは，実際に対辺を同一視する操作を 3 次元空間内で実行することにより，普通に見られるトーラス（ドーナツの表面）に 1 対 1 に写像できる．例えば，$a>b$ を定数として，(簡単のためまず $[0,1]$ を $[0,2\pi]$ に相似変換してから)

$$[0,2\pi]\times[0,2\pi]\ni(\theta,\varphi)\mapsto(x,y,z),$$

ここに $\quad x=(a+b\cos\varphi)\cos\theta,\quad y=(a+b\cos\varphi)\sin\theta,\quad z=b\sin\varphi.$

これを用いて問 7.13 の自励系を $\mathbf{R}^3$ 内のトーラスに写したものを $\mathbf{R}^3$ 全体に適当に拡張することにより，トーラスを ω 極限集合とする 3 次元力学系を作れ．

パラメータを含んだ力学系においては，パラメータの値が変化すると，あるところから急に解軌道の様子が変わってしまう現象がしばしば見られます．このような現象を研究するのが**分岐理論 (bifurcation theory)** であり，微分方程式系のみならず，より広い力学系の定性的研究の重要な一分野を成しています．興味の有る人は力学系理論の参考書[10]などを見てください．

第8章

Hamilton 系の理論

この章では，多くの力学系に共通した特徴的な構造である Hamilton 系の基礎事項を学びます．

■ 8.1 Hamilton 系の基本的性質

天体の運動を始め，力学で自然に現れる微分方程式は，次のような $\overset{\text{ハミルトン}}{\text{Hamilton}}$ 系の構造をしているのが普通です．すなわち，**Hamilton** 関数（あるいは**ハミルトニアン** (**Hamiltonian**)) と呼ばれる $2n$ 変数の関数 $H(\vec{x}, \vec{\xi})$ が有り，

$$\frac{d\vec{x}}{dt} = \nabla_{\vec{\xi}} H(\vec{x}, \vec{\xi}), \quad \frac{d\vec{\xi}}{dt} = -\nabla_{\vec{x}} H(\vec{x}, \vec{\xi}) \tag{8.1}$$

と表されます．力学では，$\vec{\xi}$ を $\vec{p}$ で表すのが普通で，これを**運動量座標**と呼んでいます．これに応じて位置座標 $\vec{x}$ もしばしば $\vec{p}$ と揃いの文字 $\vec{q}$ で表されます．このときの関数 H は（力学的）総エネルギー，すなわち，運動エネルギーと位置エネルギーの和に対応します．例えば，最も簡単な単振動の運動は $H(x,p) = \dfrac{p^2}{2m} + \dfrac{kx^2}{2}$ という Hamilton 関数から，(8.1) に従い

$$\frac{dx}{dt} = \frac{\partial H}{\partial p} = \frac{p}{m}, \quad \frac{dp}{dt} = -\frac{\partial H}{\partial x} = -kx$$

として導かれます．（運動量の定義は，$v = \dfrac{dx}{dt}$ を速度とするとき，$p = mv$ でした．）この故に，これからの議論の場である $\boldsymbol{R}^{2n}$ を**相空間** (**phase space**) と呼びます[1]．この形の微分方程式系は，よく現れるだけでなく，一般の微分方程式系には見られない顕著な性質を持っています．そこでこの章でそれらの基本を学びましょう[2]．

【Hamilton 系の基本的性質】 最も基本的なのは次の保存則です：

---

[1] 位相空間という訳語も使われますが，topological space と区別するためこの言葉を用います．以下，相空間の変数には数学らしく $\vec{x}$ と $\vec{\xi}$ を用いますが，座標が $(\vec{x}, \vec{\xi})$ の順だと上の単振動の軌道は負の向きに回転し，物理のように $(\vec{p}, \vec{q})$ の順だと正の向きになります．

[2] 教養学部で微分方程式の講義をしていたとき，前の時間の物理の先生の講義内容を代わりに質問されたこともありますので"需要"もあるでしょう (^^;. フランスでは，この理論は解析力学の一部として教養課程のレベルでは伝統的に数学で教えられています．

定理 8.1 Hamilton 系 (8.1) の軌道に沿って $H(\vec{x},\vec{\xi})$ は一定である.

証明 軌道に沿う $H(\vec{x},\vec{\xi})$ の時間微分が 0 になることを示す．ベクトルの内積を・(ドット) で表すと，微分方程式系で書き換え，内積の可換性を用いることにより

$$\frac{d}{dt}H(\vec{x},\vec{\xi}) = \nabla_{\vec{x}}H(\vec{x},\vec{\xi}) \cdot \frac{d\vec{x}}{dt} + \nabla_{\vec{\xi}}H(\vec{x},\vec{\xi}) \cdot \frac{d\vec{\xi}}{dt}$$
$$= \nabla_{\vec{x}}H(\vec{x},\vec{\xi}) \cdot \nabla_{\vec{\xi}}H(\vec{x},\vec{\xi}) - \nabla_{\vec{\xi}}H(\vec{x},\vec{\xi}) \cdot \nabla_{\vec{x}}H(\vec{x},\vec{\xi}) = 0. \quad \square$$

次の結果はこれほど自明ではありません．

定理 8.2（**Liouville** の定理） Hamilton 系 (8.1) が定める相空間の流れ（1 パラメータ変換群）は相空間の体積を保存する．

証明 変換による体積の変化率は，**Jacobi 行列式**[3]で表される[4]．従って，(8.1) の解 $\vec{x} = \vec{x}(t), \vec{\xi} = \vec{\xi}(t)$ の初期値を $\vec{x}(0) = \vec{y}, \vec{\xi}(0) = \vec{\eta}$ と置くとき，変換 $(\vec{y},\vec{\eta}) \mapsto (\vec{x},\vec{\xi})$ の Jacobi 行列式

$$J := \begin{vmatrix} \frac{\partial x_1}{\partial y_1} & \cdots & \frac{\partial x_1}{\partial y_n} & \frac{\partial x_1}{\partial \eta_1} & \cdots & \frac{\partial x_1}{\partial \eta_n} \\ \vdots & & \vdots & \vdots & & \vdots \\ \frac{\partial x_n}{\partial y_1} & \cdots & \frac{\partial x_n}{\partial y_n} & \frac{\partial x_n}{\partial \eta_1} & \cdots & \frac{\partial x_n}{\partial \eta_n} \\ \frac{\partial \xi_1}{\partial y_1} & \cdots & \frac{\partial \xi_1}{\partial y_n} & \frac{\partial \xi_1}{\partial \eta_1} & \cdots & \frac{\partial \xi_1}{\partial \eta_n} \\ \vdots & & \vdots & \vdots & & \vdots \\ \frac{\partial \xi_n}{\partial y_1} & \cdots & \frac{\partial \xi_n}{\partial y_n} & \frac{\partial \xi_n}{\partial \eta_1} & \cdots & \frac{\partial \xi_n}{\partial \eta_n} \end{vmatrix} \quad (8.2)$$

が恒等的に 1 に等しいことを示せば体積が保存されることが言える．$t = 0$ では明らかに $J = 1$ なので，J の解軌道に沿う微分が 0 となることを言えばよい．行列式の微分は 1 行だけ微分したものの行列式の和（p.106 の ）だから

$$\frac{dJ}{dt}$$

$$= \begin{vmatrix} \frac{d}{dt}\frac{\partial x_1}{\partial y_1} & \cdots & \frac{d}{dt}\frac{\partial x_1}{\partial y_n} & \frac{d}{dt}\frac{\partial x_1}{\partial \eta_1} & \cdots & \frac{d}{dt}\frac{\partial x_1}{\partial \eta_n} \\ \vdots & & \vdots & \vdots & & \vdots \\ \frac{\partial x_n}{\partial y_1} & \cdots & \frac{\partial x_n}{\partial y_n} & \frac{\partial x_n}{\partial \eta_1} & \cdots & \frac{\partial x_n}{\partial \eta_n} \\ \frac{\partial \xi_1}{\partial y_1} & \cdots & \frac{\partial \xi_1}{\partial y_n} & \frac{\partial \xi_1}{\partial \eta_1} & \cdots & \frac{\partial \xi_1}{\partial \eta_n} \\ \vdots & & \vdots & \vdots & & \vdots \\ \frac{\partial \xi_n}{\partial y_1} & \cdots & \frac{\partial \xi_n}{\partial y_n} & \frac{\partial \xi_n}{\partial \eta_1} & \cdots & \frac{\partial \xi_n}{\partial \eta_n} \end{vmatrix} + \cdots + \begin{vmatrix} \frac{\partial x_1}{\partial y_1} & \cdots & \frac{\partial x_1}{\partial y_n} & \frac{\partial x_1}{\partial \eta_1} & \cdots & \frac{\partial x_1}{\partial \eta_n} \\ \vdots & & \vdots & \vdots & & \vdots \\ \frac{\partial x_n}{\partial y_1} & \cdots & \frac{\partial x_n}{\partial y_n} & \frac{\partial x_n}{\partial \eta_1} & \cdots & \frac{\partial x_n}{\partial \eta_n} \\ \frac{\partial \xi_1}{\partial y_1} & \cdots & \frac{\partial \xi_1}{\partial y_n} & \frac{\partial \xi_1}{\partial \eta_1} & \cdots & \frac{\partial \xi_1}{\partial \eta_n} \\ \vdots & & \vdots & \vdots & & \vdots \\ \frac{d}{dt}\frac{\partial \xi_n}{\partial y_1} & \cdots & \frac{d}{dt}\frac{\partial \xi_n}{\partial y_n} & \frac{d}{dt}\frac{\partial \xi_n}{\partial \eta_1} & \cdots & \frac{d}{dt}\frac{\partial \xi_n}{\partial \eta_n} \end{vmatrix}.$$

$$(8.3)$$

---

[3] **ヤコビアン (Jacobian)** または**関数行列式**とも言う．この行列式の中身を成す行列を，以下 Jacobi 行列と呼ぶことにする．

[4] 例えば[2], 7.3 節参照．これは，(1) 線形写像の体積拡大率がその表現行列の行列式の絶対値で与えられること，(2) 写像の微分すなわち線形近似が Jacobi 行列で与えられること，の 2 点から導かれる．重積分の変数変換において，体積要素が Jacobi 行列式の絶対値倍されることに対応する．ただし今の場合，変換は恒等写像からの連続変形になっているので，行列式は正で絶対値は不要である．

8.1 Hamilton 系の基本的性質

解軌道に沿う時間微分は初期値の変数 y, η と独立な偏微分の意味であることに注意すると，これらの変数に関する偏微分と順序交換できる．よって例えば (8.3) の右辺第 1 項は，

$$= \begin{vmatrix} \frac{\partial}{\partial y_1}\frac{dx_1}{dt} & \cdots & \frac{\partial}{\partial y_n}\frac{dx_1}{dt} & \frac{\partial}{\partial \eta_1}\frac{dx_1}{dt} & \cdots & \frac{\partial}{\partial \eta_n}\frac{dx_1}{dt} \\ \vdots & & \vdots & \vdots & & \vdots \\ \frac{\partial x_n}{\partial y_1} & \cdots & \frac{\partial x_n}{\partial y_n} & \frac{\partial x_n}{\partial \eta_1} & \cdots & \frac{\partial x_n}{\partial \eta_n} \\ \frac{\partial \xi_1}{\partial y_1} & \cdots & \frac{\partial \xi_1}{\partial y_n} & \frac{\partial \xi_1}{\partial \eta_1} & \cdots & \frac{\partial \xi_1}{\partial \eta_n} \\ \vdots & & \vdots & \vdots & & \vdots \\ \frac{\partial \xi_n}{\partial y_1} & \cdots & \frac{\partial \xi_n}{\partial y_n} & \frac{\partial \xi_n}{\partial \eta_1} & \cdots & \frac{\partial \xi_n}{\partial \eta_n} \end{vmatrix}$$

$$= \begin{vmatrix} \frac{\partial}{\partial y_1}\frac{\partial H}{\partial \xi_1} & \cdots & \frac{\partial}{\partial y_n}\frac{\partial H}{\partial \xi_1} & \frac{\partial}{\partial \eta_1}\frac{\partial H}{\partial \xi_1} & \cdots & \frac{\partial}{\partial \eta_n}\frac{\partial H}{\partial \xi_1} \\ \vdots & & \vdots & \vdots & & \vdots \\ \frac{\partial x_n}{\partial y_1} & \cdots & \frac{\partial x_n}{\partial y_n} & \frac{\partial x_n}{\partial \eta_1} & \cdots & \frac{\partial x_n}{\partial \eta_n} \\ \frac{\partial \xi_1}{\partial y_1} & \cdots & \frac{\partial \xi_1}{\partial y_n} & \frac{\partial \xi_1}{\partial \eta_1} & \cdots & \frac{\partial \xi_1}{\partial \eta_n} \\ \vdots & & \vdots & \vdots & & \vdots \\ \frac{\partial \xi_n}{\partial y_1} & \cdots & \frac{\partial \xi_n}{\partial y_n} & \frac{\partial \xi_n}{\partial \eta_1} & \cdots & \frac{\partial \xi_n}{\partial \eta_n} \end{vmatrix}.$$

ここで，

$$\frac{\partial}{\partial y_j}\frac{\partial H}{\partial \xi_1} = \sum_{k=1}^{n} \frac{\partial x_k}{\partial y_j}\frac{\partial^2 H}{\partial x_k \partial \xi_1} + \sum_{k=1}^{n} \frac{\partial \xi_k}{\partial y_j}\frac{\partial^2 H}{\partial \xi_k \partial \xi_1},$$

$$\frac{\partial}{\partial \eta_j}\frac{\partial H}{\partial \xi_1} = \sum_{k=1}^{n} \frac{\partial x_k}{\partial \eta_j}\frac{\partial^2 H}{\partial x_k \partial \xi_1} + \sum_{k=1}^{n} \frac{\partial \xi_k}{\partial \eta_j}\frac{\partial^2 H}{\partial \xi_k \partial \xi_1}$$

なので，これらを上に代入すると，この行列式の第 1 行は，元々の J の第 1 行の $\frac{\partial^2 H}{\partial x_1 \partial \xi_1}$ 倍 $+\cdots+ J$ の第 n 行の $\frac{\partial^2 H}{\partial x_n \partial \xi_1}$ 倍 $+J$ の第 $n+1$ 行の $\frac{\partial^2 H}{\partial \xi_1 \partial \xi_1}$ 倍 $+\cdots+ J$ の第 $2n$ 行の $\frac{\partial^2 H}{\partial \xi_n \partial \xi_1}$ 倍となるので，行列式の行基本変形により最初の項だけが生き残って，上は

$$\frac{\partial^2 H}{\partial x_1 \partial \xi_1} J$$

に等しい．(8.3) の残りの行列式も同様で，例えば最後の項は上と同様に計算すると $-\frac{\partial^2 H}{\partial \xi_n \partial x_n} J$ となる．よってこれらを総和すると，

$$\frac{dJ}{dt} = \Big(\sum_{k=1}^{n}\frac{\partial^2 H}{\partial x_k \partial \xi_k} - \sum_{k=1}^{n}\frac{\partial^2 H}{\partial \xi_k \partial x_k}\Big)J = 0$$

を得る．ここで，x_j, ξ_k が H の独立変数であったことから，これらの偏微分の順序が交換できることを用いた． □

Hamilton 関数 $H(\vec{x}, \vec{\xi})$ のように，解軌道に沿って値が不変な関数 $F(\vec{x}, \vec{\xi})$ を，この方程式系の**第一積分**と呼びます．このような関数が見つかれば，$F(\vec{x}, \vec{\xi}) = C$ という超曲面上に次元が 1 だけ下がった微分方程式系が誘導されます．第一積分がたくさ

ん有れば，それらの等位面の共通部分として，より次元の低い方程式系が導かれ，問題はそれだけやさしくなるでしょう．特に，第一積分が $2n-1$ 個求まれば，それらの等位面の共通部分として，解軌道が決定されます．このような方程式系は**完全積分可能**と呼ばれます．力学で知られている種々の保存則は，このような第一積分を提供します．特に，Hamilton 関数が第一積分であることはエネルギー保存則に対応しています．この他に運動量とか，角運動量とかがよく知られた保存量で，第一積分を与えます．これらの実際の使い方は次の章で紹介します．

第一積分を求める手段として，次が有効です：

補題 8.3 Hamilton 系 (8.1) の解軌道に沿う量 $F(\vec{x}, \vec{\xi})$ の時間変化率は F と H の **Poisson 括弧式**
$$\{F, H\} := \sum_{j=1}^{n} \left(\frac{\partial F}{\partial x_j} \frac{\partial H}{\partial \xi_j} - \frac{\partial F}{\partial \xi_j} \frac{\partial H}{\partial x_j} \right)$$
で与えられる．従って特に，$F(\vec{x}, \vec{\xi})$ が (8.1) の第一積分であるための必要かつ十分な条件は，$\{F, H\} = 0$ となることである．

証明 (8.1) を用いて導関数を計算すれば
$$\frac{dF}{dt} = \sum_{j=1}^{n} \frac{\partial F}{\partial x_j} \frac{dx_j}{dt} + \sum_{j=1}^{n} \frac{\partial F}{\partial \xi_j} \frac{d\xi_j}{dt} = \sum_{j=1}^{n} \frac{\partial F}{\partial x_j} \frac{\partial H}{\partial \xi_j} - \sum_{j=1}^{n} \frac{\partial F}{\partial \xi_j} \frac{\partial H}{\partial x_j} = \{F, H\}. \quad \square$$

明らかに同じ関数同士の Poisson 括弧式は 0 になるので，定理 8.1 はこの補題の特別な場合となります．ここでは Poisson 括弧式は定義だけ使いましたが，後で必要となる基本的な性質を列挙しておきます．証明は初等的計算でできるので，練習問題とします．

補題 8.4 Poisson 括弧式について以下の性質が成り立つ：
(1) $\{g, f\} = -\{f, g\}$.
(2) a_1, a_2 が定数のとき $\{a_1 f_1 + a_2 f_2, g\} = a_1 \{f_1, g\} + a_2 \{f_2, g\}$.
(3) $\{\{f, g\}, h\} + \{\{g, h\}, f\} + \{\{h, f\}, g\} = 0$ (**Jacobi の恒等式**).
(4) $\{f, gh\} = \{f, g\}h + \{f, h\}g$.

問 8.1 上の補題を示せ．

以下では，記述を簡潔にするため，やや進んだ数学の用語を導入します．一つ目は，**多様体**という言葉です．幾何図形は 1 次元なら曲線，2 次元なら曲面，余次元 1（すなわち全空間の次元から一つだけ下がった次元を持つ）なら超曲面と呼ばれますが，それ以外のものには初等的な数学では適当な名前が無いので，この抽象的な用語を用いることにします．（最近は人工知能など応用系の分野でもこの言葉は結構使われています．）本当の多様体は Euclid 空間内に存在する必要は無いので，ここで扱うものは，ていねいに言えば "Euclid 空間に埋め込まれた多様体" です．2 次元の球面やトーラスでは，その上の小さい領域（局所座標近傍）を取れば，2 次元の局所座標が導入で

8.1 Hamilton 系の基本的性質

きました．一般にも k 次元の多様体は k 個の変数より成る局所座標を導入することで局所的な微積分の計算ができるようになります．多様体は曲がっているので，局所座標の有効範囲は限られており，隣の座標近傍に写るときは，座標変換が必要となります．このようなことは 2 次元の曲面上での話から容易に想像できるでしょう．

二つ目の用語は**測度**です．一般に多様体の部分集合のサイズを測るのに，初等数学では 1 次元なら長さ，2 次元なら面積，3 次元なら体積と言う言葉を用いますが，一般の次元に対しては k 次元体積という言い方しかありません．これは何となく使いづらいので，数学では代わりに測度という言葉を用いるのが普通です．測度とは言っても Lebesgue 測度論を仮定するのは本書のレベルでは無理なので，測度の抽象的な定義はここではしません．局所座標を用いた通常の Riemann 積分からの類推で済ませるのを原則とし，それを越えるような議論が必要になったら直感的な説明で代用することにします．

補題 8.5 第一積分 $F_1,\ldots,F_k$ が関数的に独立なら，$F_1 = c_1,\ldots,F_k = c_k$ で定まる余次元 k の（すなわち $2n-k$ 次元の）多様体 M の上に (8.1) から誘導される力学系 g^t に対して，M 上の適当な正値密度関数 ρ と $2n-k$ 次元体積要素 dA が存在し，ρdA は g^t に関して不変な測度となる．すなわち，M 上の任意の $2n-k$ 次元領域 Γ に対し，
$$\int_\Gamma \rho dA = \int_{g^t(\Gamma)} \rho dA.$$

証明 仮定により $F_1,\ldots,F_k$ に適当な関数 $u_{k+1},\ldots,u_{2n}$ を追加して，M に含まれるある点の近傍において相空間 $\mathbf{R}^{2n}$ の局所座標とすることができる．この座標変換のヤコビアン
$$\frac{\partial(x_1,\ldots,x_n,\xi_1,\ldots,\xi_n)}{\partial(F_1,\ldots,F_k,u_{k+1},\ldots,u_{2n})} \quad \text{(以下，適宜 } \frac{\partial(x,\xi)}{\partial(F,u)} \text{ と略記する)}$$
は 0 にならない．今，$\Gamma \subset M$ をこの座標近傍に含まれるような集合とし，
$$\Gamma_\varepsilon := \{(\vec{x},\vec{\xi})\,;\,c_1 < F_1 < c_1 + \varepsilon,\ldots,c_k < F_k < c_k + \varepsilon, (u_{k+1},\ldots,u_{2n}) \in \Gamma\}$$
と置くとき（図 8.1），g^t に対する全空間における積分の不変性（Liouville の定理 8.2）と F_j の不変性より
$$\int_{g^t(\Gamma_\varepsilon)} dx_1 \cdots dx_n d\xi_1 \cdots d\xi_n$$
$$= \int_{c_1}^{c_1+\varepsilon} dF_1 \cdots \int_{c_k}^{c_k+\varepsilon} dF_k \int_{g^t(\Gamma)} \frac{\partial(x_1,\ldots,x_n,\xi_1,\ldots,\xi_n)}{\partial(F_1,\ldots,F_k,u_{k+1},\ldots,u_{2n})} du_{k+1} \cdots du_{2n}$$
は t によらず一定であるが，ここで，ε^k で割って $\varepsilon \to 0$ とすれば，F_j 方向の積分は無くなって，上は
$$\int_{g^t(\Gamma)} \left.\frac{\partial(x_1,\ldots,x_n,\xi_1,\ldots,\xi_n)}{\partial(F_1,\ldots,F_k,u_{k+1},\ldots,u_{2n})}\right|_{F_1=c_1,\ldots,F_k=c_k} du_{k+1} \cdots du_{2n}$$

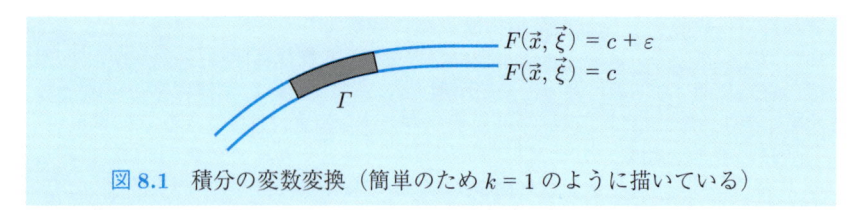

図 8.1 積分の変数変換（簡単のため $k=1$ のように描いている）

に近づくから，これも t によらないことが分かる．よって，少なくともこの座標系が意味を持つ範囲では

$$\rho = \left.\frac{\partial(x_1,\ldots,x_n,\xi_1,\ldots,\xi_n)}{\partial(F_1,\ldots,F_k,u_{k+1},\ldots,u_{2n})}\right|_{F_1=c_1,\ldots,F_k=c_k}, \qquad dA = du_{k+1}\cdots du_{2n}$$

ととればよいことが分かる．ρ および dA は M 上の局所座標 $u_{k+1},\ldots,u_{2n}$ に依存するが，これを別のもの，例えば $v_{k+1},\ldots,v_{2n}$ と取り替えたときも同様の議論で

$$\widetilde{\rho} = \left.\frac{\partial(x_1,\ldots,x_n,\xi_1,\ldots,\xi_n)}{\partial(F_1,\ldots,F_k,v_{k+1},\ldots,v_{2n})}\right|_{F_1=c_1,\ldots,F_k=c_k}, \qquad d\widetilde{A} = dv_{k+1}\cdots dv_{2n}$$

を用いて不変測度 $\widetilde{\rho}d\widetilde{A}$ が得られる．両者の関係は，

$$\begin{aligned}
\widetilde{\rho}d\widetilde{A} &= \left.\frac{\partial(x_1,\ldots,x_n,\xi_1,\ldots,\xi_n)}{\partial(F_1,\ldots,F_k,v_{k+1},\ldots,v_{2n})}\right|_{F_1=c_1,\ldots,F_k=c_k} dv_{k+1}\cdots dv_{2n} \\
&= \left.\frac{\partial(x_1,\ldots,x_n,\xi_1,\ldots,\xi_n)}{\partial(F_1,\ldots,F_k,u_{k+1},\ldots,u_{2n})}\right|_{F_1=c_1,\ldots,F_k=c_k} \\
&\quad \times \left.\frac{\partial(F_1,\ldots,F_k,u_{k+1},\ldots,u_{2n})}{\partial(F_1,\ldots,F_k,v_{k+1},\ldots,v_{2n})}\right|_{F_1=c_1,\ldots,F_k=c_k} dv_{k+1}\cdots dv_{2n} \\
&= \left.\frac{\partial(x_1,\ldots,x_n,\xi_1,\ldots,\xi_n)}{\partial(F_1,\ldots,F_k,u_{k+1},\ldots,u_{2n})}\right|_{F_1=c_1,\ldots,F_k=c_k} \\
&\quad \times \frac{\partial(u_{k+1},\ldots,u_{2n})}{\partial(v_{k+1},\ldots,v_{2n})} dv_{k+1}\cdots dv_{2n} \\
&= \rho du_{k+1}\cdots du_{2n} = \rho dA
\end{aligned}$$

となる．ここで，F_j が M に沿って定数なので，それを M の局所座標で微分したものは 0 となり，従って

$$\frac{\partial(F_1,\ldots,F_k,u_{k+1},\ldots,u_{2n})}{\partial(F_1,\ldots,F_k,v_{k+1},\ldots,v_{2n})} = \begin{vmatrix} E & O \\ * & \left(\dfrac{\partial u_i}{\partial v_j}\right) \end{vmatrix} = \frac{\partial(u_{k+1},\ldots,u_{2n})}{\partial(v_{k+1},\ldots,v_{2n})}$$

となることと dA から $d\widetilde{A}$ への通常の体積要素の変換則を用いた．よってこの構成法で座標近傍毎に局所的に作った不変測度 ρdA は隣同志繋がり，結局多様体 M 上の大域的に定義された g^t で不変な測度（$2n-k$ 次元体積要素）となる．　□

以下 ρdA を単に $d\mu$ と書くことにしましょう．これを力学系 g^t の正値な**不変測度**

8.1 Hamilton 系の基本的性質

と呼びます.

Hamilton 系の第一積分を用いて得られた g^t-不変な曲面が,有界で,かつそこに制限された Hamilton ベクトル場が特異点を持たない場合は,この曲面はトーラスでなければなりません.これは,特異点を持たないコンパクトな曲面は Euler 標数が 0 でなければならないという位相幾何学の定理から従います.ここでは証明はしませんが,このことは人間の頭につむじができるのと同様の原理から出ています.この理由で,力学では第一積分を用いて方程式系の次元を減らして行くと,大概トーラスに到ります.次の定理は,特異点の無い Hamilton ベクトル場がコンパクトな多様体上に誘導する力学系が,前章の補題 7.14 の (2) や (3) を集めたような状況になっていることを示唆しています.

定理 8.6(Poincaré の再帰定理) 多様体 M 上のベクトル場が特異点を持たず,かつこれから定まる M 上の力学系 g^t には正値不変測度 $d\mu$ が存在するとする.このとき,もしこの測度で測った M の総体積 $\int_M d\mu < \infty$ なら,M 上の任意の閉集合[5] Γ と任意の $\tau > 0$ に対し,部分集合 $\Gamma' \subset \Gamma$ で $\int_{\Gamma \setminus \Gamma'} d\mu = 0$ なるものを適当に選べば,$\forall P \in \Gamma'$ については $g^{k\tau}(P), k = 1, 2, \ldots$ の中に Γ 内に戻って来るものが無限個存在するようにできる.

証明 以下簡単のため一般に集合 $A \subset M$ に対し $\mu(A) := \int_A d\mu$ という略記号を用いる.$\mu(\Gamma) > 0$ と仮定してよい.(そうでなければ $\Gamma' = \emptyset$ は定理の条件を自明に満たす.) まず,$P \in \Gamma$ で,その τ-離散軌道 $g^{k\tau}(P)$ のうちの無限個の点が Γ に戻って来るようなものが一つは存在することを示そう.明らかに $g^{i\tau}(g^{j\tau}(\Gamma)) = g^{(i+j)\tau}(\Gamma)$ が成り立ち,また測度 $d\mu$ の g^t-不変性により

$$\mu(\Gamma) = \mu(g^\tau(\Gamma)) = \cdots = \mu(g^{k\tau}(\Gamma)) = \cdots.$$

よって,ある $i \neq j$ について $\mu(g^{i\tau}(\Gamma) \cap g^{j\tau}(\Gamma)) > 0$ となる.なぜなら,もしすべての対について $\mu(g^{i\tau}(\Gamma) \cap g^{j\tau}(\Gamma)) = 0$ なら,測度の加法性より一般に $\mu(A \cup B) = \mu(A) + \mu(B) - \mu(A \cap B)$ となることを用いると,任意の N について

$$\mu\Big(\bigcup_{k=0}^{N} g^{k\tau}(\Gamma)\Big) = \mu\Big(\Gamma \cup \bigcup_{k=1}^{N} g^{k\tau}(\Gamma)\Big)$$

$$= \mu(\Gamma) + \mu\Big(\bigcup_{k=1}^{N} g^{k\tau}(\Gamma)\Big) - \mu\Big(\bigcup_{k=1}^{N} \{g^{k\tau}(\Gamma) \cap \Gamma\}\Big)$$

---

[5] Riemann 積分で理解するときは,Γ が Jordan 可測と仮定しておけばよいし,定理の本質を理解するためには Γ としてある点の(局所座標の意味での)ε-近傍のようなごく普通の集合を考えておけば十分である.しかし,Lebesgue 式の積分論では Γ を閉集合と仮定すれば自然に可測になる.また,以下の証明では最後に測度 $d\mu$ の可算加法性を少しだけ使う.

において
$$0 \leq \mu\Big(\bigcup_{k=1}^{N}\{g^{k\tau}(\Gamma)\cap\Gamma\}\Big) \leq \sum_{k=1}^{N}\mu(g^{k\tau}(\Gamma)\cap\Gamma)) = 0$$
より，上は最後の引き算を省略できて
$$\mu\Big(\bigcup_{k=0}^{N}g^{k\tau}(\Gamma)\Big) = \mu(\Gamma) + \mu\Big(\bigcup_{k=1}^{N}g^{k\tau}(\Gamma)\Big)$$
に等しい．これを繰り返すと，
$$\mu\Big(\bigcup_{k=0}^{N}g^{k\tau}(\Gamma)\Big) = \mu(\Gamma) + \mu(g^{\tau}(\Gamma)) + \mu\Big(\bigcup_{k=2}^{N}g^{k\tau}(\Gamma)\Big) = \cdots$$
$$= \sum_{k=0}^{N}\mu(g^{k\tau}(\Gamma)) = \sum_{k=0}^{N}\mu(\Gamma) = (N+1)\mu(\Gamma)$$
となるが，これはもちろん $\mu(M) < \infty$ で抑えられているので $N \to \infty$ のとき矛盾となる．そこで，今 $i<j$ なるある対について $\mu(g^{i\tau}(\Gamma) \cap g^{j\tau}(\Gamma)) > 0$ とすれば，g^t の全単射性と測度 μ の g^t-不変性により
$$0 < \mu(g^{i\tau}(\Gamma)\cap g^{j\tau}(\Gamma)) = \mu(g^{i\tau}(\Gamma \cap g^{(j-i)\tau}(\Gamma))) = \mu(\Gamma \cap g^{(j-i)\tau}(\Gamma)).$$
よって，$\tau_1 = (j-i)\tau$ と置けば，$0 < \mu(\Gamma \cap g^{\tau_1}(\Gamma)) = \mu(g^{-\tau_1}(\Gamma) \cap \Gamma)$．そこで $\Gamma_1 = g^{-\tau_1}(\Gamma) \cap \Gamma$ と置き，上の議論を Γ の代わりに Γ_1 に適用すると，ある $\tau_2 = k_2\tau$ について $\Gamma_2 := g^{-\tau_2}(\Gamma_1) \cap \Gamma_1$ は $d\mu$ で測った測度が正となり，かつ Γ_2 の点から出発すれば，$g^{\tau_2}(\Gamma_2) \subset \Gamma_1$ より τ_2 時間後に Γ_1 に戻り，更にその τ_1 時間後に $g^{\tau_1}(\Gamma_1) \subset \Gamma$ に戻る．この構成を続けると，閉集合の減少列
$$\Gamma \supset \Gamma_1 \supset \cdots \supset \Gamma_k \supset \cdots$$
が得られ，Γ_k の点から出発すれば，その τ-離散軌道の少なくとも k 個は Γ 内に戻って来る．さて，$\bigcap_{k=1}^{\infty}\Gamma_k \neq \emptyset$ である．このことは例えば，Γ_1 を適当な $R > 0$ について半径 R の閉球 B_R 内に制限したもので置き換えて有界閉集合にしておき，それから Γ_3 以下を作れば，Bolzano-Weierstrass の定理から容易に分かる[6]．この共通部分に属する点は任意の Γ_k に属するので，結局 τ-離散軌道が無限回 Γ に戻って来る．

次に，このような再帰性を持つ Γ の点全体が成す部分集合を Γ' と置くとき，
$$\Gamma \setminus \Gamma' = \bigcup_{N=1}^{\infty}\Sigma_N$$
$$\Sigma_N := \{\mathrm{P} \in \Gamma; g^{k\tau}(\mathrm{P}) \text{ のうち高々 } N \text{ 個しか } \Gamma \text{ に戻ってこない}\}$$

---

[6] $\forall R > 0$ について $\mu(\Gamma_1 \cap B_R) = 0$ なら $\mu(\Gamma_1) = 0$ になってしまうので，適当な $R > 0$ は存在する．これは Jordan 式の測度論においても広義積分の定義のようなものである．なお，有界閉集合の減少列にした後の論法は 7.5 節の脚注 9) 参照．

と分解できる．このときすべての N について $\mu(\Sigma_N) = 0$ である．なぜなら，もし $\mu(\Sigma_N) > 0$ だと，Σ_N の中に測度正の閉部分集合が取れる[7]が，それを Γ だと思って前半の議論を適用すれば，Σ_N の中に，その τ-離散軌道が無限回 Σ_N に戻って来るようなものが存在することが言え，矛盾となるからである．Lebesgue 式の測度論では，測度 0 の集合は可算無限個集めても測度 0 なので，これから $\mu(\Gamma \setminus \Gamma') = 0$ が言えることになる[8]． □

■ 8.2 Lagrange 関数と変分法

変分法というのは，ある条件を満たす関数の中で，積分値などの汎関数を最小にするものを探す数学的理論のことです．その概要と典型的な例を既に第 1 章で述べました．力学の問題の解をある種の量を最小にするという条件で記述しようという試みは早くから有り，最初は Maupertuis（モーペルテューイ）の最小作用の原理のように神の摂理を表すというような解釈が与えられていましたが，Lagrange が **Lagrange 関数**（ラグランジュ）というものを導入し，その経路に関する積分値の停留条件から Newton の運動方程式が導かれることを示し，かつこの定式化が座標によらないことから，座標変換の計算にも有力な道具を提供することが明らかにされて，数学的研究の立場からも大切な道具となりました．基本的な例として，ポテンシャル $U(\vec{x})$ が定める保存力場における質点の運動に対する Lagrange 関数は

$$L(\vec{x}, \dot{\vec{x}}) = \frac{m}{2} \dot{\vec{x}}^2 - U(\vec{x})$$

で与えられます．ここに，$\vec{x}$ の時間微分を Newton 流に $\dot{\vec{x}}$ で表しています．これに対する積分

$$S[\vec{x}] = \int_0^T L(\vec{x}, \dot{\vec{x}}) dt \tag{8.4}$$

を**作用積分**と呼びますが，その停留条件から Newton の運動方程式

$$m \frac{d^2 \vec{x}}{dt^2} = -\nabla_{\vec{x}} U(\vec{x})$$

が出て来ることは第 1 章で既に紹介しました．これを**仮想仕事の原理**と呼ぶのでした．その意味は，運動の経路を $\Delta \vec{x}$ だけ動かしたとき，これで増加する（慣性力とみなした）運動エネルギーとポテンシャル場の成す仕事の和が無限小レベルで変わらない，というのが上の積分の停留値の意味だからです．最も基本的な調和振動子（すなわち，

---

[7] Lebesgue 式の測度論で基本的な結果の一つに，可測集合の中から閉集合で，また外から開集合で，その測度の値をいくらでも近似できるというのがある．これは信じてもらおう．

[8] これは，実数区間 $[0,1]$ 内の有理点の集合のような状況である．Jordan 式の測度論だと有限分割しか許されないので，有理点の集合を上から見積もると区間全体と同じ長さになってしまうが，有理点に番号をつけて $a_k, k = 1, 2, \ldots$ と並べ，a_k を長さ $\varepsilon/2^k$ の区間で被うと，可算無限個にはなるが全長 $\leq \varepsilon$ の区間列で被えてしまう．$\varepsilon > 0$ はいくらでも小さく取れるので，可算無限分割を許す Lebesgue 式測度論では，有理点の集合は長さ 0 と解釈できる．ここで出てきた例外集合 $\Gamma \setminus \Gamma'$ も稠密かもしれないがこのような意味で測度論的に無視できるものとみなされる．

単振子と同じ運動をするもの）の場合は $U(\vec{x}) = \dfrac{k}{2}x^2$ なので，$L(\vec{x}, \dot{\vec{x}}) = \dfrac{m}{2}\dot{x}^2 - \dfrac{k}{2}x^2$ のタイプであり，この変分問題は正値2次式の最小値を求める類のものとは全く異なり，双曲放物面のような鞍点型の関数の停留値を求めるタイプであることに注意しましょう．エネルギー $H(x, \xi) = \dfrac{1}{2m}\xi^2 + \dfrac{k}{2}x^2$ の方は正定値ですが，この積分を変分計算しても運動方程式は出て来ません．

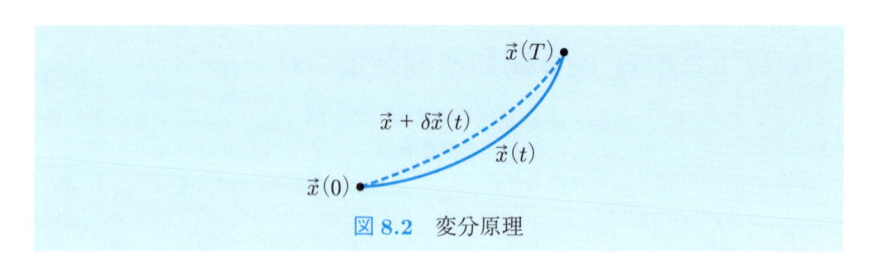

図8.2 変分原理

より一般に，抽象的な Lagrange 関数について，積分 (8.4) の変分に対する Euler-Lagrange の微分方程式として **Lagrange の運動方程式**を導いておきましょう．$\delta \vec{x}$ を $\vec{x}$ に対する両端固定の増分として，

$$\delta \int_0^T L(\vec{x}, \dot{\vec{x}}) dt = \int_0^T L(\vec{x} + \delta\vec{x}, \dot{\vec{x}} + \delta\dot{\vec{x}}) dt \text{ の } \delta\vec{x} \text{ に関する 1 次部分}$$

$$= \int_0^T \Big(\sum_{i=1}^n \frac{\partial L}{\partial x_i} \delta x_i + \sum_{i=1}^n \frac{\partial L}{\partial \dot{x}_i} \delta \dot{x}_i \Big) dt$$

$$= \int_0^T \Big\{ \sum_{i=1}^n \frac{\partial L}{\partial x_i} \delta x_i - \sum_{i=1}^n \frac{d}{dt}\Big(\frac{\partial L}{\partial \dot{x}_i}\Big) \delta x_i \Big\} dt$$

$$= \sum_{i=1}^n \int_0^T \Big(\frac{\partial L}{\partial x_i} - \frac{d}{dt}\frac{\partial L}{\partial \dot{x}_i} \Big) \delta x_i dt = 0.$$

2行目から3行目に移るとき，両端固定という仮定から増分が両端で 0 となることを使って部分積分しました．ここで δx_i が任意だということから，変分法の基本補題により，

$$\frac{d}{dt}\Big(\frac{\partial L}{\partial \dot{x}_i}\Big) = \frac{\partial L}{\partial x_i}, \quad i = 1, \ldots, n \tag{8.5}$$

という t に関する2階微分方程式系が導かれます[9]．

Lagrange の運動方程式は Hamilton 系に容易に変換されます：

---

[9] この表記法は物理では普通のものですが，分かりにくいという人は，第1章でやったように，積分路の両端で 0 になる任意関数のベクトル $\vec{\varphi}(t)$ を用いて $\delta\vec{x}$ のところを $\varepsilon\vec{\varphi}$ とすればよいでしょう．$\varphi_i(t)$ は一つを除き 0 とすれば，第1章でやったスカラーの場合に帰着できます．

補題 8.7 $L(\vec{x}, \dot{\vec{x}})$ を任意の関数とするとき，Lagrange の運動方程式 (8.5) は

$$\nabla_{\dot{\vec{x}}} L = \vec{\xi}, \quad H(\vec{x}, \vec{\xi}) := \vec{\xi} \cdot \dot{\vec{x}} - L(\vec{x}, \dot{\vec{x}}) \text{ を } \vec{x}, \vec{\xi} \text{ で書き直したもの} \tag{8.6}$$

で定義された Hamilton 関数 $H(\vec{x}, \vec{\xi})$ に対する Hamilton の方程式

$$\frac{d\vec{x}}{dt} = \nabla_{\vec{\xi}} H, \qquad \frac{d\vec{\xi}}{dt} = -\nabla_{\vec{x}} H$$

と同値である．

証明 上の変換 (8.6) で，独立変数を $\vec{x}, \vec{\xi}$ に取り替えたときの偏微分計算では，$\dot{\vec{x}}$ は $\vec{x}, \vec{\xi}$ の関数となるから，

$$\frac{\partial H}{\partial x_i} = \sum_{j=1}^n \xi_j \frac{\partial \dot{x}_j}{\partial x_i} - \frac{\partial L}{\partial x_i} - \sum_{j=1}^n \frac{\partial L}{\partial \dot{x}_j} \frac{\partial \dot{x}_j}{\partial x_i} = -\frac{\partial L}{\partial x_i}.$$

ここで Euler 方程式 (8.5) より

$$\frac{\partial L}{\partial x_i} = \frac{d}{dt}\left(\frac{\partial L}{\partial \dot{x}_i}\right) = \frac{d\xi_i}{dt} \quad \text{従って} \quad \frac{d\xi_i}{dt} = -\frac{\partial H}{\partial x_i}.$$

次に

$$\frac{\partial H}{\partial \xi_i} = \dot{x}_i + \sum_{j=1}^n \xi_j \frac{\partial \dot{x}_j}{\partial \xi_i} - \sum_{j=1}^n \frac{\partial L}{\partial \dot{x}_j} \frac{\partial \dot{x}_j}{\partial \xi_i} = \dot{x}_i. \qquad \square$$

Lagrange の定式化は，運動方程式の許される変換を劇的に増やし，これによって正準変換の理論を誕生させ解析力学を確立したものですが，現代ではどうせ解けない運動方程式を研究する代わりに，変分法の停留値の存在を直接研究することにより運動方程式の解の存在を示すという使い方もされるようになりました．次章で，3 体問題に関するそのような例を紹介します．

■ 8.3 正 準 変 換

我々は運動方程式の取り扱いを易しくするために，位置座標と運動量座標を独立変数として導入し，運動方程式を 1 階の連立系にしたのですが，元来の力学系からそうやって生ずる相空間の流れは，最初から $2n$ 変数を同等の座標とみなした $\mathbf{R}^{2n}$ の勝手な力学系には無い，種々の制約を持っているはずです．実際，位置と運動量は元の力学系では独立な量では有り得ません．ポテンシャル $U(\vec{x})$ を持つ基本的な保存系の場合に，Newton の運動方程式を変換する場合には，位置座標に

$$\vec{x} = \Phi(\vec{y}), \quad \text{成分表示で} \quad x_i = \Phi_i(\vec{y}), \quad i = 1, 2, \ldots, n \tag{8.7}$$

という座標変換を施したときの，運動量座標の変換は，

$$\vec{\xi} = {}^t D\Phi(\vec{y})^{-1} \vec{\eta} \quad \left(D\Phi(\vec{y}) = \left(\frac{\partial \Phi_i}{\partial y_j}\right) \text{ は変換 (8.7) の Jacobi 行列}\right) \tag{8.8}$$

となることが初等的な計算で確かめられます．${}^t D\Phi(\vec{y})^{-1}$ は $D\Phi(\vec{y})$ の反傾行列 (contragredient) と呼ばれるものでした．

問 8.2 このことを確かめよ．

この変換により，Hamilton 系 (8.1) は，$K(\vec{y},\vec{\eta}) := H(\Phi(\vec{y}),{}^t D\Phi(y)^{-1}\vec{\eta})$ をもとの Hamilton 関数の新座標での表現として

$$\frac{d\vec{y}}{dt} = \nabla_{\vec{\eta}} K(\vec{y},\vec{\eta}), \quad \frac{d\vec{\eta}}{dt} = -\nabla_{\vec{y}} K(\vec{y},\vec{\eta}) \tag{8.9}$$

という方程式に変換されることを確かめることができます（下の問 8.3 参照）．我々は，Hamilton 系の性質を調べようとしているのですから，変換を位置と運動量が混ざったようなものに拡張しようとするときには，この最後の結論を満たすものを許される変換の定義として採用するのが自然でしょう．

問 8.3 位置座標の座標変換により (8.1) が上の方程式 (8.9) になることを計算で確かめよ．

定義 8.1 相空間 $\boldsymbol{R}^{2n}$ の変換

$$(\vec{y},\vec{\eta}) \mapsto (\vec{x},\vec{\xi}), \quad \text{ここに} \quad \vec{x} = \Phi(\vec{y},\vec{\eta}), \quad \vec{\xi} = \Psi(\vec{y},\vec{\eta}) \tag{8.10}$$

が**正準変換**であるとは，Hamilton 系を Hamilton 系に写すこと．すなわち，(8.1) の形の任意の方程式系がこの変換により $K(\vec{y},\vec{\eta}) = H(\Phi(\vec{y},\vec{\eta}),\Psi(\vec{y},\vec{\eta}))$ として (8.9) の形の系に引き戻されることを言う．

定理 8.8 $\boldsymbol{R}^{2n}$ の変換 (8.10) が正準変換であるための必要十分条件は，この変換の Jacobi 行列（すなわち写像の微分）$\mathcal{J}$ が

$${}^t\mathcal{J} \begin{pmatrix} O & I \\ -I & O \end{pmatrix} \mathcal{J} = \begin{pmatrix} O & I \\ -I & O \end{pmatrix} \tag{8.11}$$

を満たすことである．ここで I, O はそれぞれ n 次の単位行列，零行列を表す．

スペースを節約するために $\mathcal{J}$ の成分を詳しく書くのは省略しますが，(8.2) の中身の行列が変換 $(\vec{y},\vec{\eta}) \mapsto (\vec{x},\vec{\xi})$ の Jacobi 行列となっています．$\mathcal{J}$ だけでは中身を想像して計算するのが難しいが，さりとて (8.2) を度々書くのもいやだという場合は，中間の略記法として

$$\mathcal{J} = \begin{pmatrix} \left(\frac{\partial x_i}{\partial y_j}\right) & \left(\frac{\partial x_i}{\partial \eta_j}\right) \\ \left(\frac{\partial \xi_i}{\partial y_j}\right) & \left(\frac{\partial \xi_i}{\partial \eta_j}\right) \end{pmatrix} \tag{8.12}$$

のような n 次小行列によるブロック表記が便利です．この書き方を使うと，上の条件 (8.11) は，n 次行列の等式で

$$
{}^t\!\left(\frac{\partial x_i}{\partial y_j}\right)\left(\frac{\partial \xi_i}{\partial y_j}\right) - {}^t\!\left(\frac{\partial \xi_i}{\partial y_j}\right)\left(\frac{\partial x_i}{\partial y_j}\right) = O, \quad {}^t\!\left(\frac{\partial x_i}{\partial \eta_j}\right)\left(\frac{\partial \xi_i}{\partial \eta_j}\right) - {}^t\!\left(\frac{\partial \xi_i}{\partial \eta_j}\right)\left(\frac{\partial x_i}{\partial \eta_j}\right) = O,
$$

$$
{}^t\!\left(\frac{\partial x_i}{\partial y_j}\right)\left(\frac{\partial \xi_i}{\partial \eta_j}\right) - {}^t\!\left(\frac{\partial \xi_i}{\partial y_j}\right)\left(\frac{\partial x_i}{\partial \eta_j}\right) = I \tag{8.13}
$$

8.3 正準変換

となります．また，偏微分の座標変換公式から

$$\mathcal{J}^{-1} = \begin{pmatrix} \left(\frac{\partial y_i}{\partial x_j}\right) & \left(\frac{\partial y_i}{\partial \xi_j}\right) \\ \left(\frac{\partial \eta_i}{\partial x_j}\right) & \left(\frac{\partial \eta_i}{\partial \xi_j}\right) \end{pmatrix} \tag{8.14}$$

です．なお，定数行列 $\mathcal{J}$ が (8.11) を満たすとき，**シンプレクティック** (**symplectic**) であると言います．従って，正準変換とは，その各点での Jacobi 行列，すなわち近似線形写像がシンプレクティックであるようなもの，と言い換えることができます．ところで (8.11) の両辺を転置すると

$$^t\mathcal{J} \begin{pmatrix} O & -I \\ I & O \end{pmatrix} \mathcal{J} = \begin{pmatrix} O & -I \\ I & O \end{pmatrix} \tag{8.11'}$$

となります．従ってシンプレクティック行列の定義は $\begin{pmatrix} O & I \\ -I & O \end{pmatrix}$ の代わりに $\begin{pmatrix} O & -I \\ I & O \end{pmatrix}$ を用いても同値です．また (8.11) の両辺の行列式を計算すると $(\det \mathcal{J})^2 = 1$ が得られ，従ってシンプレクティック行列は可逆なことが直ちに分かります．更に

$$\begin{pmatrix} O & I \\ -I & O \end{pmatrix}^2 = \begin{pmatrix} -I & 0 \\ 0 & -I \end{pmatrix}, \quad \begin{pmatrix} O & I \\ -I & O \end{pmatrix} \begin{pmatrix} O & -I \\ I & O \end{pmatrix} = \begin{pmatrix} I & 0 \\ 0 & I \end{pmatrix} \tag{8.15}$$

に注意して (8.11) の両辺の逆をとってみると

$$\mathcal{J}^{-1} \begin{pmatrix} O & -I \\ I & O \end{pmatrix} {}^t\mathcal{J}^{-1} = \begin{pmatrix} O & -I \\ I & O \end{pmatrix}.$$

従って左右から $\mathcal{J}, {}^t\mathcal{J}$ を掛けて転置を取れば，

$$\mathcal{J} \begin{pmatrix} O & -I \\ I & O \end{pmatrix} {}^t\mathcal{J} = \begin{pmatrix} O & -I \\ I & O \end{pmatrix} \quad \text{従って} \quad \mathcal{J} \begin{pmatrix} O & I \\ -I & O \end{pmatrix} {}^t\mathcal{J} = \begin{pmatrix} O & I \\ -I & O \end{pmatrix} \tag{8.11''}$$

もシンプレクティックと同値な条件となります．

以上により，シンプレクティック行列と正準変換はそれぞれ積（すなわち変換の合成）や逆をとる演算で閉じており，また単位行列（恒等写像）を単位元として含んでいるので，いわゆる**群**を成すことが分かります．

定理 8.8 の証明 (8.1) は

$$\begin{pmatrix} \frac{d\vec{x}}{dt} \\ \frac{d\vec{\xi}}{dt} \end{pmatrix} = \begin{pmatrix} O & I \\ -I & O \end{pmatrix} \begin{pmatrix} \nabla_{\vec{x}} H \\ \nabla_{\vec{\xi}} H \end{pmatrix} \tag{8.16}$$

と書き直せることに注意せよ．ここで $d\vec{x}$ 等は共変ベクトル，$\nabla_{\vec{x}} H$ 等は反変ベクトルと同じような変換を受ける．実際に計算をしてみると，

$$\frac{dx_i}{dt} = \sum_{j=1}^{n} \frac{\partial x_i}{\partial y_j} \frac{dy_j}{dt} + \sum_{j=1}^{n} \frac{\partial x_i}{\partial \eta_j} \frac{d\eta_j}{dt}, \quad \frac{d\xi_i}{dt} = \sum_{j=1}^{n} \frac{\partial \xi_i}{\partial y_j} \frac{dy_j}{dt} + \sum_{j=1}^{n} \frac{\partial \xi_i}{\partial \eta_j} \frac{d\eta_j}{dt}.$$

これは行列表示で

$$\begin{pmatrix} \frac{d\vec{x}}{dt} \\ \frac{d\vec{\xi}}{dt} \end{pmatrix} = \mathcal{J} \begin{pmatrix} \frac{d\vec{y}}{dt} \\ \frac{d\vec{\eta}}{dt} \end{pmatrix} \tag{8.17}$$

と書けることが，上に注意した $\mathcal{J}$ の内容 (8.2) あるいはそのブロック表現 (8.12) から分かる．同様に，

$$\frac{\partial H}{\partial x_i} = \sum_{j=1}^n \frac{\partial y_j}{\partial x_i}\frac{\partial H}{\partial y_j} + \sum_{j=1}^n \frac{\partial \eta_j}{\partial x_i}\frac{\partial H}{\partial \eta_j}, \quad \frac{\partial H}{\partial \xi_i} = \sum_{j=1}^n \frac{\partial y_j}{\partial \xi_i}\frac{\partial H}{\partial y_j} + \sum_{j=1}^n \frac{\partial \eta_j}{\partial \xi_i}\frac{\partial H}{\partial \eta_j}$$

は，(8.14) を参照すると

$$\begin{pmatrix} \nabla_{\vec{x}} H \\ \nabla_{\vec{\xi}} H \end{pmatrix} = {}^t\mathcal{J}^{-1} \begin{pmatrix} \nabla_{\vec{y}} H \\ \nabla_{\vec{\eta}} H \end{pmatrix}, \quad \text{演算子として} \quad \begin{pmatrix} \nabla_{\vec{x}} \\ \nabla_{\vec{\xi}} \end{pmatrix} = {}^t\mathcal{J}^{-1} \begin{pmatrix} \nabla_{\vec{y}} \\ \nabla_{\vec{\eta}} \end{pmatrix} \quad (8.18)$$

と書ける．（ここでは見やすくするため，H を独立変数 $\vec{y}, \vec{\eta}$ で書き直したものに対しても K ではなく同じ記号 H を用いている．）故に (8.17), (8.16), (8.18) より

$$\begin{pmatrix} \frac{d\vec{y}}{dt} \\ \frac{d\vec{\eta}}{dt} \end{pmatrix} = \mathcal{J}^{-1} \begin{pmatrix} \frac{d\vec{x}}{dt} \\ \frac{d\vec{\xi}}{dt} \end{pmatrix} = \mathcal{J}^{-1} \begin{pmatrix} O & I \\ -I & O \end{pmatrix} \begin{pmatrix} \nabla_{\vec{x}} H \\ \nabla_{\vec{\xi}} H \end{pmatrix} = \mathcal{J}^{-1} \begin{pmatrix} O & I \\ -I & O \end{pmatrix} {}^t\mathcal{J}^{-1} \begin{pmatrix} \nabla_{\vec{y}} H \\ \nabla_{\vec{\eta}} H \end{pmatrix}.$$

この最後の量が任意の H について $\begin{pmatrix} O & I \\ -I & O \end{pmatrix}\begin{pmatrix} \nabla_{\vec{y}} H \\ \nabla_{\vec{\eta}} H \end{pmatrix}$ と等しいことが正準変換の条件なので，これより $\mathcal{J}^{-1}\begin{pmatrix} O & I \\ -I & O \end{pmatrix}{}^t\mathcal{J}^{-1} = \begin{pmatrix} O & I \\ -I & O \end{pmatrix}$ を得るが，(8.11′), (8.11″) を導いた議論によりこれは定理の主張 (8.11) と同等である． □

定理 8.9 $\mathbf{R}^{2n}$ の変換 (8.10) が正準変換であるための必要十分条件は，Poisson の括弧式がこの変換で保たれることである：任意の $F(\vec{x}, \vec{\xi})$, $G(\vec{x}, \vec{\xi})$ に対し

$$\{F(\vec{x}, \vec{\xi}), G(\vec{x}, \vec{\xi})\}_{\vec{x}, \vec{\xi}} = \{F(\Phi(\vec{y}, \vec{\eta}), \Psi(\vec{y}, \vec{\eta})), G(\Phi(\vec{y}, \vec{\eta}), \Psi(\vec{y}, \vec{\eta}))\}_{\vec{y}, \vec{\eta}}. \quad (8.19)$$

ここで，添え字に記したのは，Poisson の括弧式を計算するときの独立変数である．

証明 Poisson の括弧式は，ベクトル表記で

$$\{F(\vec{x}, \vec{\xi}), G(\vec{x}, \vec{\xi})\}_{\vec{x}, \vec{\xi}} = \nabla_{\vec{x}} F \cdot \nabla_{\vec{\xi}} G - \nabla_{\vec{\xi}} F \cdot \nabla_{\vec{x}} G$$

$$= ({}^t\nabla_{\vec{x}} F, {}^t\nabla_{\vec{\xi}} F) \begin{pmatrix} O & I \\ -I & O \end{pmatrix} \begin{pmatrix} \nabla_{\vec{x}} G \\ \nabla_{\vec{\xi}} G \end{pmatrix}$$

と表せる．ここで転置記号を付けたのは，ナブラ演算子の結果を縦ベクトルと見ているので，行列演算のためにそれを横ベクトルにしたからである．これに変換則 (8.18) を用いると

$$\begin{aligned}
&= ({}^t\nabla_{\vec{y}} F, {}^t\nabla_{\vec{\eta}} F)\, \mathcal{J}^{-1} \begin{pmatrix} O & I \\ -I & O \end{pmatrix} {}^t\mathcal{J}^{-1} \begin{pmatrix} \nabla_{\vec{y}} G \\ \nabla_{\vec{\eta}} G \end{pmatrix} \\
&= ({}^t\nabla_{\vec{y}} F, {}^t\nabla_{\vec{\eta}} F) \begin{pmatrix} O & I \\ -I & O \end{pmatrix} \begin{pmatrix} \nabla_{\vec{y}} G \\ \nabla_{\vec{\eta}} G \end{pmatrix} = \{F, G\}_{\vec{y}, \vec{\eta}}.
\end{aligned} \quad (8.20)$$

この 1 行目と 2 行目が任意のベクトル $\begin{pmatrix} \nabla_{\vec{y}} F \\ \nabla_{\vec{\eta}} F \end{pmatrix}$, $\begin{pmatrix} \nabla_{\vec{y}} G \\ \nabla_{\vec{\eta}} G \end{pmatrix}$ に対して等しいことは，(8.11″) により定理 8.8 で与えた正準変換の判定条件 (8.11) と同等である． □

系 8.10 $\mathbf{R}^{2n}$ の変換 (8.10) が正準変換であるための必要十分条件は

8.3 正準変換

$$\{\Phi_i(\vec{y},\vec{\eta}),\Phi_j(\vec{y},\vec{\eta})\}=0, \quad \{\Psi_i(\vec{y},\vec{\eta}),\Psi_j(\vec{y},\vec{\eta})\}=0,$$
$$\{\Phi_i(\vec{y},\vec{\eta}),\Psi_j(\vec{y},\vec{\eta})\}=\delta_{ij}, \qquad i,j=1,\ldots,n \tag{8.21}$$

が成り立つことである．ここに δ_{ij} は Kronecker のデルタ（すなわち n 次単位行列の成分）を表す．

証明 これは前定理における F,G をそれぞれ順に x_i,x_j あるいは ξ_i,ξ_j あるいは x_i,ξ_j と取った場合である．逆の方も，これだけの F,G のペアについて (8.20) が成り立てば，(8.11) が導けることから言える． □

正準変換の判定条件として，更に，**正準 2-形式**と呼ばれる 2 次の微分形式

$$d\omega := \sum_{j=1}^{n} d\xi_j \wedge dx_j \tag{8.22}$$

を不変にするというものがあります．（ここでは ω は固有の記号として使われています．）便利な特徴付けで，純粋数学では主にこれが使われています．2 次の微分形式はやや高級なので，本書ではこの言い換えはあまり用いないことにしますが，一箇所で必要となるので紹介しておきます．一般に，$\boldsymbol{R}^n$ 上で $a := \sum_{i=1}^{n} a_i dx_i, b := \sum_{i=1}^{n} b_i dx_i$ 等を 1 次の微分形式とします．これは線積分でも用いるのでそう高級ではないでしょう．記号 d は座標変換で全微分と同じ書き換えを受けます．このとき，$a \wedge b$ をこれらの外積と呼びます．外積は関数の積と自由に交換し，

(1) **歪対称性**（または**交代性**）：$b \wedge a = -a \wedge b$, 特に，$a \wedge a = 0$,
(2) **双線形性**：$(a_1 + a_2) \wedge b = a_1 \wedge b + a_2 \wedge b$, $a \wedge (b_1 + b_2) = a \wedge b_1 + a \wedge b_2$

という基本性質を持ちます．相空間では記号の違う座標が $2n$ 個有ってややこしいのですが，本質は同じです．こうして 2 次の微分形式が導入されます．次の補題の証明を見ながら，実際の計算法を確認してください．

補題 8.11 相空間の変換が正準変換となるための必要十分条件は，それが正準 2-形式 (8.22) を不変にすることである．

証明 $(\vec{y},\vec{\eta}) \mapsto (\vec{x},\vec{\xi})$ を考える変換とし，$\vec{x} = \vec{x}(\vec{y},\vec{\eta}), \vec{\xi} = \vec{\xi}(\vec{y},\vec{\eta})$ とする．このとき $(\vec{x},\vec{\xi})$ 座標で表した正準 2-形式を，外積の性質を用いて $(\vec{y},\vec{\eta})$ 座標に書き換えてみると

$$\sum_{i=1}^{n} d\xi_i \wedge dx_i = \sum_{i=1}^{n} \Big(\sum_{j=1}^{n} \frac{\partial \xi_i}{\partial y_j} dy_j + \sum_{j=1}^{n} \frac{\partial \xi_i}{\partial \eta_j} d\eta_j \Big) \wedge \Big(\sum_{k=1}^{n} \frac{\partial x_i}{\partial y_k} dy_k + \sum_{k=1}^{n} \frac{\partial x_i}{\partial \eta_k} d\eta_k \Big)$$
$$= \sum_{i=1}^{n} \Big(\sum_{j=1}^{n}\sum_{k=1}^{n} \frac{\partial \xi_i}{\partial y_j}\frac{\partial x_i}{\partial y_k} dy_j \wedge dy_k + \sum_{j=1}^{n}\sum_{k=1}^{n} \frac{\partial \xi_i}{\partial \eta_j}\frac{\partial x_i}{\partial \eta_k} d\eta_j \wedge d\eta_k$$
$$+ \sum_{j=1}^{n}\sum_{k=1}^{n} \frac{\partial \xi_i}{\partial y_j}\frac{\partial x_i}{\partial \eta_k} dy_j \wedge d\eta_k + \sum_{j=1}^{n}\sum_{k=1}^{n} \frac{\partial \xi_i}{\partial \eta_j}\frac{\partial x_i}{\partial y_k} d\eta_j \wedge dy_k \Big)$$

$$= \sum_{1 \le j < k \le n} \Big(\sum_{i=1}^n \frac{\partial \xi_i}{\partial y_j}\frac{\partial x_i}{\partial y_k} - \sum_{i=1}^n \frac{\partial x_i}{\partial y_j}\frac{\partial \xi_i}{\partial y_k} \Big) dy_j \wedge dy_k$$

$$+ \sum_{1 \le j < k \le n} \Big(\sum_{i=1}^n \frac{\partial \xi_i}{\partial \eta_j}\frac{\partial x_i}{\partial \eta_k} - \sum_{i=1}^n \frac{\partial x_i}{\partial \eta_j}\frac{\partial \xi_i}{\partial \eta_k} \Big) d\eta_j \wedge d\eta_k$$

$$+ \sum_{j=1}^n \sum_{k=1}^n \Big(\sum_{i=1}^n \frac{\partial \xi_i}{\partial \eta_j}\frac{\partial x_i}{\partial y_k} - \sum_{i=1}^n \frac{\partial x_i}{\partial \eta_j}\frac{\partial \xi_i}{\partial y_k} \Big) d\eta_j \wedge dy_k.$$

これが $\sum_{i=1}^n d\eta_i \wedge dy_i$ と一致するための条件は，係数が等しいこと[10]，すなわち，

$$\sum_{i=1}^n \frac{\partial \xi_i}{\partial y_j}\frac{\partial x_i}{\partial y_k} - \sum_{i=1}^n \frac{\partial x_i}{\partial y_j}\frac{\partial \xi_i}{\partial y_k} = 0, \quad \sum_{i=1}^n \frac{\partial \xi_i}{\partial \eta_j}\frac{\partial x_i}{\partial \eta_k} - \sum_{i=1}^n \frac{\partial x_i}{\partial \eta_j}\frac{\partial \xi_i}{\partial \eta_k} = 0,$$

$$\sum_{i=1}^n \frac{\partial \xi_i}{\partial \eta_j}\frac{\partial x_i}{\partial y_k} - \sum_{i=1}^n \frac{\partial x_i}{\partial \eta_j}\frac{\partial \xi_i}{\partial y_k} = \delta_{jk}$$

が各 j, k について成り立つことである．これは，正準変換の条件 (8.11) あるいは (8.13) を成分毎に見たものに他ならない． □

問 8.4 (8.22) の記号 $d\omega$ は，それが正準 1-形式と呼ばれる 1 次微分形式

$$\omega = \sum_{i=1}^n \xi_i dx_i$$

の外微分になっていることを示唆するものである．

(1) 1 次微分形式の外微分の座標を用いた定義

$$d\Big(\sum_{i=1}^n a_i(x) dx_i \Big) = \sum_{i=1}^n da_i \wedge dx_i = \sum_{i=1}^n \sum_{j=1}^n \frac{\partial a_i}{\partial x_j} dx_j \wedge dx_i$$

を用いてこのことを確かめよ．
(2) Hamilton 関数が ξ について同次関数になっていれば，正準変換の条件が正準 1-形式 ω を不変にすることと同値になる．これを確かめよ．

Hamilton 系が定める力学系の最大の特徴は次の定理です：

定理 8.12 時刻 t を任意に固定したとき，初期値 $\vec{y}, \vec{\eta}$ に対してその時刻における Hamilton 力学系の解 $\vec{x}(t; \vec{y}, \vec{\eta})$, $\vec{\xi}(t; \vec{y}, \vec{\eta})$ を対応させる変換 g^t は相空間の正準変換となる．

証明 定理 8.8 により，等式 (8.11) を示せばよい．ここで $\mathcal{J}$ は $(\vec{y}, \vec{\eta}) \mapsto (\vec{x}, \vec{\xi})$ の Jacobi 行列，すなわち (8.2) の中味である．以下スペースの節約のためその簡略表記

---

[10] $dy_j \wedge dy_k$, $d\eta_j \wedge d\eta_k$ $(j < k)$, および $d\eta_j \wedge dy_k$ が各点において 2 次微分形式の外積代数の線形空間としての基底を成す．厳密な証明は略す ([3], 付録 A.4 参照) が想像は難くないであろう．

8.3 正 準 変 換

(8.12) を利用しよう．$t = 0$ のとき $\mathcal{J} = I$ で等式 (8.11) は明らかに成立しているので，この左辺の時間微分が零行列になることを言えば，等式が保たれて証明が終わる．行列の微分は，行列式の微分とは異なり，単にすべての成分を一斉に微分するだけである．よって微分演算の線形性と積の微分の公式により，

$$\frac{d}{dt}\left({}^t\mathcal{J}\begin{pmatrix} O & I \\ -I & O \end{pmatrix}\mathcal{J}\right) = {}^t\!\left(\frac{d}{dt}\mathcal{J}\right)\begin{pmatrix} O & I \\ -I & O \end{pmatrix}\mathcal{J} + {}^t\mathcal{J}\begin{pmatrix} O & I \\ -I & O \end{pmatrix}\frac{d}{dt}\mathcal{J} \tag{8.23}$$

となるので，まず $\frac{d}{dt}\mathcal{J}$ を計算する．Liouville の定理の証明でも注意したように，t に関する微分は y_k や η_k に関する微分と独立，従って順序交換できる．よって

$$\frac{d}{dt}\mathcal{J} = \begin{pmatrix} \frac{d}{dt}\left(\frac{\partial x_i}{\partial y_j}\right) & \frac{d}{dt}\left(\frac{\partial x_i}{\partial \eta_j}\right) \\ \frac{d}{dt}\left(\frac{\partial \xi_i}{\partial y_j}\right) & \frac{d}{dt}\left(\frac{\partial \xi_i}{\partial \eta_j}\right) \end{pmatrix} = \begin{pmatrix} \frac{\partial}{\partial y_j}\frac{dx_i}{dt} & \frac{\partial}{\partial \eta_j}\frac{dx_i}{dt} \\ \frac{\partial}{\partial y_j}\frac{d\xi_i}{dt} & \frac{\partial}{\partial \eta_j}\frac{d\xi_i}{dt} \end{pmatrix}$$

$$= \begin{pmatrix} \left(\frac{\partial}{\partial y_j}\frac{\partial H}{\partial \xi_i}\right) & \left(\frac{\partial}{\partial \eta_j}\frac{\partial H}{\partial \xi_i}\right) \\ \left(-\frac{\partial}{\partial y_j}\frac{\partial H}{\partial x_i}\right) & \left(-\frac{\partial}{\partial \eta_j}\frac{\partial H}{\partial x_i}\right) \end{pmatrix} = {}^t\!\begin{pmatrix} \left(\frac{\partial}{\partial y_i}\frac{\partial H}{\partial \xi_j}\right) & \left(-\frac{\partial}{\partial y_i}\frac{\partial H}{\partial x_j}\right) \\ \left(\frac{\partial}{\partial \eta_i}\frac{\partial H}{\partial \xi_j}\right) & \left(-\frac{\partial}{\partial \eta_i}\frac{\partial H}{\partial x_j}\right) \end{pmatrix}.$$

ここで，1 行目から 2 行目への変形には Hamilton 系の方程式 (8.1) を用いた．これは更に演算子表記して (8.18) を代入すると

$$\frac{d}{dt}\mathcal{J} = {}^t\!\left(\begin{pmatrix} \nabla_{\vec{y}} \\ \nabla_{\vec{\eta}} \end{pmatrix}({}^t\nabla_{\vec{\xi}}H, -{}^t\nabla_{\vec{x}}H)\right) = {}^t\!\left({}^t\mathcal{J}\begin{pmatrix} \nabla_{\vec{x}} \\ \nabla_{\vec{\xi}} \end{pmatrix}({}^t\nabla_{\vec{x}}H, {}^t\nabla_{\vec{\xi}}H)\begin{pmatrix} O & -I \\ I & O \end{pmatrix}\right)$$

$$= \begin{pmatrix} O & I \\ -I & O \end{pmatrix}\begin{pmatrix} \nabla_{\vec{x}} \\ \nabla_{\vec{\xi}} \end{pmatrix}({}^t\nabla_{\vec{x}}H, {}^t\nabla_{\vec{\xi}}H)\mathcal{J} \tag{8.24}$$

と書き直せることに注意しよう．ここで間に挟まっている H の Hesse 行列 $\begin{pmatrix} \nabla_{\vec{x}} \\ \nabla_{\vec{\xi}} \end{pmatrix}({}^t\nabla_{\vec{x}}H, {}^t\nabla_{\vec{\xi}}H)$ は対称なことを用いた．よってこれとその転置を (8.23) に代入すると，

$$\frac{d}{dt}\left({}^t\mathcal{J}\begin{pmatrix} O & I \\ -I & O \end{pmatrix}\mathcal{J}\right) = {}^t\mathcal{J}\begin{pmatrix} \nabla_{\vec{x}} \\ \nabla_{\vec{\xi}} \end{pmatrix}({}^t\nabla_{\vec{x}}H, {}^t\nabla_{\vec{\xi}}H)\begin{pmatrix} O & -I \\ I & O \end{pmatrix}\begin{pmatrix} O & I \\ -I & O \end{pmatrix}\mathcal{J}$$

$$+ {}^t\mathcal{J}\begin{pmatrix} O & I \\ -I & O \end{pmatrix}\begin{pmatrix} O & I \\ -I & O \end{pmatrix}\begin{pmatrix} \nabla_{\vec{x}} \\ \nabla_{\vec{\xi}} \end{pmatrix}({}^t\nabla_{\vec{x}}H, {}^t\nabla_{\vec{\xi}}H)\mathcal{J}.$$

ここで，(8.15) により 1 行目と 2 行目の定数行列の積は，それぞれ単位行列およびその符号を変えたものなので，和は打ち消し，全体は零行列となる． □

最後に，正準変換の例を挙げておきましょう．例と言っても一般の正準変換は少なくとも局所的にはこれらで生成されるという意味で，ほとんどすべてとも言えます．

例 8.1 (1) 線形写像 $\begin{pmatrix} A & B \\ C & D \end{pmatrix}$ が正準変換，すなわちシンプレクティックであるためには，

$${}^tAC = {}^tCA, \quad {}^tBD = {}^tDB, \quad {}^tDA - {}^tBC = I$$

となっていることが必要かつ十分である．ここに I は n 次の単位行列とする．

(2) 特に，$i = 1, 2, \ldots, n$ について x_i を ξ_i と入れ替える変換はその特別な場合となり，**Legendre 変換**（ルジャンドル）と呼ばれる．これを少し一般化して，$I \subset \{1, 2, \ldots, n\}$ について $i \in I$ なる x_i を ξ_i と入れ替えるものは，**部分 Legendre 変換**と呼ばれる．

(3) 関数 $S(\vec{x}, \vec{\eta})$ は混合 Hesse 行列 $\left(\dfrac{\partial^2 S}{\partial x_i \partial \eta_j}\right)$ が非退化であるようなものとする．このとき

$$\vec{y} = \nabla_{\vec{\eta}} S, \quad \vec{\xi} = \nabla_{\vec{x}} S \tag{8.25}$$

で対応 $(\vec{y}, \vec{\eta}) \leftrightarrow (\vec{x}, \vec{\xi})$ を定めるとき，これは正準変換となる．関数 S はこの正準変換の**母関数**と呼ばれる．

問 8.5 これらを証明せよ．

問 8.6 位置座標の変数変換 $\vec{y} = \Phi(\vec{x})$ から誘導される正準変換の母関数を示せ．

一般の正準変換は局所的には母関数を用いた変換と部分 Legendre 変換の合成として表されます：

補題 8.13 (1) $(\vec{x}, \vec{\xi}) \leftrightarrow (\vec{y}, \vec{\eta})$ が正準変換で，かつ $\vec{x} = \vec{x}(\vec{y}, \vec{\eta})$ が $\vec{y}$ につき解けるようなものなら，この変換で対応する両座標の 2 点の十分小さい近傍では局所的に母関数 $S(\vec{x}, \vec{\eta})$ が存在して (8.25) のように表される．

(2) 一般の正準変換に対しては，$i_1, \ldots, i_k \in \{1, 2, \ldots, n\}$ を適当に選べば，$\vec{x} = \vec{x}(\vec{y}, \vec{\eta})$ が $y_{i_1}, \ldots, y_{i_k}, \eta_{i_{k+1}}, \ldots, \eta_{i_n}$ について局所的に解け，後半の座標を空間座標と入れ換える部分 Legendre 変換と上のような母関数を持つ正準変換の合成としてもとの正準変換を書くことができる．

証明 (1) S の存在証明には微分形式の知識が必要なので，粗筋の紹介にとどめる．対応 $(\vec{x}, \vec{\xi}) \leftrightarrow (\vec{y}, \vec{\eta})$ から，$\vec{x} = \vec{x}(\vec{y}, \vec{\eta})$, $\vec{\xi} = \vec{\xi}(\vec{y}, \vec{\eta})$ と書けるが，仮定により前者が $\vec{y} = \vec{y}(\vec{x}, \vec{\eta})$ と $\vec{y}$ につき解けるので，これを後者に代入して

$$\vec{\xi} = \vec{\xi}(\vec{y}, \vec{\eta}) = \vec{\xi}(\vec{y}(\vec{x}, \vec{\eta}), \vec{\eta})$$

となり，独立変数を $\vec{x}, \vec{\eta}$ に取り $\vec{\xi}, \vec{y}$ をこれらで表すことができる．このとき (8.25) は未知関数 $S(\vec{x}, \vec{\eta})$ に対する偏微分方程式系

$$\nabla_{\vec{x}} S = \vec{\xi}(\vec{x}, \vec{\eta}), \quad \nabla_{\vec{\eta}} S = \vec{y}(\vec{x}, \vec{\eta})$$

とみなせるが，これは全微分の記号で書くと

$$dS = \vec{\xi}(\vec{x}, \vec{\eta}) d\vec{x} + \vec{y}(\vec{x}, \vec{\eta}) d\vec{\eta} = \sum_{i=1}^{n} \xi_i(\vec{x}, \vec{\eta}) dx_i + \sum_{i=1}^{n} y_i(\vec{x}, \vec{\eta}) d\eta_i$$

となる．よって局所的に解が存在するための条件は，上を 1 次微分形式と見たときの外微分が消えること

$$d(dS) = d\{\vec{\xi}(\vec{x}, \vec{\eta}) d\vec{x} + \vec{y}(\vec{x}, \vec{\eta}) d\vec{\eta}\} = 0 \tag{8.26}$$

である．実際このときには $\boldsymbol{R}^{2n}$ において適当に選んだ基点からその近くの点 Q$(\vec{x}, \vec{\eta})$

へ任意の道に沿う積分
$$S(\vec{x},\vec{\eta}) = \int_P^Q \{\xi(\vec{x},\vec{\eta})d\vec{x} + \vec{y}(\vec{x},\vec{\eta})d\vec{\eta}\}$$
が経路によらず一定となることが Stokes(ストークス) の定理（例えば[2], 9.4 節参照）
$$\oint_C \{\xi(\vec{x},\vec{\eta})d\vec{x} + \vec{y}(\vec{x},\vec{\eta})d\vec{\eta}\} = \iint_A d\{\xi(\vec{x},\vec{\eta})d\vec{x} + \vec{y}(\vec{x},\vec{\eta})d\vec{\eta}\} = 0$$
により保証される．ここに C は二つの経路を繋げて作った閉路，A はそれが囲む曲面片である．従って座標軸に平行な折れ線経路を用いて，これが偏微分方程式を満たすことが示せる．これは $\mathbf{R}^2$ のとき第 2 章で完全微分形の求積に用いた計算（そこでは Stokes の定理は Green の定理に帰着していた）の多変数化である．(8.26) は，正準変換の微分形式による特徴付け (8.22) を用いると計算で示せるが，長くなるので練習問題としておく．

(2) $\vec{x} = \vec{x}(\vec{y},\vec{\eta})$ が $\vec{y},\vec{\eta}$ のうち適当な n 個につき局所的に解けるためには, 陰関数定理によりその Jacobi 行列の階数が n となっていればよい．一般の正準変換については, $2n$ 次の Jacobi 行列 (8.12) が非退化なので，その上半分の n 行 $\left(\left(\frac{\partial x_i}{\partial y_j}\right),\left(\frac{\partial x_i}{\partial \eta_j}\right)\right)$ は最大階数 n を持ち，従ってその適当な n 列の小行列は非退化となるから，それらに対応する添え字を使えばよい．　□

問 8.7　正準変換は (8.26) を満たすことを確かめよ．(1 次微分形式の外微分の定義は問 8.4 (1) を参照せよ．)

次の定理は 19 世紀の解析力学の最大の成果の一つです．実用的には，Hamilton 型の常微分方程式系を 1 階偏微分方程式に直して，偏微分方程式に対する変数分離法を適用することにより第一積分を探索する方法を与えるものです．偏微分方程式論の立場から見ると，逆に，1 階偏微分方程式が常微分方程式系に帰着できることを示すことで，解けたと考えるという，偏微分方程式の求積理論の基本的な例を与えるものです．また，力学系の運動に伴う正準変換の母関数の生成法を与える定理とも解釈できます．

定理 8.14 (**Hamilton-Jacobi**(ハミルトン ヤコビ) の理論)

(1) $\vec{x}(t;\vec{y},\vec{\eta})$, $\vec{\xi}(t;\vec{y},\vec{\eta})$ を Hamilton 系 (8.1) の初期値 $(\vec{y},\vec{\eta})$ に対応する初期値問題の解とすれば，$\vec{x} = \vec{x}(t;\vec{y},\vec{\eta})$ が $\vec{y}$ につき $\vec{y} = \vec{y}(t;\vec{x},\vec{\eta})$ と逆に解ける限り，次のような解軌道に沿う線積分にそれらを代入して得られる関数

$$S(t,\vec{x},\vec{\eta}) := \vec{y}\cdot\vec{\eta} + \int_0^t \left(\vec{\xi}\cdot\frac{d\vec{x}}{dt} - H\right)dt\bigg|_{\vec{\xi}=\vec{\xi}(t,\vec{y},\vec{\eta}),\vec{y}=\vec{y}(t,\vec{x},\vec{\eta})} \tag{8.27}$$

は Hamilton-Jacobi の方程式と呼ばれる 1 階偏微分方程式の初期値問題

$$\begin{cases} \dfrac{\partial S}{\partial t} + H(\vec{x},\nabla_{\vec{x}}S) = 0, \\ S(0,\vec{x},\vec{\eta}) = \vec{x}\cdot\vec{\eta} \end{cases} \tag{8.28}$$

の解となる.

(2) 逆に,後者の解 $S(t,\vec{x},\vec{\eta})$ から

$$\nabla_{\vec{\eta}}S(t,\vec{x},\vec{\eta})=\vec{y}, \qquad \nabla_{\vec{x}}S(t,\vec{x},\vec{\eta})=\vec{\xi} \qquad (8.29)$$

と置くとき,一つ目の方程式が $\vec{x}$ について解ける限り,これから定まる $\vec{x}=\vec{x}(t,\vec{y},\vec{\eta})$, $\vec{\xi}=\vec{\xi}(t,\vec{y},\vec{\eta})$ は Hamilton 系 (8.1) の初期値問題の解となる.

いずれの場合も可解性の仮定は $t=0$ の近くでは成立することが陰関数定理により容易に分かる.

この定理の証明は少々長いので省略します.興味の有る人は [16],第 III 部 §1.3 などを見てください.

Hamilton 系,あるいは Hamilton-Jacobi の方程式が解ければ,その解を用いて(時間に依存した)相空間の正準変換を施せば,どんな力学系も静止系に帰着してしまいます.逆に言えば,力学系を静止系に帰着させるような正準変換を求めることが,運動方程式を解くことの意味でもあるのです.これは理論的には非常に美しく意味の有る結果ですが,この方法で実際に解けるのは,可積分系と呼ばれる,重要だがきわめて特殊な方程式系に限られます[11].前にも述べたように,この方法で解けない方程式は,定性的に研究したり,摂動法や数値計算により近似解を実用的に求めることになります.

---

[11] 有名なものに Kowalevskaya(コワレフスカヤ)の独楽があります.これは Newton 以後初めて発見された新しい第一積分を用いたものでした.

第9章

天体力学入門

　天体力学，すなわち惑星などの天体の運動の研究は，力学系すなわち微分方程式系の解の研究の源泉であり，特にその元祖となった2体問題は微積分の創造に与ったのでした．2体問題については，既に第1章で解説したように，方程式系が完全積分でき，運動が解析的に決定されます．しかし，天体の個数をもう一つだけ増やした3体問題になると，もはや一般には解けなくなってしまいます．第3章で述べたように，常微分方程式の定性的理論は，解析的には解くことができない3体問題の解の性質を何とかして調べようという動機から発展してきたのでした．このような背景から，本書では，微分方程式の講義を抽象論だけで終わらせないために，その故郷である3体問題について基本的な事項を紹介し，最後に最近の話題にも触れておこうと思います．実際の天体力学は，第5章でちょっと紹介した摂動計算により，既知の解からのずれを微小パラメータについて展開し，近似計算して，有限な時間区間での軌道の予測をする地味な仕事が中心でしたが，人工衛星の打ち上げによってその重要性が再認識されたという経緯もあります．

9.1 3体問題の古典解

3体問題の方程式を改めて書けば，万有引力の法則より

$$m_j \frac{d^2 \vec{x}_j}{dt^2} = -\gamma \sum_{k:k \neq j} m_j m_k \frac{\vec{x}_j - \vec{x}_k}{|\vec{x}_j - \vec{x}_k|^3}, \quad j=1,2,3 \qquad (9.1)$$

となります．未知数は2階の連立方程式としては $3 \times 3 = 9$ 個，1階連立系に直せば $6 \times 3 = 18$ 個であり，2体問題と異なって平面に収まらない解も存在します．2体問題と同様，いくつかの第一積分が知られています．まず，(9.1) は Hamilton 系の形で

$$\left. \begin{array}{l} \dfrac{d\vec{x}_j}{dt} = \dfrac{1}{m_j} \vec{\xi}_j, \\ \dfrac{d\vec{\xi}_j}{dt} = -\gamma \sum_{k:k \neq j} m_j m_k \dfrac{\vec{x}_j - \vec{x}_k}{|\vec{x}_j - \vec{x}_k|^3} \end{array} \right\}, \quad j=1,2,3 \qquad (9.2)$$

と書かれ，Hamilton 関数は

$$H(\vec{x}_1,\vec{x}_2,\vec{x}_3,\vec{\xi}_1,\vec{\xi}_2,\vec{\xi}_3) = \sum_{j=1}^{3}\frac{|\vec{\xi}_j|^2}{2m_j} - \gamma\Big(\frac{m_1 m_2}{|\vec{x}_1-\vec{x}_2|} + \frac{m_1 m_3}{|\vec{x}_1-\vec{x}_3|} + \frac{m_2 m_3}{|\vec{x}_2-\vec{x}_3|}\Big) \quad (9.3)$$

であり，従ってこれは各軌道に沿って総エネルギーという一定値をとる保存量となります．次に (9.1) の方程式を 3 個加えれば，

$$\frac{d^2}{dt^2}\sum_{j=1}^{3} m_j \vec{x}_j = 0 \qquad \therefore \quad \frac{d}{dt}\sum_{j=1}^{3} m_j \vec{x}_j = \vec{c}_1 \quad (\text{一定}).$$

これから，

$$\sum_{j=1}^{3}\vec{\xi}_j = \vec{c}_1, \qquad \text{かつ} \quad \sum_{j=1}^{3} m_j \vec{x}_j = \vec{c}_1 t + \vec{c}_2 \quad (9.4)$$

となります．これは物理的には，重心 $\frac{1}{m_1+m_2+m_3}\sum_{j=1}^{3} m_j\vec{x}_j$ が等速運動をすること（運動量保存則）を意味し，従って Galilei の相対性原理（その数学的解釈は，相空間における原点の平行移動による方程式系の不変性です）により，これが原点に静止しているとしても一般性を失いません：

$$\sum_{j=1}^{3} m_j \vec{x}_j = 0. \quad (9.5)$$

最後に，同じベクトル同士の外積が 0 になることを思い出すと，

$$\frac{d}{dt}\Big(\sum_{j=1}^{3} m_j \vec{x}_j \times \frac{d\vec{x}_j}{dt}\Big) = \sum_{j=1}^{3} m_j \frac{d\vec{x}_j}{dt}\times\frac{d\vec{x}_j}{dt} + \sum_{j=1}^{3}\vec{x}_j \times m_j \frac{d^2\vec{x}_j}{dt^2}$$

$$= \sum_{j=1}^{3}\vec{x}_j \times \gamma \sum_{k:k\ne j} m_j m_k \frac{\vec{x}_k-\vec{x}_j}{|\vec{x}_j-\vec{x}_k|^3}$$

$$= \gamma\sum_{j=1}^{3}\sum_{k:k\ne j} m_j m_k \frac{\vec{x}_j\times\vec{x}_k}{|\vec{x}_j-\vec{x}_k|^3} = 0. \quad (9.6)$$

最後の和は外積の交代性 $\vec{x}_j\times\vec{x}_k = -\vec{x}_k\times\vec{x}_j$ により 2 項ずつ打ち消し合いました．これはいわゆる**角運動量**の保存則です．以上の保存量は，より一般に n 体問題，あるいは更に一般に，閉じた（すなわち外部から力を受けない）保存系（すなわち総エネルギーが摩擦などで熱等の非力学的なエネルギーに変化しない系）が常に持つ第一積分です．特に 2 体問題の場合は，これから系の運動が決定でき，完全積分可能となります．

問 9.1 この方法で，第 1 章において初等的な微積分の計算で導いた 2 体問題の軌道を再度導いてみよ[1]．

---

[1] ただし最初から平面運動に限って良いものとする．この条件を外すには，すぐ後に言及する Jacobi の技法が必要となる．

9.1 3体問題の古典解

以上で 3×2（重心の固定）＋3（角運動量の固定）＋1（エネルギーの固定）＝ 10 個の拘束条件が得られました．この他に Jacobi による昇交点の消去[2])という技法があってもう一つ変数が減らせることが知られていますが，それでもまだ未知数は $18-11=7$ 個も残っています．200 年ほどの無益な探索の後に，Poincaré は一般の 3 体問題では，これ以外に 1 価解析的な第一積分は存在しないことを証明してしまいました．従って，3 体問題は 2 体問題のように式で表された一般解を求めるのは不可能で，ある特定の問題についてそのような解が欲しければ，自分で新たに問題に特定した保存量を導入し，それを保存するような特殊解を探すしかないことになります．

なお，第一積分とは直接関係ありませんが，3 体問題の解は常に次のような自己相似性を持つことも分かります：

補題 9.1 $\vec{x}_j(t), j=1,2,3$ が方程式系 (9.1) の解ならば，任意の $\lambda \neq 0$ に対して $\lambda^{-2/3}\vec{x}_j(\lambda t), j=1,2,3$ もまた (9.1) の解となる．従って，もしある質量の組に対して，ある周期を持つ周期解が存在すれば，同じ質量の組に対し，任意の周期の周期解でそれと相似な軌道を持つものが存在する．

これは (9.1) に直接代入して計算すれば容易に確かめられます．

問 9.2 補題 9.1 を確かめよ．

3 体問題の数値解を Runge-Kutta 法などで直接求めるときのために，(9.1) に (9.5) を代入して得られる方程式を書いておきましょう．

$$\frac{d^2\vec{x}_1}{dt^2} = -\gamma\left\{\frac{m_2(\vec{x}_1-\vec{x}_2)}{|\vec{x}_1-\vec{x}_2|^3} + m_3^3\frac{(m_1+m_3)\vec{x}_1+m_2\vec{x}_2}{|(m_1+m_3)\vec{x}_1+m_2\vec{x}_2|^3}\right\},$$

$$\frac{d^2\vec{x}_2}{dt^2} = -\gamma\left\{\frac{m_1(\vec{x}_2-\vec{x}_1)}{|\vec{x}_2-\vec{x}_1|^3} + m_3^3\frac{(m_2+m_3)\vec{x}_2+m_1\vec{x}_1}{|(m_2+m_3)\vec{x}_2+m_1\vec{x}_1|^3}\right\}.$$

3 体問題は 18 世紀には既に Euler や Lagrange など主な数学者によって研究されており，いくつかの特殊解はその頃から知られていました．まずそのような古典的周期解を紹介しましょう．

定理 9.2（**Euler の直線解** 1767） 任意の質量の組に対し，3 体が同一平面内で同心円上を動き，かつ 3 体が常に同一直線上に有るような周期解が存在する．

証明 重心を原点にとれば，軌道の仮定から $r_1 > r_2 \geq 0$ を定数とし，極座標で

$$\vec{x}_1 = r_1(\cos\theta,\sin\theta),\quad \vec{x}_2 = r_2(\cos\theta,\sin\theta),\quad \vec{x}_3 = -\frac{m_1 r_1+m_2 r_2}{m_3}(\cos\theta,\sin\theta) \tag{9.7}$$

と置くことができる．（重心は 3 体と同じ直線上に有るので，動かないのは原点だけであ

---

[2]) elimination of ascending node. 系全体の回転を利用して自由度を一つ下げる方法で，一般の Hamilton 系で有効ですが，Jacobi により既に 3 体問題で用いられていました．[15], p.117 参照．

る．）この時点で未知数は θ とそれに対応する運動量座標の計 2 個になっており，従ってこれらはエネルギー保存と角運動量保存の二つの拘束条件から決定されてしまう．

$$\begin{aligned}
\frac{d\vec{x}_1}{dt} &= r_1 \frac{d\theta}{dt}(-\sin\theta, \cos\theta), \\
\frac{d\vec{x}_2}{dt} &= r_2 \frac{d\theta}{dt}(-\sin\theta, \cos\theta), \\
\frac{d\vec{x}_3}{dt} &= -\frac{m_1 r_1 + m_2 r_2}{m_3} \frac{d\theta}{dt}(-\sin\theta, \cos\theta)
\end{aligned} \quad (9.8)$$

であるから，エネルギー保存則は

$$\frac{m_1 r_1^2}{2}\left(\frac{d\theta}{dt}\right)^2 + \frac{m_2 r_2^2}{2}\left(\frac{d\theta}{dt}\right)^2 + \frac{(m_1 r_1 + m_2 r_2)^2}{2m_3}\left(\frac{d\theta}{dt}\right)^2$$
$$- \gamma\left(\frac{m_1 m_2}{r_1 - r_2} + \frac{m_1 m_3^2}{(m_1 + m_3)r_1 + m_2 r_2} + \frac{m_2 m_3^2}{m_1 r_1 + (m_2 + m_3)r_2}\right) = E \quad (\text{一定}).$$

また，角運動量の保存則は

$$\left(m_1 r_1^2 + m_2 r_2^2 + \frac{(m_1 r_1 + m_2 r_2)^2}{m_3}\right)\frac{d\theta}{dt} = \Omega \quad (\text{一定}).$$

これより，角速度は一定，従って周期を T とすれば $\frac{d\theta}{dt} = \frac{2\pi}{T}$ であることが分かる．この二つの式から，定数 m_1, m_2, m_3，および r_1, r_2, T を与えると，それに応じて E，Ω が定まり，運動が確定することが分かる．ただし，これらの定数は勝手には与えられない．実際，常識で考えても，軌道半径を定め，質量も定めたときには，周期的円運動を実現するような初期速度，従って $\frac{d\theta}{dt}$ の値は天体毎に一つに決まるはずである．そこでもとの運動方程式に戻り，$\frac{d\theta}{dt} = $ 一定という条件を課して (9.8) を t につき更に微分してみると，

$$\begin{aligned}
\frac{d^2\vec{x}_1}{dt^2} &= -r_1\left(\frac{d\theta}{dt}\right)^2(\cos\theta, \sin\theta) \\
&= -\gamma\left\{\frac{m_2}{(r_1 - r_2)^2} + \frac{m_3^3}{((m_1 + m_3)r_1 + m_2 r_2)^2}\right\}(\cos\theta, \sin\theta), \\
\frac{d^2\vec{x}_2}{dt^2} &= -r_2\left(\frac{d\theta}{dt}\right)^2(\cos\theta, \sin\theta) \\
&= -\gamma\left\{-\frac{m_2}{(r_1 - r_2)^2} + \frac{m_3^3}{(m_1 r_1 + (m_2 + m_3)r_2)^2}\right\}(\cos\theta, \sin\theta), \\
\frac{d^2\vec{x}_3}{dt^2} &= \frac{m_1 r_1 + m_2 r_2}{m_3}\left(\frac{d\theta}{dt}\right)^2(\cos\theta, \sin\theta) \\
&= \gamma\left\{\frac{m_1 m_3^2}{((m_1 + m_3)r_1 + m_2 r_2)^2} + \frac{m_2 m_3^2}{(m_1 r_1 + (m_2 + m_3)r_2)^2}\right\}(\cos\theta, \sin\theta).
\end{aligned}$$

従って

9.1 3体問題の古典解

$$r_1\left(\frac{d\theta}{dt}\right)^2 = \gamma\left\{\frac{m_2}{(r_1-r_2)^2} + \frac{m_3^3}{((m_1+m_3)r_1+m_2r_2)^2}\right\},$$

$$r_2\left(\frac{d\theta}{dt}\right)^2 = \gamma\left\{-\frac{m_2}{(r_1-r_2)^2} + \frac{m_3^3}{(m_1r_1+(m_2+m_3)r_2)^2}\right\},$$

$$\frac{m_1r_1+m_2r_2}{m_3}\left(\frac{d\theta}{dt}\right)^2$$
$$= \gamma\left\{\frac{m_1m_3^2}{((m_1+m_3)r_1+m_2r_2)^2} + \frac{m_2m_3^2}{(m_1r_1+(m_2+m_3)r_2)^2}\right\}$$
(9.9)

という三つの式を得る．これから，例えば m_1, m_2, m_3 を一般的に与えると比 $r_2 : r_1$ が（従って $r_3 : r_1$ も）定まり，更に r_1 を定めると角速度が決まってしまうことが分かる．□

特に，等質量 $m_1 = m_2 = m_3 = m$ のときは，明らかに $r_2 = 0$ ですが，このとき $r_1 = r$ と書き直せば，上の最後の連立方程式 (9.9) は，真ん中が消失し，最初と最後は一致して

$$r\left(\frac{d\theta}{dt}\right)^2 = \gamma\left(\frac{m}{r^2}+\frac{m}{4r^2}\right) = \gamma\frac{5m}{4r^2} \quad \therefore \quad \left(\frac{d\theta}{dt}\right)^2 = \gamma\frac{5m}{4r^3}$$

となります．よって m と r は勝手に与えることができ，それに応じて $\frac{d\theta}{dt}$ が決まります．また，全エネルギーと角運動量

$$E = mr^2\left(\frac{d\theta}{dt}\right)^2 - \gamma\left(\frac{m^2}{r}+\frac{m^2}{2r}+\frac{m^2}{r}\right) = \gamma\frac{5m^2}{4r}-\gamma\frac{5m^2}{2r} = -\gamma\frac{5m^2}{4r},$$

$$\Omega = 2mr^2\frac{d\theta}{dt} = m\sqrt{5\gamma mr}$$

も m, r から定まります．

残念ながら，Euler の直線解はどんなパラメータの値に対しても常に不安定であることが知られています．従って外部からの系の微小な撹乱が長い年月の間には周期軌道をくずしてしまうので，自然界にこのような 3 体を見出すことは不可能でしょう．

問 9.3 3 体がすべて静止しているような解は存在するか？

定理 9.3（**Lagrange の正 3 角形解** 1772） 3 体が平面内で原点を中心とする円運動をし，かつ 3 体が常に正 3 角形を形作るような解が存在する．3 体の重心は必然的に同心円の中心となる．

証明 簡単のため平面ベクトルを複素数で表示しよう．このときベクトルの長さは複素数の絶対値となる．軌道の仮定から $r_j, j = 1, 2, 3$ を定数とし，

$$\vec{x}_1 = r_1 e^{i\theta_1}, \quad \vec{x}_2 = r_2 e^{i\theta_2}, \quad \vec{x}_3 = r_3 e^{i\theta_3}$$

と極表示を用いるとき，まず重心が動かないことから，

図 9.1 Lagrange の正 3 角形解

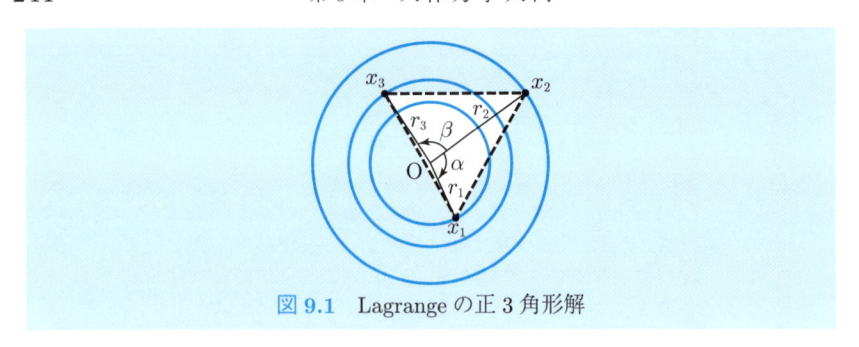

$$m_1\vec{x}_1 + m_2\vec{x}_2 + m_3\vec{x}_3 = m_1 r_1 e^{i\theta_1} + m_2 r_2 e^{i\theta_2} + m_3 r_3 e^{i\theta_3} = c. \tag{9.10}$$

ただし,今の原点の決め方では,$c = 0$ かどうかはそれほど自明ではない.次に正 3 角形を成すという条件から,図 9.1 の位置関係に $\vec{x}_j$ があるものとして,

$$\vec{x}_1 - \vec{x}_2 = (\vec{x}_3 - \vec{x}_2) e^{\pi i/3}.$$
$$\text{i.e. } (r_1 e^{i\theta_1} - r_2 e^{i\theta_2}) = (r_3 e^{i\theta_3} - r_2 e^{i\theta_2}) e^{\pi i/3}. \tag{9.11}$$

ただし,正 3 角形の辺長が時間によらず一定かどうかは最初から明らかという訳ではない.(9.10), (9.11) を $e^{i\theta_2}$ で割り算して

$$|m_1 r_1 e^{i(\theta_1 - \theta_2)} + m_2 r_2 + m_3 r_3 e^{i(\theta_3 - \theta_2)}| = |c|,$$
$$r_1 e^{i(\theta_1 - \theta_2)} - r_2 = (r_3 e^{i(\theta_3 - \theta_2)} - r_2) e^{\pi i/3}.$$
$$\therefore |(m_1 + m_3 e^{-\pi i/3}) r_1 e^{i(\theta_1 - \theta_2)} + m_2 r_2 + m_3 (1 - e^{-\pi i/3}) r_2| = |c|.$$

ここで $(m_1 + m_3 e^{-\pi i/3}) r_1 \neq 0$, $m_2 r_2 + m_3 (1 - e^{-\pi i/3}) r_2 \neq 0$ が虚部を見れば明らかである.一般に複素定数 c_1, c_2 について $c_1 + c_2 e^{i\theta}$ は θ を実で動かすと複素平面で c_1 を中心とする半径 $|c_2|$ の円を描くので,これらの定数が零でなければ,原点からの距離は変化する.よって,$\alpha := \theta_1 - \theta_2$ は一定である.同様の議論により,$\beta := \theta_3 - \theta_2$ も一定となる.従って 3 角形 $O\vec{x}_1\vec{x}_2$ 等の合同条件から,正 3 角形の辺長も一定となる.今これを r と置き,$\theta := \theta_2$ を唯一の変数とすれば,

$$\vec{x}_2 = r_2 e^{i\theta}, \quad \vec{x}_1 = r_1 e^{i(\theta + \alpha)}, \quad \vec{x}_3 = r_3 e^{i(\theta + \beta)},$$
$$|r_1 e^{i\alpha} - r_2| = |r_3 e^{i\beta} - r_2| = r, \quad r_1 e^{i\alpha} - r_2 = (r_3 e^{i\beta} - r_2) e^{\pi i/3} \tag{9.12}$$

となる.この 1 行目を時間微分すれば

$$\frac{d\vec{x}_1}{dt} = ir_1 e^{i(\theta + \alpha)} \frac{d\theta}{dt}, \quad \frac{d\vec{x}_2}{dt} = ir_2 e^{i\theta} \frac{d\theta}{dt}, \quad \frac{d\vec{x}_3}{dt} = ir_3 e^{i(\theta + \beta)} \frac{d\theta}{dt} \tag{9.13}$$

であり,これらを (9.10) を微分した式に代入すれば

$$(m_1 r_1 e^{i\alpha} + m_2 r_2 + m_3 r_3 e^{i\beta}) ie^{i\theta} \frac{d\theta}{dt} = 0.$$

ここで $\frac{d\theta}{dt} \neq 0$ なので(問 9.3 参照),これより

9.1 3体問題の古典解

$$m_1 r_1 e^{i\alpha} + m_2 r_2 + m_3 r_3 e^{i\beta} = 0. \tag{9.14}$$

従って (9.10) より $c = 0$ となり，重心は原点であることが分かった．また，エネルギー保存則は，(9.13) から

$$\left(\frac{m_1 r_1^2}{2} + \frac{m_2 r_2^2}{2} + \frac{m_3 r_3^2}{2}\right)\left(\frac{d\theta}{dt}\right)^2 - \gamma \frac{m_1 m_2 + m_1 m_3 + m_2 m_3}{r} = E \quad (\text{一定})$$

となる．よって $\frac{d\theta}{dt}$ が一定となり，3体は同じ速度で等速円運動をすることが分かった．その周期を T とすれば

$$\frac{d\theta}{dt} = \frac{2\pi}{T}.$$

最後に角運動量を見よう．位置ベクトルを表す複素数を時間微分すると i が掛かるが，これはもとのベクトルを正の向きに 90 度回転させるだけだから，両者の外積は長さがそれぞれの長さの積で，向きは複素平面に垂直となる：

$$\vec{x}_j \times m_j \frac{d\vec{x}_j}{dt} = m_j r_j^2 \frac{d\theta}{dt}(0,0,1).$$

従って角運動量保存則は

$$(m_1 r_1^2 + m_2 r_2^2 + m_3 r_3^2)\frac{d\theta}{dt} = \Omega \quad (\text{一定})$$

となる．以上より，Lagrange の正 3 角形解は m_1, m_2, m_3 と r_2 を与えたとき，(9.12) の最後の式と (9.14) から $r_1 e^{i\alpha}$ と $r_3 e^{i\beta}$ が決まり，次いで周期 T を与えると，上の二つの式で定まるエネルギー E と角運動量 Ω を持った運動が定まることが分かる．対称性により，指定するのは r_1, r_2, r_3 の任意の一個でよい．幾何学的には，正 3 角形を原点がその内部に含まれるようにまず描き，次いで重心が原点に一致するように各頂点に質量 m_1, m_2, m_3 を配置すれば，これから r_1, r_2, r_3 と α, β が定まって，すべての条件を満たす配位が得られる．この幾何学的条件を満たす限り，r_1, r_2, r_3 と m_1, m_2, m_3 のうち任意の一つを自由に指定できることも分かる．ただし，この場合も周期，あるいは角速度は，質量と 3 角形の位置から決まってしまう．実際，(9.13) を微分して運動方程式と比較することにより

$$\frac{d^2\vec{x}_1}{dt^2} = -r_1 e^{i(\theta+\alpha)}\left(\frac{d\theta}{dt}\right)^2$$
$$= -\gamma\frac{m_2}{r^3}(r_1 e^{i(\theta+\alpha)} - r_2 e^{i\theta}) - \gamma\frac{m_3}{r^3}(r_1 e^{i(\theta+\alpha)} - r_3 e^{i(\theta+\beta)}),$$

$$\frac{d^2\vec{x}_2}{dt^2} = -r_2 e^{i\theta}\left(\frac{d\theta}{dt}\right)^2 = -\gamma\frac{m_1}{r^3}(r_2 e^{i\theta} - r_1 e^{i(\theta+\alpha)}) - \gamma\frac{m_3}{r^3}(r_2 e^{i\theta} - r_3 e^{i(\theta+\beta)}),$$

$$\frac{d^2\vec{x}_3}{dt^2} = -r_3 e^{i(\theta+\beta)}\left(\frac{d\theta}{dt}\right)^2$$
$$= -\gamma\frac{m_1}{r^3}(r_3 e^{i(\theta+\beta)} - r_1 e^{i(\theta+\alpha)}) - \gamma\frac{m_2}{r^3}(r_3 e^{i(\theta+\beta)} - r_2 e^{i\theta}).$$

これより

$$\left(\frac{d\theta}{dt}\right)^2 = \gamma \frac{m_2}{r^3}\left(1 - \frac{r_2}{r_1}e^{-i\alpha}\right) + \gamma \frac{m_3}{r^3}\left(1 - \frac{r_3}{r_1}e^{i(\beta-\alpha)}\right)$$
$$= \gamma \frac{m_1}{r^3}\left(1 - \frac{r_1}{r_2}e^{i\alpha}\right) + \gamma \frac{m_3}{r^3}\left(1 - \frac{r_3}{r_2}e^{i\beta}\right)$$
$$= \gamma \frac{m_1}{r^3}\left(1 - \frac{r_1}{r_3}e^{i(\alpha-\beta)}\right) + \gamma \frac{m_2}{r^3}\left(1 - \frac{r_2}{r_3}e^{-i\beta}\right). \qquad \Box$$

特に，$m_1 = m_2 = m_3 = m$ で原点が正 3 角形の重心と一致する場合のデータは，$\alpha = -2\pi/3$, $\beta = 2\pi/3$ で，$e^{-i\alpha} + e^{i(\beta-\alpha)} = \omega + \omega^2 = -1$ (ここに $\omega = e^{2\pi i/3}$ は 1 の原始 3 乗根) 等々なので，

$$\left(\frac{d\theta}{dt}\right)^2 = \gamma \frac{3m}{r^3}$$

となります．

 Lagrange の正 3 角形解は，一体の質量が他の 2 体のそれに比して大きいとき，安定となることが知られています．実際にも，小惑星の中に，太陽と木星を組として正 3 角形を成して運動しているものが 20 世紀始めに発見されました．これらはほぼ木星の軌道上で木星の前と後を運動しており，それぞれギリシャ群，トロイ群と呼ばれています (制限 3 体問題の特異点の項を参照)．

 Lagrange の正 3 角形解は，各天体が原点を焦点とする楕円上を動き，かつそれらが常に正 3 角形を形作る場合に一般化されます．この場合は正 3 角形の大きさは常に変化します．任意の質量比に対して存在が知られている解の族としては以上がすべてです．

■ 9.2 制限 3 体問題

 制限 3 体問題は，3 体目の質量が始めの 2 体に比して小さいときに，3 体問題の方程式をより簡単な近似方程式に置き換えたもので，第 3 章で論じた解のパラメータ連続依存性がその根拠です．地球から出発するロケットはもちろん，太陽と地球と月とか，太陽と木星と地球などについてもこの近似が良く当てはまるので，実用的計算としても重要です．近似の手順は，3 番目の小さい天体は始めの 2 体の運動に全く影響を及ぼさないとして，まず前者を 2 体問題として解き，その解を具体的に用いて残りの微小天体の軌道を求めるというものです．普通は更に太陽系の現実に合わせて，始めの 2 体がそれらの重心を中心とする円運動をしており，従って等速で回転する線分上にあることまで仮定します．また，第 3 の天体が最初の 2 体と同一の平面内を運動することも仮定するのが普通です．以上を運動方程式で書けば，表現を簡単にするため，質量の単位の調整により万有引力定数を吸収すると

$$m_1 \frac{d^2 \vec{x}_1}{dt^2} = -m_1 m_2 \frac{\vec{x}_1 - \vec{x}_2}{|\vec{x}_1 - \vec{x}_2|^3}, \quad m_2 \frac{d^2 \vec{x}_2}{dt^2} = -m_1 m_2 \frac{\vec{x}_2 - \vec{x}_1}{|\vec{x}_2 - \vec{x}_1|^3},$$
$$m_3 \frac{d^2 \vec{x}_3}{dt^2} = -m_3 m_1 \frac{\vec{x}_3 - \vec{x}_1}{|\vec{x}_3 - \vec{x}_1|^3} - m_3 m_2 \frac{\vec{x}_3 - \vec{x}_2}{|\vec{x}_3 - \vec{x}_2|^3} \qquad (9.15)$$

9.2 制限3体問題

となります。ここで、大きな2体の角速度を ω とすれば、

$$\vec{x}_1 = r_1 e^{i\omega t}, \quad \vec{x}_2 = -r_2 e^{i\omega t} \quad (m_1 r_1 = m_2 r_2)$$

と書けるので、普通は $\mu := \dfrac{m_2}{m_1 + m_2}$ と置き、m_j の単位を調整(すなわち相似変換)して $m_1 = 1-\mu, m_2 = \mu$ と置き直します。(後で μ も小さいと仮定します。これは、例えば $\vec{x}_1$ が太陽、$\vec{x}_2$ が地球、$\vec{x}_3$ が月のような場合です。)また、$r_2 = \dfrac{1-\mu}{\mu} r_1$ に注意して $r_1 + r_2 = \dfrac{r_1}{\mu}$。これは始めの2体間の距離なので、これを長さの単位に取り、$r_1 + r_2 = 1$ と置けば、$r_1 = \mu, r_2 = 1-\mu$ となります。

以上により、これから主役となる小さな天体 $\vec{x}_3 = re^{i\theta}$ が満たす方程式は

$$\frac{d^2}{dt^2}(re^{i\theta}) = -(1-\mu)\frac{re^{i\theta} - \mu e^{i\omega t}}{|re^{i\theta} - \mu e^{i\omega t}|^3} - \mu \frac{re^{i\theta} + (1-\mu)e^{i\omega t}}{|re^{i\theta} + (1-\mu)e^{i\omega t}|^3} \tag{9.16}$$

となります。この方程式は時間変数 t を陽に含むため、保存系の形をしていません。そこで、時間に依存する座標変換として、最初の2体とともに回転する座標を導入します。これは $\varphi = \theta - \omega t$ を新しい角度変数に採用することに相当するので、上の式でこの置き換えをして両辺を $e^{i\omega t}$ で割ると

$$e^{-i\omega t}\frac{d^2}{dt^2}(re^{i(\varphi+\omega t)}) = -(1-\mu)\frac{re^{i\varphi} - \mu}{|re^{i\varphi} - \mu|^3} - \mu \frac{re^{i\varphi} + 1-\mu}{|re^{i\varphi} + 1-\mu|^3}.$$

ここで左辺は

$$e^{-i\omega t}\frac{d^2}{dt^2}(re^{i(\varphi+\omega t)}) = \frac{d^2}{dt^2}(re^{i\varphi}) + 2\omega i \frac{d}{dt}(re^{i\varphi}) - re^{i\varphi}\omega^2$$

ですから、時間を陽に含まない方程式

$$\frac{d^2}{dt^2}(re^{i\varphi}) + 2\omega i \frac{d}{dt}(re^{i\varphi}) - re^{i\varphi}\omega^2 = -(1-\mu)\frac{re^{i\varphi} - \mu}{|re^{i\varphi} - \mu|^3} - \mu \frac{re^{i\varphi} + 1-\mu}{|re^{i\varphi} + 1-\mu|^3}$$

が得られました。これを直角座標 $x = r\cos\varphi, y = r\sin\varphi$ に書き戻すと、上の式の実部、虚部から、それぞれ

$$\begin{aligned}
\frac{d^2 x}{dt^2} - 2\omega\frac{dy}{dt} - \omega^2 x &= -\frac{(1-\mu)(x-\mu)}{\sqrt{(x-\mu)^2 + y^2}^3} - \frac{\mu(x+1-\mu)}{\sqrt{(x+1-\mu)^2 + y^2}^3}, \\
\frac{d^2 y}{dt^2} + 2\omega\frac{dx}{dt} - \omega^2 y &= -\frac{(1-\mu)y}{\sqrt{(x-\mu)^2 + y^2}^3} - \frac{\mu y}{\sqrt{(x+1-\mu)^2 + y^2}^3}
\end{aligned} \tag{9.17}$$

を得ます。この変換は前章の一般論ではカバーされていませんが、(8.5) と見比べると、

$$\begin{aligned}
L(x,y,\dot{x},\dot{y}) &:= \frac{\dot{x}^2 + \dot{y}^2}{2} + \omega(x\dot{y} - y\dot{x}) \\
&\quad + \frac{\omega^2}{2}(x^2 + y^2) + \frac{1-\mu}{\sqrt{(x-\mu)^2 + y^2}} + \frac{\mu}{\sqrt{(x+1-\mu)^2 + y^2}} \\
&= \frac{(\dot{x} - \omega y)^2 + (\dot{y} + \omega x)^2}{2} + \frac{1-\mu}{\sqrt{(x-\mu)^2 + y^2}} + \frac{\mu}{\sqrt{(x+1-\mu)^2 + y^2}}
\end{aligned} \tag{9.18}$$

という Lagrange 関数に対する Lagrange の運動方程式となっていることが容易に分かります. よって x, y に対する共役運動量座標を

$$\xi = \frac{\partial L}{\partial \dot{x}} = \dot{x} - \omega y, \quad \eta = \frac{\partial L}{\partial \dot{y}} = \dot{y} + \omega x$$

と導入すれば, 補題 8.7 により

$$\begin{aligned} H(x, y, \xi, \eta) &:= \xi \dot{x} + \eta \dot{y} - L(x, y, \dot{x}, \dot{y}) \\ &= \frac{\xi^2 + \eta^2}{2} + \omega(\xi y - \eta x) - \frac{1 - \mu}{\sqrt{(x - \mu)^2 + y^2}} - \frac{\mu}{\sqrt{(x - 1 + \mu)^2 + y^2}} \end{aligned} \quad (9.19)$$

を Hamilton 関数として, 正準方程式による表現

$$\begin{aligned} \frac{dx}{dt} &= \frac{\partial H}{\partial \xi} = \xi + \omega y, \\ \frac{dy}{dt} &= \frac{\partial H}{\partial \eta} = \eta - \omega x, \\ \frac{d\xi}{dt} &= -\frac{\partial H}{\partial x} = \omega \eta - \frac{(1 - \mu)(x - \mu)}{\sqrt{(x - \mu)^2 + y^2}^3} - \frac{\mu(x + 1 - \mu)}{\sqrt{(x + 1 - \mu)^2 + y^2}^3}, \\ \frac{d\eta}{dt} &= -\frac{\partial H}{\partial y} = -\omega \xi - \frac{(1 - \mu) y}{\sqrt{(x - \mu)^2 + y^2}^3} - \frac{\mu y}{\sqrt{(x + 1 - \mu)^2 + y^2}^3} \end{aligned} \quad (9.20)$$

が得られます. よって H を第一積分として, 系は 3 次元多様体上の 1 階連立微分方程式に帰着しました. H は制限 3 体問題の **Jacobi の積分**と呼ばれています.

さて, (9.20) の右辺のベクトル場の特異点を調べましょう. まず, 最初の二つの方程式の右辺を 0 と置けば, $\xi = -\omega y, \eta = \omega x$. これらを残りの方程式の右辺を 0 と置いたものに代入すれば,

$$\begin{aligned} \omega^2 x &= \frac{(1 - \mu)(x - \mu)}{\sqrt{(x - \mu)^2 + y^2}^3} + \frac{\mu(x + 1 - \mu)}{\sqrt{(x + 1 - \mu)^2 + y^2}^3}, \\ \omega^2 y &= \frac{(1 - \mu) y}{\sqrt{(x - \mu)^2 + y^2}^3} + \frac{\mu y}{\sqrt{(x + 1 - \mu)^2 + y^2}^3}. \end{aligned} \quad (9.21)$$

第 2 の方程式から

$$y = 0, \quad \text{または} \quad \omega^2 = \frac{1 - \mu}{\sqrt{(x - \mu)^2 + y^2}^3} + \frac{\mu}{\sqrt{(x + 1 - \mu)^2 + y^2}^3}. \quad (9.22)$$

前者の $y = 0$ は第 3 の天体が最初の 2 体と同一直線上に有ることを意味し, 従ってこれは Euler の直線解に含まれます. (この解は今の座標では不動点ですが, 実は等角速度で回転していたことを思い出しましょう.) 実際, 第 1 の方程式に $y = 0$ を代入すると

$$\omega^2 x = \frac{1 - \mu}{(x - \mu)^2} + \frac{\mu}{(x - 1 + \mu)^2}$$

が得られ, これから第 3 の天体の位置が決まりますが, これは (9.9) の最後の式と比

9.2 制限 3 体問題

較すれば分かるように，定理 9.2 で述べた解と一致します．

後者に対しては，この方程式に x を乗じて (9.21) の第 1 の方程式から引くと

$$-\frac{\mu(1-\mu)}{\sqrt{(x-\mu)^2+y^2}^3}+\frac{\mu(1-\mu)}{\sqrt{(x+1-\mu)^2+y^2}^3}=0$$

すなわち $\quad \sqrt{(x-\mu)^2+y^2}=\sqrt{(x+1-\mu)^2+y^2}.$

これを (9.22) に代入し戻すと，この共通の値は $\omega^{-2/3}$ となります．第 1 章で計算した 2 体問題の周期の式 (1.21) から，今の場合は（そこでの μ がここの $1-\mu$ に相当するので）ほぼ $\omega=1$ となり，3 体 $(-1+\mu,0), (\mu,0), (x,y)$ は正 3 角形を成します．これも実際には全体が等角速度で回転しているので，Lagrange の正 3 角形解のところで述べた小惑星ギリシャ群，トロイ群の運動に相当する解であることが分かります．

さて，方程式 (9.20) には，Jacobi の積分 (9.19) 以外に第一積分は存在しないことが Poincaré により示されました．従って，これまでに紹介したもの以外の周期解の存在を示すには定性的理論に頼るしかありません．ここで用いられるのが次の定理です：

定理 9.4（**Poincaré の最後の定理**）$b>a>0$ を定数とし，平面の円環

$$T=\{(x,y); a\leq r:=\sqrt{x^2+y^2}\leq b\}$$

を考える．T からそれ自身への 1 対 1 全射な連続写像 f が

(1) $r=a$ 上では負の向きに回る．i.e. $f(a\cos\theta, a\sin\theta)=(a\cos\varphi, a\sin\varphi)$ とするとき，$\varphi<\theta$．
(2) $r=b$ 上では正の向きに回る．i.e. $f(b\cos\theta, b\sin\theta)=(b\cos\varphi, b\sin\varphi)$ とするとき，$\varphi>\theta$．
(3) ある正値測度 $\rho(x,y)dxdy$ に関して体積を保存する．i.e. 任意の $\Gamma\subset T$ に対し

$$\iint_\Gamma \rho(x,y)dxdy = \iint_{f(\Gamma)} \rho(x,y)dxdy.$$

（ρ は T の境界では 0 になってもよい．）

の 3 条件を満たすならば，f の不動点が T 内に少なくとも二つ存在する．

この定理は制限 3 体問題の解の存在を研究していた Poincaré が晩年に行き着いたもので，自分では証明できずに予想として残し，発表の 4 ヵ月後に亡くなったので，上のような意味深な名前が付きました．証明を与えたのはアメリカ最初の本格的数学者 G. D. Birkhoff（バーコフ）でした．

定理 9.3 の厳密な証明は難しいのですが，成立を納得させる説明は割と容易です：今，原点を通る半直線が内周，および外周を切る点を A, B とすれば，これらは f によりそれぞれ内周上の点 A_1，および外周上の点 B_1 に写ります．また，線分 AB は 2 点 A, B をつなぐ連続曲線弧に写ります．この曲線弧がもとの線分 AB を切る点を C_1 とすれば，これは線分 AB 上のある点 C から f により写って来ているはずです．以

上により，各動径の上には，f により同じ動径上に写る点が必ず存在します．これらの点をうまくつなぐことにより，円環内に閉曲線 γ を作ることができます（この詳細は信じることにしましょう）．γ は f により別の閉曲線 $f(\gamma)$ に写りますが，γ と内周で囲まれた部分領域を Γ，$f(\gamma)$ と内周で囲まれた部分領域を Γ' とすれば，仮定により

$$\iint_\Gamma \rho(x,y)dxdy = \iint_{\Gamma'} \rho(x,y)dxdy$$

なので，$\Gamma \subsetneq \Gamma'$ も $\Gamma' \subsetneq \Gamma$ も有り得ません．よってこれらの領域は互いに他からはみ出しているので，それらの境界線である γ と $f(\gamma)$ は少なくとも 2 点で交わります．

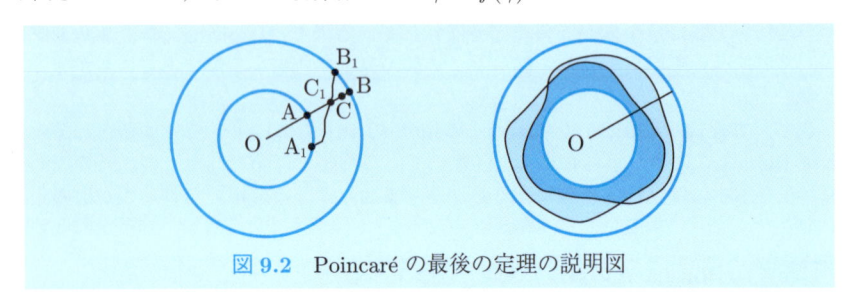

図 9.2 Poincaré の最後の定理の説明図

この定理を用いると，制限 3 体問題に無数の周期解が存在することが示せます．話の筋は，3 次元の等エネルギー多様体が芯のくり抜かれたドーナツのような形をしていることを示し，横断面の円環からドーナツを一周して戻ってくる写像に Poincaré の最後の定理が適用可能なことを確かめる，というものですが，μ が非常に小さいという特別な場合でも証明は非常に長いのです．興味のある人は[15] を見てください．

このように，3 体問題はその後 20 世紀に位相幾何学において力学系の定性的理論として一般化され発展したのでした．

上の結果は不動点定理の一種です．最も初等的な形の不動点定理は第 3 章でもその有用性を示されましたが，非線形方程式の解の存在を示すための道具として，不動点定理もさまざまに拡張され研究されてきました．特に，Brouwer の不動点定理や，それを無限次元にした Schauder の不動点定理は微分方程式と馴染みが深いものです．第 6 章で述べた Peano の存在定理は後者を用いて証明することができます．

■ 9.3 3 体問題の新しい解

昔は摂動計算もせいぜい手動の計算器程度でやっていたので，天体力学の計算は大変な作業でしたが，最近のコンピュータの進歩はこれを大きく変えようとしています．スペインの C. Simó は 1990 年頃から，コンピュータを用いて質量の等しい n 体の運動の奇妙な周期解を次々と発見し始めました．これらの解は，n 体が結び目のような閉曲線の上をダンスをしながら周期運動するように見えるので，コレオグラフィ

(choreography，ダンスの振付け記述法）と名付けられました．理論的正当化は無いものの，計算の安定性から，これらの解は真の解であることを確信させるものでした．2000年になってChenciner(シャンシネ)とMontgomery(モンゴメリ)は，Simóの計算を知らず独立に，コレオグラフィの最も簡単な例である八の字解の存在を理論的に推測し，その存在証明に成功しました．彼らの結果の発表を通して二つの仕事の存在と連関が明らかになったのです．最後の章が古い話ばかりでは申し訳ないので，以下，八の字解に関する結果の概略を紹介しましょう．

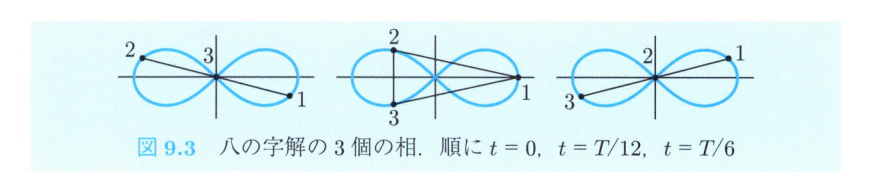

図 9.3 八の字解の3個の相．順に $t = 0$, $t = T/12$, $t = T/6$.

前章で述べたように，3体問題 (9.1) の解は適当な曲線族の上で**作用積分**

$$S[\vec{x}] := \int_0^T L(\vec{x}(t), \dot{\vec{x}}(t))dt, \tag{9.23}$$

ここに，$\vec{x} = (\vec{x}_1, \vec{x}_2, \vec{x}_3)$, $L(\vec{x}, \dot{\vec{x}}) = \sum_{j=1}^{3} \frac{m_j |\dot{\vec{x}}_j|^2}{2} + \sum_{j \neq k} \frac{\gamma m_j m_k}{|\vec{x}_j - \vec{x}_k|}$

を停留にするような曲線として実現できるのでした（**仮想仕事の原理**）．よって9次元のベクトル $\vec{x}$ が動く空間を配位空間（configuration space）と名付け，ここでこの変分問題の解を探せばよろしい．問題を易しくするため，平面運動を仮定し，また $m_1 = m_2 = m_3$ としてしまいます．すると配位空間は6次元になります．また，一般性を失うことなく，いつものように重心を原点に固定して考えることができ，これで配位空間は4次元になります．（今は相空間でなく，位置座標のみの空間で考えていることに注意しましょう．）更に，3体が成す3角形の形状の時間変化のみに着目するため，配位空間を向きを変えない合同変換で割り（商空間をとり）ます．これは3体が属する平面の回転で互いに移り得る3角形を同一視するということです．これで自由度が1減り，3次元の空間が得られますが，これを3体の形を記述する空間ということで形状空間（shape space）と名付けます．もとの配位空間には，2体が衝突する ($\vec{x}_i = \vec{x}_j, i \neq j$) とか，3体が同時衝突する ($\vec{x}_1 = \vec{x}_2 = \vec{x}_3$) とかの特異点[3]が有り，これらが形状空間にも引っ越して来ているので，解はこのような点を避けて通るような道の中から探さねばなりません．配位空間には系の慣性モーメントに相当する

$$I[\vec{x}] = \sum_{j=1}^{3} m_j |\vec{x}_j|^2$$

という距離が入り，等質量のときは回転不変なので，これも形状空間に引っ越せます．

---

[3] 不動点の意味ではなく，通常の解析学の意味での本当の特異点です．

作用積分 (9.23) は形状空間に引っ越せます．そこで対称性をうまく用いて変分法の解の存在を示すのですが，それは実際の軌道ではないので，後でこれを時間に依存する適当な回転と合成し，Newton の運動方程式の真の解を作らねばなりません．

このからくりをもう少し具体的に述べるため，以下，質量が 1 に等しい 3 体の平面運動のみを考えることとし，平面を複素平面と同一視して，3 体の動く空間を実 4 次元の線形多様体

$$\mathcal{X} := \left\{ \vec{x} = (x_1, x_2, x_3) \in \mathbf{C}^3 ; \sum_{j=1}^{3} x_j = 0 \right\}$$

と同一視します．これに次のような Hermite 計量[4]

$$\langle \vec{x}, \vec{y} \rangle = \sum_{j=1}^{3} \overline{x_j} y_j = \vec{x} \cdot \vec{y} + i\omega(\vec{x}, \vec{y})$$

を導入します．ここに，上付きバーは複素共役を表し，また

$$\vec{x} \cdot \vec{y} := \operatorname{Re} \vec{x} \cdot \operatorname{Re} \vec{y} + \operatorname{Im} \vec{x} \cdot \operatorname{Im} \vec{y}, \qquad \omega(\vec{x}, \vec{y}) := \operatorname{Re} \vec{x} \cdot \operatorname{Im} \vec{y} - \operatorname{Im} \vec{x} \cdot \operatorname{Re} \vec{y}$$

はそれぞれ，質量スカラー積，および質量シンプレクティック構造と呼ばれる実の双 1 次形式です．$\mathbf{R}^2 = \mathbf{C}$ の等距離群 $O(2)$ は $\mathcal{X}$ に対角型に作用します．特に，第 1 座標に関する鏡映 S と角 θ の回転 R_θ の作用は次のようになります．

$$S(x_1, x_2, x_3) = (\overline{x_1}, \overline{x_2}, \overline{x_3}), \qquad R_\theta(x_1, x_2, x_3) = (e^{i\theta} x_1, e^{i\theta} x_2, e^{i\theta} x_3).$$

配位空間は $\mathcal{X}$ から衝突に相当する位置を除いたもの $\dot{\mathcal{X}}$ であり，相空間はその接空間 $\dot{\mathcal{X}} \times \mathcal{X}$ です．この元を $(\vec{x}, \vec{y})$ で表すとき，$O(2)$ の元は相空間に $P(\vec{x}, \vec{y}) = (P\vec{x}, {}^t P \vec{y})$ で作用します．相空間上に次のような $O(2)$-不変関数を定義しましょう：

$$I = \vec{x} \cdot \vec{x}, \quad J = \vec{x} \cdot \vec{y}, \quad K = \vec{y} \cdot \vec{y}, \quad U = U(\vec{x}), \quad H = \frac{1}{2} K - U, \quad L = \frac{1}{2} K + U.$$

ここで，U は通常の万有引力の位置エネルギー関数の符号を変えたものを表しています（万有引力定数は 1 としています）：

$$U(x) = \frac{1}{r_{12}} + \frac{1}{r_{13}} + \frac{1}{r_{23}}, \qquad r_{ij} = |x_i - x_j|.$$

これらの関数の意味は，それぞれ I が原点（$=$ 重心）に関する慣性モーメント，J がその時間微分の $1/2$，K が運動エネルギーの 2 倍です．また H は全エネルギー，L は Lagrange 関数です．$r = I^{1/2}$ は配位空間のノルムとなります．

配位空間の中で中心的配位が以下の議論で重要な役割を占めます．これは，相似な運動を許容するもの，すなわち，相似縮小して重心に崩壊させられるような運動の配位のことで，特にその中で，回転を消去すると不動となる相対的平衡，すなわち全天体が重心のまわりに等速度運動をしているようなものは，被約ポテンシャル関数 $\widetilde{U} := \sqrt{I} U$，

---

[4] この Hermite 計量は数学で通常使われるものと複素共役を付ける位置が逆ですが，物理ではこちらの方が普通です．

9.3 3体問題の新しい解

あるいは $U|_{I=1}$ の特異点として求まり，3体問題の場合は Euler と Lagrange により決定されています．今は等質量なので，Euler の直線解は線分の中心を占める質量の番号により E_1, E_2, E_3 とラベル付けされ，Lagrange の正3角形解は，頂点の並び順の向きにより L^+, L^- と識別されます．

実4次元の配位空間を $SO(2)$ の作用で割ったものは，$\mathbf{R}^3$ と同一視され，被約配位空間と呼ばれます．これには配位空間の距離 I が誘導され，2次元球 $I=1$ を底面とする錐とみなせます．これが上述の形状空間です．

形状空間で $\vec{x}_i$ が原点に有り，他の2点の中点を占めるという形状は部分多様体を成しています．これを Euler の直線解にちなんで E_i と記しましょう．また，$\vec{x}_i$ が原点に有り，この点を頂点として他の2点とともに2等辺3角形を成す場合も部分多様体を成しますが，これを M_i と記し，第 i 経線と呼びましょう．これら二つの部分多様体をある一定の時間 T で結ぶような曲線弧の全体は，(9.23) の変分問題を考える際の許容されるクラスとなります．Chenciner と Montgomery は E_1 と M_2 を結ぶ道に関して最小作用を実現するものを取れば，これらが，それぞれ始点の部分多様体と終点の部分多様体に垂直に交わるので，対称性によりこれを折り返しながら12個つなげて，周期 $\bar{T}=12T$ を持つ一つの閉じた道にできることを発見したのでした．後はこの T の基本単位を成す曲線弧の存在を変分法できちんと言えばよいのですが，残念ながらもうスペースが無いので，この続きは発見者自身の解説[21] を見てください．本書のサポートページにも続きを載せる予定です．また，卒業研究で学生と一緒に開発した八の字解の OpenGL による C プログラムを Java に移植したものをサポートページに置いておきます．これを見ていると証明を読まなくても解の存在を信じたくなります．

ちなみに，図 9.3 は4次の Runge-Kutta 法を用いた数値計算で描いた八の字軌道です．恐らく代数曲線などにはなっておらず，これを記述するには新しい特殊関数が必要なのでしょうね．質量と初期配置の線分を単位にとったときの周期 T の値も数値計算でしか求められてはいないようです．

3体問題の理論的研究は突然復活した訳ではなく，脈々と続いてきました．八の字解ほど一般の人にまでセンセーショナルではありませんが，例を挙げると，Schubart 1956 は数値計算で直線上を運動する等質量の3体が2体衝突を繰り返しながら周期運動する解を見つけました．これは 1976 年に Hénon により任意の質量比の場合に一般化されました[5]が，これらの数学的正当化はやっと 2008 年になって Moeckel により位相的手段を用いて与えられました．衝突する解については，この他にも二つの直交する直線上を運動するものや，楕円軌道を描きつつ周期的に3体衝突するものなどが発見されていますが，衝突が起こる場合は数学的正当化はなかなか難しいようです．興味のある人は，Chensiner のウェブサイトなどを参考にしてください．

---

[5] M. Hénon はフランスの天文学者ですが，数学者には離散力学系の Hénon アトラクタで有名です．ここで紹介した結果は著者がちょうどグルノーブルに留学中に出たもので，Malgrange 先生から "3体問題の面白い解を見つけた人がいる" と聞かされました．

参考文献

世の中に微分方程式の良書は数多いが，スペースの関係で本文で直接引用したもののみ掲げる．

[1] 金子晃『基礎と応用微分積分 I』，サイエンス社，2000.

[2] 金子晃『基礎と応用微分積分 II』，サイエンス社，2001.

[3] 金子晃『線形代数講義』，サイエンス社，2004.

[4] 金子晃『数値計算講義』，サイエンス社，2009.

[5] 金子晃『数理基礎論講義』，サイエンス社，2010.

[6] 金子晃『基礎演習微分方程式』，サイエンス社，2014.

[7] 佐藤總夫『自然の数理と社会の数理，上，下』，日本評論社，1984, 1987.

[8] D. バージェス，M. ボリー（垣田高夫・大町比佐栄訳）『微分方程式で数学モデルを作ろう』，日本評論社，1990.

[9] 吉沢太郎『微分方程式入門』，朝倉書店，1970.

[10] トンプソン-ステュアート（橋口住久訳）『非線形力学とカオス』，オーム社，1988.

[11] 占部実『非線形問題 — 自励振動論 — (改訂版)』，共立現代数学講座，1968.

[12] 斎藤利弥『常微分方程式論』，朝倉書店，2004（復刻版）．

[13] 山口昌哉『非線型現象の数学』，朝倉書店，2005（復刻版）．

[14] 岡村博『微分方程式序説』，森北出版，1969.

[15] 斎藤利弥『解析力学入門』，至文堂，1964.

[16] 金子晃『偏微分方程式入門』，東京大学出版会，1998.

[17] 久賀道郎『ガロアの夢』，日本評論社，1968.

[18] 西岡久美子『微分体の理論』，共立出版，2010.

[19] 吉田耕作『積分方程式論（第 2 版）』，岩波全書，1978.

[20] E. A. コディントン，N. レヴィンソン（吉田節三訳）『常微分方程式論，上，下』，吉岡書店，1968-69.

[21] R. Montgomery "A new solution to the three-body problem", Notices of the AMS, **48**-5（2001），471–481. ［AMS のウェップサイトで誰でも閲覧可能］

[22] E. Kamke "Differenzialgleichungen, Lösungsmethoden und Lösungen I, Gewönliche Differenzialgleichungen", Akademische Verlagsgesellschaft Geest & Portig K.-G., Leipzig, 1956.

索　引

あ 行

アトラクタ　212
安定　186
一意性　8
一様 Hölder（ヘルダー）連続　72
一様 Cauchy（コーシー）列　67
一様収束　65
一様漸近安定　186
一様有界　152
一様 Lipschitz（リプシッツ）条件　64
1 階線形微分方程式　35
一般解　49
運動量　2, 219
運動量座標　219
演算子　115
重み付き最大値ノルム　81

か 行

解軌道　5, 179
解曲線　3
解の延長　80
解の基本系　105
角運動量　240
確定特異点 (regular singular point)　140
各点収束　65
仮想仕事の原理　26, 227, 251
関数行列式　220
完全積分可能　222
完全微分形　39
完備　76
完備性　62
基底　49
帰納的順序集合　164
基本解　119
基本行列　105
求積法　7
境界条件　126
境界値問題　126

共振現象　57
強制振動　55
行列のノルム　108
極限閉軌道 (limit cycle)　205
局所一意性　71
距離　74
距離空間　74
距離の公理　74
係数　49
決定系　83
決定方程式 (indicial equation)　53, 59, 140
決定論的カオス　213
減衰振動　51, 55
広義一様　176
勾配場　3
固有関数　127
固有振動　56
固有値　127
固有値問題　19
コンパクト　157

さ 行

再帰的集合　201
最大値ノルム　73, 84
作用　25
作用積分　25, 26, 227, 251
作用素ノルム　108
3 体問題　16
指数関数多項式　55
射撃法　132
周期境界条件　126
縮小写像　76
縮小写像の不動点定理　76
上限ノルム　73
常微分　83
常微分方程式　1
初期条件　8, 62
初期値　7

初期値問題　8, 62
自励系　4, 179, 187
シンプレクティック (symplectic)　231
ストレンジアトラクタ　215
スペクトル　127
正規形　1, 2, 83
斉次　49
正準 2-形式　233
正準変換　230
積分　39
積分因子　41
積分不等式　91
積分方程式　63
接触変換　43
摂動　146
摂動級数　146
摂動パラメータ　146
漸近安定　186
相空間 (phase space)　219
相平面　4
測度　223
速度抵抗　51

た 行

第一積分　221
第 3 種境界条件　126
多様体　222
単振動　51
単振動の方程式　2
逐次近似法　63
調和振動子　227
定数変化法　35, 54, 105
点列コンパクト　158
同次形　32
同程度一様連続　155
同程度連続 (equicontinuous)　152
特異解　44
特異摂動　149
特異点　6, 99
特殊解　36, 44, 100
特性指数　53, 140, 197
特性方程式　50, 58

独立変数　83

な 行

ノルム　74

は 行

ハミルトニアン (Hamiltonian)　219
汎関数　20
半大域的　158
万有引力の法則　10
非局所的境界条件　126
非斉次　49
微分求積法　43
微分形式　42
微分方程式の解　3
不確定特異点 (irregular singular point)　146
不動点　76, 179
部分 Legendre 変換　236
不変測度　225
分岐理論 (bifurcation theory)　218
変数分離形　30
偏微分方程式　1
変分法　20
変分方程式　96
変分法の基本補題　21
母関数　236
捕食系　27
保存則　219

ま 行

未知関数　83

や 行

ヤコビアン (Jacobian)　220
優級数の方法　139

ら 行

力学系　200
零点　103
ロジスティック方程式　29
ロンスキアン (Wronskian)　101

索　引　　**257**

英字・記号

Ascoli（アスコリ）-Arzelà（アルゼラ）の定理　153
Bernoulli（ベルヌーイ）型　37
Bessel（ベッセル）関数　145
Bessel の微分方程式　143
Bolzano（ボルツァーノ）-Weierstrass（ワイヤストラス）の定理　152
Brachistochrone（ブラキストクローネ）の問題　21
C^1 級　66
C^k 級　95
Cantor（カントル）の対角線論法　154
Cauchy（コーシー）列　62, 75
Clairaut（クレロー）型　45
Dirac（ディラック）のデルタ関数　119
Dirichlet（ディリクレ）条件　126
Euclid（ユークリッド）の距離　74
Euler（オイラー）-Cauchy（コーシー）の折れ線法　3, 158
Euler 型　52
Euler の直線解（3 体問題の—）　241
Euler の定数　145
Euler の方程式（変分法の—）　21
Floquet（フロケ）の理論　196
Fourier（フーリエ）級数　19, 133
Frobenius（フロベニウス）の方法　142
Gauss（ガウス）の超幾何微分方程式　145
Gronwall（グロンウォール）の補題　91
Hamilton（ハミルトン）-Jacobi（ヤコビ）の理論　237
Hamilton 関数　219
Hamilton 系　219
Heaviside（ヘビサイド）関数　118
Heine（ハイネ）-Borel（ボレル）の被覆定理　152
Hilbert（ヒルベルト）の第 16 問題　211
Hölder（ヘルダー）条件　73
Hölder 連続　73
Jacobi（ヤコビ）行列式　220
Jacobi の恒等式　222

Jordan（ジョルダン）の曲線定理　203
Jordan 標準形　112
Lagrange（ラグランジュ）型　45
Lagrange 関数　24, 227
Lagrange の運動方程式　228
Lagrange の正 3 角形解　243
Legendre（ルジャンドル）変換　236
Liénard（リエナール）の方程式　205
Liouville（リュービル）の定理　220
Lipschitz（リプシッツ）条件　64, 73
Lipschitz 連続　73
Lorenz（ローレンツ）アトラクタ　213
Lyapunov（リヤプノフ）関数　187, 192
Lyapunov 関数（一様有界な—）　193
Lyapunov 関数（正定値の—）　192
Lyapunov 関数（強い意味の—）　187, 193
Neumann（ノイマン）関数　145
Neumann 条件　126
Newton（ニュートン）の運動方程式　2
ω 極限集合　199
Osgood（オスグッド）の定理　168
Picard（ピカール）の逐次近似法　63
Picone（ピコネ）の恒等式　131
Poincaré（ポワンカレ）写像　213
Poincaré-Bendixon（ベンディクソン）の定理　199
Poincaré の再帰定理　225
Poincaré の最後の定理　249
Poisson（ポアソン）括弧式　222
Riccati（リッカチ）の方程式　46
Rössler（レスラー）アトラクタ　217
Sturm（ストゥルム）-Liouville（リュービル）型　129
Sturm の比較定理　131
van der Pol（ファンデルポール）方程式　205
Volterra（ボルテラ）型積分方程式　63
Weierstrass（ワイヤストラス）の M-判定法　67
Weierstrass の定理　66
Wronski（ロンスキー）行列式　55, 101
Zorn（ツォルン）の補題　164

著者略歴

金子 晃
（かねこ あきら）

1968年　東京大学 理学部 数学科卒業
1973年　東京大学 教養学部 助教授
1987年　東京大学 教養学部 教授
1997年　お茶の水女子大学 理学部 情報科学科 教授
　　　　理学博士，東京大学・お茶の水女子大学 名誉教授

主要著書
数理系のための 基礎と応用 微分積分 I, II（サイエンス社，2000, 2001）
線形代数講義（サイエンス社，2004）
応用代数講義（サイエンス社，2006）
数値計算講義（サイエンス社，2009）
数理基礎論講義（サイエンス社，2010）
定数係数線型偏微分方程式（岩波講座基礎数学，1976）
超函数入門（東京大学出版会，1980-82）
教養の数学・計算機（東京大学出版会，1991）
偏微分方程式入門（東京大学出版会，1998）

ライブラリ数理・情報系の数学講義＝4
微分方程式講義

2014 年 3 月 10 日 Ⓒ　　　初 版 発 行
2024 年 4 月 25 日　　　　　初版第4刷発行

著　者　金　子　　晃　　　　発行者　森　平　敏　孝
　　　　　　　　　　　　　　印刷者　山　岡　影　光
　　　　　　　　　　　　　　製本者　小　西　惠　介

　　発行所　　株式会社　サイエンス社

〒151-0051　東京都渋谷区千駄ヶ谷1丁目3番25号
営業 ☎ （03）5474-8500（代）　振替 00170-7-2387
編集 ☎ （03）5474-8600（代）
FAX ☎ （03）5474-8900

印刷　三美印刷(株)　　　製本　(株)ブックアート

《検印省略》

本書の内容を無断で複写複製することは，著作者および
出版者の権利を侵害することがありますので，その場合
にはあらかじめ小社あて許諾をお求め下さい．

ISBN978-4-7819-1335-3

PRINTED IN JAPAN

サイエンス社のホームページのご案内
http://www.saiensu.co.jp
ご意見・ご要望は
rikei@saiensu.co.jp まで．